AF825925

Versuch

eines vollkommen consequenten

Systems der Mathematik.

Von

Dr. Martin Ohm.

Erster Theil.

Arithmetik, Algebra und Analysis.

Berlin, 1822.
Gedruckt und verlegt
bei G. Reimer.

Lehrbuch

der

Arithmetik, Algebra und Analysis.

Nach eigenen Prinzipien.

Zunächst

für seine Vorlesungen bearbeitet

von

Dr. Martin Ohm,

Mitglied mehrerer gelehrten Gesellschaften.

Erster Theil.

Berlin, 1822.

Gedruckt und verlegt

bei G. Reimer.

Vorrede.

Es giebt zwey Wege zu mathematischen Wahrheiten zu gelangen. Das Genie, welches den ersten betritt, den Weg der Erfindung, überspringt in einem kühnen und fessellosen Ideengang die engen Schranken des menschlichen Verstandes und erhebt sich dadurch zu einem Standpunkt, von welchem aus ihm das Einzelne mehr neben einander liegend, als nach einander folgend erscheint. Unangefochten von den Einwendungen des bedächtigern Verstandes schaut es im Besondern das Allgemeine an; und der meist glückliche, ja glänzende Erfolg scheint hinlänglich geeignet, die angewandten Mittel zu heiligen. Immer die Erfahrung zur Seite, welche den links und rechts Abweichenden auf dem rechten Wege zu erhalten strebt, gelangt so das Genie, wenn auch des Weges unbewußt, zu einem entfernten und hochgesteckten Ziele.

So wie es aber deshalb eines jedem Mathematikers, der die Erweiterung seiner Wissenschaft beabsichtigt, Pflicht zu seyn scheint, diesen ersten Weg zu betreten, so wenig kann auch geläugnet werden, daß auf diesem Wege viele Resultate nur subjektiv und problematisch seyn, und daher nicht als feste Grundlage dienen können, auf welche fernere Wahrheiten gegründet werden dürfen. — Ueberdies ist es nicht jedem Menschen vergönnt, sich in einer Welt wohl zu befinden, die außerhalb der Grenzen seines Verstandes liegt, und in welcher der Glaube (wenn auch im höhern Sinne dieses Worts) die Stelle des Begreifens vertreten muß. — Wenn daher ein mehr an seine menschliche oder irrdische Natur gebundener Wissenschaftsforscher es auch dankbar erkennen muß, daß die Begünstigteren seines Geschlechts glänzende Resultate auf einem so leichten Wege hervorbringen, so fühlt er doch lebhaft das Bedürfniß auf seinem, ihm durch den Verstand mittelst einer gesunden Logik vorgezeichneten Wege, in bestimmten und klaren Begriffen, sich sowohl von der Nothwendigkeit der erhaltenen Resultate zu überzeugen, als auch bestimmte Principien aufzustellen, die genau und consequent befolgt, zu nothwendigen Resultaten führen müssen.

Es wird aber dieser letztere Weg, der zunächst bloß individuellen Bedürfnissen zu entsprechen scheint, höchst bedeutungsvoll und wichtig, sobald man bedenkt, daß bey dem öffentlichen Unterricht nur er allein zu einem erfreulichen und erwünschten Ziele führen kann, in so ferne nur der Vortrag mit Liebe umfaßt wird, durch welchen man sich in den Stand gesetzt sieht, nach bestimmten, sich immer consequenten Principien, die mathematischen Wahrheiten selbstthätig zu entwickeln, und aus eigener Kraft zu erfinden; und weil, um in Ideen fortschreiten zu können, selbst schon eine, sehr selten vorhandene geistige Bildung vorausgesetzt werden, und deshalb der Unterricht für die meisten Zuhörer unverständlich bleiben, oder, was weit öfter noch der Fall ist, in ein bloßes mechanisches und geistloses Abrichten ausarten muß.

Der Verfasser des vorliegenden (in zwey Theile gebrachten) Lehrbuchs des Kalkuls, hat sich frühe schon von letzterer Wahrheit überzeugt, und von der Wichtigkeit der Sache ergriffen, mit aller Anstrengung dahin gearbeitet, den Kalkul (der sein Daseyn nur den letzten Jahrhunderten verdankt, und dessen bisherige geschichtliche Darstellung dadurch erklärt ist) und mit ihm die gesammte Mathematik, so darzustellen, daß sie als eine, in sich abgeschlossene, überall vollkommen consequent, nach völlig bestimmten Principien fortschreitende Wissenschaft hervortrete, eben so leicht zu lehren als zu erlernen.

Die Ansicht des Verfassers hier zu vertheidigen, hält er nicht nur für zu weitläuftig, sondern auch für unmöglich und unnütz. Sie mag zusehen, wie sie sich durchschlägt. Alles was der Verfasser für sie thun kann, besteht in der Angabe folgender Punkte:

1) Der Verfasser hat getrachtet, sich die gesammte Mathematik hindurch, überall vollkommen consequent zu bleiben. Er macht also nur einzig und allein auf diese Consequenz Anspruch.

2) Er hat die Schrift zunächst für seine Vorlesungen bestimmt, und daher die Beweise sehr häufig nur durch Anführung der Paragraphen, aus denen sie leicht folgern, angedeutet.

3) Er hat dagegen jeden Begriff, ehe er ihn gebraucht, erst völlig genau erklärt; keinen Begriff eher in einer weitern Bedeutung gebraucht, als nicht eine vorhergegangene Erklärung diese Bedeutung genau bestimmt und ihre Rechtmäßigkeit nachgewiesen hat; endlich keinen Satz aufgestellt, der nicht durch

die beygebrachten Beweise oder durch die Andeutungen derselben, aus den citirten Paragraphen völlig allgemein und strenge erwiesen wäre, oder erwiesen werden könnte. *)

4) Der Verfasser hat an diesem seinem Systeme 15 Jahre lang mit großer Sorgfalt gearbeitet, und glaubt daher das Recht zu haben, den geneigten Leser zu bitten, nicht zu schnell aus einem etwaigen Anschein von Inconsequenz, auf die wirkliche Existenz derselben zu schließen.

5) Der Verfasser hat nach demselben Lehrbuche seit 5 Jahren (darunter 4 Jahre lang an vier Klassen eines Gymnasiums) öffentliche Vorträge gehalten, die von dem glücklichsten Erfolge begleitet waren; und er ist überzeugt, daß er die Existenz dieses Faktums nur dem darin befolgten System zu verdanken hat **).

*) Niemand kann überzeugter seyn, als der Verfasser, daß kein menschliches Gebilde vollkommen seyn könne. Der Verfasser hat aber, so viel wie möglich, nach Vollkommenheit gestrebt, und hofft daher in obiger Angabe nicht mißverstanden zu werden. Wesentliche Mängel glaubt er vermieden zu haben, und unwesentlichen kann ja jeder Leser nach seiner eigenen bessern Einsicht abhelfen, wofür ihm der Verfasser, der nicht seine Person, sondern nur die gute Sache im Auge hat, herzlichen Dank wissen wird.

**) Der Verfasser würde diese Angabe nicht machen, wenn er nicht früher bemerkt hätte, wie leicht für unmöglich gehalten

Uebrigens hat der Verfasser durchgehends einen Leser vorausgesetzt, der nicht nur gar keine mathematischen Kenntnisse hat, sondern auch nicht einmal eine Ziffer kennt (auch nicht die Null); und er muß daher auf das angelegentlichste bitten, sich recht lebhaft in die Lage eines solchen zu versetzen, und ja nicht früher erhaltene, diesem System fremde Begriffe mitzubringen und mit denen des Verfassers zu vermengen, damit nicht für eine Inconsequenz des Autors erklärt werde, wenn seine Folgerungen mit den Voraussetzungen des Lesers nicht übereinstimmen sollten. — Neue Benennungen und neue Bezeichnungen sind mit Sorgfalt vermieden worden, wo solches nur immer möglich war; dagegen liegen den gewöhnlichen Namen und Zeichen meist neue Begriffe un-

wird, wovon man die Möglichkeit nicht sogleich übersehen kann. In Bezug auf die Brauchbarkeit eines Lehrbuchs, kommt es vorzüglich auf die Erfahrung an. Und diese hat der Verfasser, vermöge der erwähnten, officiell anerkannten Fakta, auf seiner Seite; und er führt solches an, weil ihm der öffentliche Unterricht und dessen größerer Erfolg vorzüglich am Herzen liegt.

Wie er sich selbst dieses Lehrbuchs bediene, um seinen Zweck zu erreichen, wird der Verfasser in einer eigenen Abhandlung angeben, die zugleich mit mehreren andern, den öffentlichen Unterricht überhaupt betreffenden Abhandlungen unter dem Titel: Abhandlungen pädagogischen und mathematischen Inhalts erscheinen soll.

ter, worauf daher ein besonderes Augenmerk zu richten seyn dürfte, wenn es nicht räthlicher seyn soll, daß Autor und Leser, als Personen die verschiedene Sprachen reden, in Zeiten freundschaftlich von einander Abschied nehmen, und daß sich ein jeder zu denen wende, die seine Sprache sprechen oder verstehen.

Um aber seinerseits eine Uebersicht, so viel wie möglich zu erleichtern, will der Verfasser hier noch in der Kürze die Ideen angeben, welche er im Verlaufe des Werkes in Begriffe überzutragen bemüht gewesen ist. Sie sind folgende:

Die Vergleichung der Größen geschieht mittelst Zahlen, und zwar nur mittelst absoluter ganzen Zahlen. Andere Zahlen giebt es nicht. Die Lehre der Zahlen muß der Lehre der Größen vorangehen, unabhängig von dem Begriff der Größe. — Die Zahlen und ihre Verbindungen müssen bezeichnet werden (durch Buchstaben). Die Zahlenlehre wird deshalb eine Zahlzeichenlehre, und existirt als solche selbständig, unabhängig von dem Begriff der Größe. — Man kann zunächst sieben Verbindungen der Zahlen betrachten, und erhält dadurch zunächst sieben Zahlzeichen

$a+b$, $a-b$, $a.b$, $a:b$, a^b, $\sqrt[b]{a}$, $a?b$,

welche beziehlich Summe, Differenz, Produkt, Quotient, Potenz, Wurzel und Logarithme genannt werden. — Eine Gleichung drückt aus, daß zwey Zahlzeichen eine und dieselbe Zahl bezeichnen. Diese Zahlzeichen und Gleichungen haben nur in besondern Fällen eine Bedeutung. — Eine allgemeine Zahlenlehre erfordert, daß auch diesen Zahlzeichen und Gleichungen allgemeinere Begriffe untergelegt werden, jedoch mit der Vorsicht, daß die frühern Begriffe als besondere Fälle in diesen allgemeinern enthalten sind, und daß genau nachgewiesen wird, was von diesen allgemeinern Begriffen noch gelten muß, und was nicht. — Man kann nun die allgemeinsten Begriffe der Gleichung und der 4 ersten Zahlzeichen, Summe, Differenz, Produkt und Quotient aufstellen, und allgemeine Elementarformeln entwickeln (die hier im ersten Kapitel enthalten sind), nach denen diese Zahlzeichen paarweise mit einander durch die Operationen verbunden werden können; während auf der andern Seite nachgewiesen werden muß, wie diese allgemeinen Gleichungen zwischen allgemeinen Zahlzeichen, da wo sie auf absolute ganze Zahlen führen, (also da, wo sie realisirt werden können,) Nothwendigkeit der Resultate gewähren. —

Diese Elementarformeln (des ersten Kapitels) bilden nun die Grundlage der gesammten Zahlenlehre (die wieder in Arithmetik, Algebra, Analysis, Differential-, Integral- und Variations-Kalkul ꝛc. classificirt werden kann), in so ferne keine andern Zahlenverbindungen als die angeführten, und daher auch keine andern Ausdrücke, als Summen, Differenzen, Produkte und Quotienten, ꝛc. ꝛc. ꝛc. vorkommen und zu verbinden seyn können.

Die Begriffe der Null, der additiven und der subtraktiven Zahl (+b und —b), der algebraischen Summe (—a+b—c—d z. B.), der Ziffern, der numerischen Zahlen (z. B. 4796), der Brüche und der Decimalbrüche, der positiven und der negativen Zahlen, werden nun als Zeichen erklärt, welche Summen, Differenzen oder Quotienten bezeichnen, und welche daher ohne weiters nach den Elementarformeln des ersten Kapitels mit einander verbunden werden. — Alle Gleichungen sind identische. — Eine Bestimmungsgleichung existirt nur, in so ferne die Unbekannten in ihr bestimmte Ausdrücke vorstellen, und sie dadurch zur identischen machen. — Die Quadratwurzel $\sqrt{a}$ ist ein bloßes Zeichen, welches im allgemeinen als zweydeutig zu behandeln ist, weil es in besondern Fällen zweyen verschiedenen Ausdrükken gleich ist. — Andere als ganze oder gebrochene Funktionen giebt es nicht. Die ganzen Funktionen können aber von einem unbestimmbaren Grade gedacht werden, und gehen dann in unendliche Reihen über. Weil die unendlichen Reihen zugleich die ganzen Funktionen als besondre Fälle in sich enthalten, so umfaßt die Lehre der unendlichen Reihen den gesammten Kalkul. Sie nimmt daher unsre ganze Aufmerksamkeit in Anspruch. — Solche unendliche Reihen nach x, die für besondere Werthe von x endlichen Ausdrücken gleich sind, die eben deshalb für jeden Werth von x Eigenschaften haben werden, welche mit den Eigenschaften jener endlichen Ausdrücke mehr oder minder zusammenfallen, verdienen zunächst allgemein betrachtet zu werden. Daher die Reihen, welche, im Falle x eine positive oder negative ganze Zahl ist, der Potenz a^x oder der Fakultät $a^{x|r}$ gleich seyn müssen, zunächst näher zu betrachten sind, für den Fall, wo x ganz allgemein ist. Man kann sie, der Kürze wegen, durch a^x oder $a^{x|r}$ bezeichnen, und so als Definition aufstellen, was eine allgemeine Potenz und eine allgemeine Fakultät seyn soll. Dann muß nachgewiesen werden, ob und in wie ferne die Elementarformeln, die für früher definirte Potenzen und Fakultäten mit ganzen Exponenten statt finden, auch noch für diese durch a^x und $a^{x|r}$ für jeden Werth von x bezeichneten unendlichen Reihen, gelten werden oder nicht. — Die unendlichen Reihen, welche durch

$$\frac{e^{x\sqrt{-1}} - e^{-x\sqrt{-1}}}{2\sqrt{-1}} \text{ und } \frac{e^{x\sqrt{-1}} + e^{-x\sqrt{-1}}}{2}$$

vorgestellt sind, verdienen dann gleichfalls unsre Aufmerksamkeit, und sie werden deshalb kürzer durch die Zeichen Sin. x. und Cos. x. ausgedrückt. Nachher wird versucht, ob sie nicht nach gewissen einfachen Formeln mit einander verbunden werden können.

Die allgemeine Potenz a^x hat unendlich viele Werthe; daher entstehen für eine und dieselbe Basis unendlich viele verschiedene Gattungen von Logarithmen; und für jede dieser Gattungen hat dann wieder jeder Logarithme einer und derselben Zahl unendlich viele Werthe *).

---

*) Diese Lehre ist von dem Verfasser bereits vor einem Jahre unter dem Titel: De innumerosis novis Logarithmorum generibus; durch den Druck bekannt gemacht worden.

In diesem Geiste wird nun die gesammte Zahlenlehre entwickelt, als der allgemeinste Theil der Mathematik, unabhängig von der Größenlehre, so daß der Begriff der Größe nie in ihr vorkommen kann. Die Größenlehre selbst ist dann nur ein besonderer Fall der Anwendung der Zahlenlehre.

Daß die allgemeine Größenlehre, die nach der hiesigen Ansicht erst nach völlig entwickelter Zahlenlehre vorgetragen werden soll, hier schon in dem ersten Theil mit abgedruckt worden ist, geschah deshalb, weil der Verfasser diesen ersten Theil auch bei seinen Vorlesungen über reine Elementar-Mathematik zu Grunde legen will, und die allgemeine Größenlehre dann nicht gerne entbehrt.

Der Verfasser ist übrigens Willens, sein ganzes System der gesammten Mathematik nach und nach durch den Druck bekannt zu machen, und hat deshalb diesem Werke bereits einen allgemeinen Titel beyfügen lassen, unter dem dann in der Reihe noch erscheinen kann: 1) der Differential-, Integral- und Variations-Kalkul;

2) die

2) die Raumgrößenlehre, und 3) die Kraftgrößenlehre.

Erst nachdem man sich in den Besitz aller der Hülfsmittel gesetzt hat, welche die Theorie an die Hand giebt, kann mit Gründlichkeit, und dem jedesmaligen Standpunkte der Wissenschaft angemessen, eine praktische Untersuchung statt finden. Daher konnte der Verfasser in diese beyden Theile eigentlich noch gar nichts von Bestimmung von Näherungswerthen, von den zweckdienlichsten Mitteln solche zu erhalten; von den Grenzen der Werthe, von numerischen Bestimmungen u. s. w. aufnehmen; und wenn er etwas davon aufgenommen hat, namentlich das Kapitel über die Auflösung der numerischen Gleichungen, so geschah dies nur deshalb, weil er sich gezwungen sieht, in seinen Vorlesungen über diesen Theil der Mathematik, einen kurzen Vortrag über diese numerischen Bestimmungen nicht fehlen zu lassen.

Eine Abhandlung über allgemeine Fakultäten ($a^{x|r}$), die der Verfasser noch im zweyten Theile mit aufnehmen wollte, wurde wegen der weitläufigen Rechnungen, die sie erforderte, zu voluminös, und mußte daher hier wegbleiben.

Sie soll nun in einem der folgenden Theile des Systems Platz finden.

Geschrieben an der Universität zu Berlin im März des Jahres Ein Tausend Acht Hundert und Zwey und Zwanzig.

Dr. Martin Ohm.

Inhalts-Verzeichniß des ersten Theils.

Allgemeine Einleitung in die Mathematik.

Einleitung in die Zahlenlehre.

I. Kap. Von den sieben Operationen.

XI. Kapitel. Von den Gleichungen im Allgemeinen.

XII. Kapitel. Von den einfachen Gleichungen.

Ende der allgemeinen Größenlehre.

Allge-

Allgemeine Einleitung.

§. 1. Grundsatz.

Der Begriff der Zahl ist ein einfacher Begriff, und uns gegeben; mit ihm der Begriff des Vielfachen und Einfachen.

§. 2. Erklärung.

Jedes Ding, welches selbst keine Zahl, dagegen ein Vielfaches irgend eines andern Dinges ist, oder als ein solches betrachtet werden kann oder muß, heißt eine Größe; jenes andere Ding die Einheit oder das Gemäß; die Zahl des Vielfachen aber das Maaß dieser Größe, für diese Einheit (Gemäß).

§. 3. Erklärung.

Die Wissenschaft, welche sich mit den Zahlen und den Größen beschäftigt, und welche lehrt, wie aus gegebenen Zahlen und Größen andere Zahlen und Größen bestimmten Zwecken gemäß abgeleitet werden, heißt Mathematik.

§. 4. Zusatz.

Da aber die Vergleichung der Größen, in so ferne die Größen an ihren Maaßen erkannt werden, auf die

Vergleichung der Zahlen zurück kommt, so tritt die Lehre der Zahlen als ein allgemeiner Theil der Mathematik hervor, so daß die Größenlehre nur als ein besonderer Fall der Anwendung der erstern erscheint. Die Mathematik zerfällt daher

1) in die Zahlenlehre, welche ihr allgemeinster Theil ist, und
2) in die Größenlehre, welche bloß als eine Anwendung der Zahlenlehre auf die Größen erscheint.

§. 5. Erklärung.

Derjenige Theil der Zahlenlehre der sich mit Aufstellung der ersten Principien beschäftigt nach welchen Zahlen mit einander verbunden werden können, mag Elementar- oder niedere Zahlenlehre (oder Arithmetik) heißen. Die höhere Zahlenlehre (oder Algebra, Analysis) ist dann derjenige Theil, welcher lehrt, mittelst der gedachten Principien, Untersuchungen beliebiger Art über Zahlen anzustellen und zu beendigen.*)

§. 6. Erklärung.

Vereinigt man auf der andern Seite alle diejenigen Sätze, welche von allen Größen gelten, ohne Rücksicht zu nehmen auf eine besondere Gattung derselben, so hat man die allgemeine Größenlehre. Was dann von den Größen besonderer Art noch beson-

*) Will man statt Zahlenlehre das fremde Wort Kalkul gebrauchen, wie solches in der neuesten Zeit zuweilen vorkommt, so kann dieß geschehen· dann theilt sich der Kalkul in den niedern oder Elementarkalkul und in den höhern.

ders statt findet, giebt, wenn solches ausgesprochen wird, die besondere Größenlehre.

§. 7. Grundsatz.

Zeit und Raum sind einfache Begriffe und gegeben. — Aus ihnen geht hervor, daß begrenzte Zeiten und begrenzte Räume, Größen sind.

§. 8. Erklärung.

Stetige Ortsänderung heißt Bewegung. Die Ursache der Bewegung nennt man Kraft.

§. 9. Zusatz.

Nach dem Satz des zureichenden Grundes beurtheilen wir die Ursachen nach ihren Wirkungen, folglich die Kräfte nach den Bewegungen die sie hervorbringen. Bewegungen unterscheiden wir aber durch die bestimmten Raumgrößen, welche in bestimmten Zeitgrößen zurückgelegt werden, folglich sind auch Kräfte Größen, die nach den vorgenannten Größen beurtheilt werden müssen.

§. 10. Erklärung.

Man erhält hieraus zunächst 2 Haupttheile der besondern Größenlehre; nehmlich: 1) die Raumgrößenlehre, 2) die Kraftgrößenlehre.

Anmerkung. Daß diese 2 Theile die besondere Größenlehre erschöpfen, geht daraus noch nicht hervor. Unter den mannigfaltigen Theilen der besondern Größenlehre sind bloß die beyden hier genannten, die für uns wichtigsten und diejenigen, welche einer besondern nähern Betrachtung vorzüglich unterworfen werden.

§. 11. Zusatz.

Vergleicht man alles vorhergehende, so bekommt man folgendes Schema der Mathematik:

Mathematik.

I. **Zahlenlehre.**

1) Elementarzahlenlehre.

2) Höhere Zahlenlehre.

II. **Größenlehre.**

1) Allgemeine.

2) Besondere.

α) Raumgrößenlehre.

β) Kraftgrößenlehre.

Anmerkung. Soll die Mathematik eine sogenannte Wissenschaft a priori, oder eine reine Vernunftwissenschaft bleiben, so darf man nicht Erfahrungssätze in sie aufnehmen. Unter dieser Voraussetzung hat man z. B nicht mehr Mathematik sondern Physik, sobald man in der Kraftgrößenlehre bestimmte in der Natur wirkende Kräfte betrachtet, und so ist die Mathematik von ihrer Anwendung strenge geschieden, weshalb der Unterschied zwischen reiner und angewandter Mathematik in der Mathematik, als reinen Vernunftwissenschaft nicht aufgestellt werden darf. Die Mathematik ist unter dieser Voraussetzung immer eine reine.

Zahlenlehre.

Zahlenlehre.

Einleitung.

§. 1. Erklärung.

Das wiederholte Setzen eines Dinges leitet uns auf den Begriff der Zahl. Das gesetzte Ding abstrackt genommen heißt die absolute Einheit, und ich bezeichne solche immer durch das Zeichen 1 welches ich Eins ausspreche.

§. 2. Zusatz.

Die Zahlen erscheinen uns:

1) in einer Reihe, so daß wir, um zu einer zu gelangen, alle vorhergehenden von der 1 ab, an unserm Geiste vorübergehen lassen müssen;
2) als durch diese Folge von einander verschieden;
3) als mit einander verbindbar zu einer neuen Zahl, und zwar dergestalt, daß wir immer erst zwey Zahlen zu einer dritten, und diese dann erst wieder mit einer neuen verbinden, so daß jedesmal nie mehr als zwey Zahlen mit einander verbunden werden.

§. 3. Erklärungen.

Zwey Zahlen können aber zunächst auf folgende Arten mit einander verbunden gedacht werden:

1) Man kann sie zu einander addiren, d. h. man kann sich eine Zahl denken, die so viele Einheiten hat, als die beyden gegebenen Zahlen zusammengenommen haben.

2) Es kann die eine mit der andern multiplizirt werden, d. h. man kann die eine so vielmal zu sich addiren, als die andere anzeigt.

3) Man kann die eine mit der andern potenziren; d. h. die eine so vielmal mit sich multipliciren als die andere anzeigt.

Diese 3 Verbindungsarten nennt man direkte Operationen.

Jede dieser direkten Operationen läßt aber wieder zwey indirekte oder umgekehrte zu, indem man von der dritten Zahl zu jeder der beyden ersten zurückkehren kann. Dies giebt daher noch 6 indirekte Operationen, nehmlich:

4) Zwey, die das umgekehrte der Addition sind, und weil sie beyde mit einander übereinstimmend gefunden werden, den gemeinschaftlichen Namen der Subtraktion führen.

5) Zwey, die das umgekehrte der Multiplication sind und, in so ferne sich beide nicht von einander unterscheiden, den gemeinschaftlichen Namen der Division haben; endlich

6) Zwey, die das umgekehrte des Potenzirens sind, und von denen die eine die Radikation,

7) die andere aber die **Logarithmation** genannt werden mag.

Anmerkung 1. Man kann auf dieselbe Weise noch mehr, ja unendlich viele direkte Operationen annehmen, von denen dann jede wieder zwey indirekte zulassen würde.

Anmerkung. 2. Der Grund, warum die beyden indirekten Operationen der Addition, so wie die beyden der Multiplikation in eine einzige zusammenfallen, liegt darin, daß, wie wir sehen werden, die beyden zu addirenden, so wie die beyden zu multiplizirenden Zahlen sich in Bezug auf die dritte Zahl als Resultat, in nichts von einander unterscheiden, daher mit einander verwechselt werden können.

§. 4. Erklärung.

Die Wissenschaft, diese sieben Operationen mit einander zu vergleichen und durch sie Zahlen mit andern Zahlen auf bestimmte Weise zu verbinden, heißt **Zahlenlehre**.

§. 5. Zusatz.

Da aber die Zahlen und ihre Verbindungen Gegenstände unsrer innern Anschauung sind, und nur dadurch zu Dingen außer uns werden, daß wir **Zeichen** für sie setzen, so geht die Zahlenlehre sogleich in eine **Zahlzeichenlehre** über, die nur in so ferne wieder zur Zahlenlehre wird, als durch die jedesmaligen Zahlzeichen in uns der Begriff der durch sie bezeichneten Zahlen erregt werden kann.

§. 6. Erklärung.

Man bezeichnet aber die Zahlen, die man nicht in Bezug auf ihre Stelle in der Zahlenreihe unterscheiden kann oder will, durch beliebige für den Augenblick gewählte Zeichen; am bequemsten durch Buchstaben. Diese Zeichen heißen dann **unbestimmte** Zahlzeichen, zum Unterschiede von den **bestimmten**, welche bestimmte Zahlen der Zahlenreihe bezeichnen, und welche wir in der Folge in Betrachtung ziehen wollen.

Zugleich nennt man jedes Zahlzeichen auch einen **Zahlen-Ausdruck** oder schlechthin einen **Ausdruck**.

§. 7. Erklärung.

Das Zeichen

$$a = b$$

heißt eine **Gleichung**, wird ausgesprochen: a ist **gleich** b, und bedeutet, daß die Zeichen a und b eine und dieselbe Zahl bezeichnen. — Das Zeichen (=) nennt man das **Gleichheitszeichen**.

§. 8. Lehrsatz.

Ist $a = b$ und $b = c$, so ist auch $a = c$.

Beweis folgt unmittelbar aus (§. 7.).

Zahlenlehre.

Erstes Kapitel.
Von den sieben Operationen.

§. 9. Erklärung.

Das Zeichen

$$a + b$$

heißt eine Summe, wird ausgesprochen: a plus b oder a und b, und bezeichnet die Zahl, die so viele Einheiten hat, als die beyden Summanden a und b zusammen genommen haben. — Die Summe a + b hinschreiben oder: a zu b addiren soll ein und dasselbe seyn. — Das Zeichen (+) heißt dabey das Additionszeichen.*)

§. 10. Zusatz.

Wird eine Summe als Zahlzeichen mit einem andern Zahlzeichen auf's neue verbunden, so muß man solche als einzelnes Zahlzeichen gehörig auszeichnen; am bequemsten geschieht dies durch Klammern.

*) Man bittet die Vorrede nicht zu übersehen; sich genau an die gegebenen Definitionen zu halten, und also auch hier zu bemerken, daß eine Summe hier), weder eine Zahl noch eine Größe ist, sondern ein Zeichen.

§. 11. Zusatz.

Eine Summe hat nie mehr als zwey Summanden, deren jeder aber wieder eine Summe seyn kann.

§. 12. Zusatz.

Bezeichnet m eine beliebige Zahl der Zahlenreihe so bezeichnet m + 1 die nächstfolgende.

§. 13. Lehrsätze.

Es ist

I. $a + b = b + a$

II. $(a + b) + c = (a + c) + b = (b + a) + c$
$= (c + a) + b = (c + b) + a =$ etc.

Beweise folgen unmittelbar aus (§. §. 9. 7. 8.).

§ 14. Zusatz.

Wegen (§. 13. II.) kann man solche Summen in der Folge bloß so schreiben

$$a + b + c$$

eben so $a + b + c + d$ und $a + b + c + d + f$ u. s. w. Diese Zeichen nenne ich Summen mehrerer Summanden und es gilt für sie nach (II.) der Satz: Sind mehrere Zahlen zu addiren (§. 9.), so ist es einerlei in welcher Ordnung man sie addirt; d. h. Summen welche aus denselben Summanden bestehen, bezeichnen alle dieselbe Zahl (sind einander gleich (§. 7))

Anmerkung. Um ganz streng zu sein, mag sich hier der Leser das bekannte Verfahren noch hinzudenken, nach welchem man annimmt, daß der Satz für eine bestimmte Zahl n von Summanden gilt, und dann beweißt, daß er nothwendig auch für n + 1 Summanden gelten müsse.

§. 15. Erklärung.

Wenn ich schreibe

$$a > b \text{ oder } b < a$$

so spreche ich dies aus: a ist größer als b oder b ist kleiner als a, und ich verstehe darunter, daß es noch eine Zahl q giebt, so daß $a = b + q$ ist.*)

§. 16. Zusatz.

Ist daher gegeben

$$a = b + q.$$

so ist auch $a > b$ und auch $a > q$.

§. 17. Lehrsätze.

1) Ist $a > b$ und $b = c$, so ist auch $a > c$.

2) Ist $a = b$ und $b > c$, so ist auch $a > c$.

3) Ist $a > b$ und $b > c$, so ist auch $a > c$.

Beweise ergeben sich sehr leicht aus (§§. 15. 7. 14)

Anmerkung. Von diesem Addiren der unbestimmten Zahlzeichen ist verschieden das Addiren der Zahlen selbst, welches (§ 3) gelehrt wurde Von beyden unterscheidet sich wiederum das Addiren der bestimmten Zahlzeichen welches erst im sechsten Kapitel gelehrt werden kann.

§. 18. Erklärung.

Das Zeichen

$$a - b$$

heißt eine Differenz, und wird ausgesprochen a minus b, oder a weniger b. Das Zeichen a nenne ich den Minuenden, b dagegen den Subtrahenden, und ich bezeichne durch die Differenz $a - b$ die Zahl, die

---

*) Man übersehe nicht, daß in diesem ganzen Kapitel nur von den sogenannten absoluten ganzen Zahlen die Rede ist.

zu b (oder zu welcher b) addirt, die Zahl a giebt. Ich sage ferner: man soll b von a subtrahiren, und verstehe darunter, man soll die Differenz a — b hinschreiben. Das Zeichen (—) heißt das Subtraktionszeichen.

Anmerkung. Damit also die Differenz a — b wirklich eine Bedeutung habe, muß a > b seyn, und nur unter dieser Voraussetzung kann hier von solchen Differenzen die Rede seyn, weil sonst a — b keine Bedeutung mehr hätte, von ihm also auch nichts weiter gesagt werden könnte.

§. 19. Zusatz.

Wird eine Differenz als Zahlzeichen, auf's neue mit einem andern Zahlzeichen verbunden, so muß solche auf das sorgfältigste (durch Klammern) als ein einzelnes Zahlzeichen ausgezeichnet seyn.

Anmerkung. Die Erklärung (§. 18.) muß eigentlich so heißen: a — b ist ein Zahlzeichen, welches zu b addirt, eine Summe (a — b) + b giebt, die dem Zahlzeichen a gleich ist (§. 7.)

§. 20. Zusatz.

Demnach:

III. $(a - b) + b = a$.

§. 21. Lehrsatz.

Ist $a = b$, so ist auch:

1) $a + m = b + m$

2) $a - m = b - m$

3) $m - a = m - b$

Beweise folgen unmittelbar aus (§. 7.) *)

*) Man vergesse nehmlich nur nicht, daß in diesem ersten Kapitel bloß von den sogenannten absoluten ganzen Zahlen die Rede seyn kann; daher die aufgestellten Lehrsätze nur unter dieser schon in den Definitionen begründeten Einschränkung gelten sollen und können.

§. 22. Lehrsatz.

Ist aber a > b, so ist auch:

$$a + m > b + m$$

Beweis folgt aus (§. 15. §. 21. n. 1. u. §. 16.)

§. 23. Zusatz.

1) Ist daher $a + m = b + m$ so ist auch $a = b$; d. h. geben zwey Zahlzeichen, wenn man zu ihnen ein drittes addirt, gleiche Summen, so sind sie nothwendig selber einander gleich. (Indirekt aus §. 22.).

2) Die Differenz $a - b$, wenn sie eine Bedeutung hat, hat daher auch immer eine einzige bestimmte Bedeutung, d. h. es giebt nur eine einzige bestimmte Zahl, die zu b addirt, a giebt. (Indirekt aus §. 22.).

§. 24. Lehrsätze.

Es ist ferner

IV. $(a + b) - b = a$

V. $a - (a - b) = b$

VI. $(a + b) - c = (a - c) + b$

VII. $(a - b) + c = (c - b) + a$

VIII. $a - (b + c) = (a - b) - c$

IX. $a - (b - c) = (a - b) + c$

X. $a - (b - c) = (a + c) - b$

XI. $(a - b) - c = (a - c) - b$

XII. $(a - b) + (c - d) = (a + c) - (b + d)$; so wie auch

1) $(a + c) - (b + c) = a - b$

2) $(a - c) - (b - c) = a - b$

Beweise. Man zeige, daß es für je zwey dieser durch das (=) Zeichen verbundenen Ausdrücke, Zahlzeichen giebt (gewöhnlich die Subtrahenden der vorkommenden Differenzen) welche zu beyden addirt, gleiche Summen geben. (§. 23.).*)

§. 25. Zusatz.

Auch folgt noch aus (§. 24. XII.):

$$(a-b)+(c-d)+(f-g)=(a+c+f)-(b+d+g);$$

eben so ähnliche Formeln für vier und mehr Differenzen.

§. 26. Zusatz.

Als für die Folge besonders wichtig bemerke man: daß alle Formeln des (§. 24.) so wie viele andere ins Unendliche fort sich ergeben, wenn (§. 8.), (§. 13.), (§. 20.) und (§. 24. IV.) gegeben sind, und auf die einzelnen Gleich. die Sätze des (§. 21.) mit den eben genannten in Verbindung, angewandt werden.

Zugleich versteht sich von selbst, daß jede neue Gleich. nur unter der Voraussetzung Statt hat, daß alle einzelnen Zahlzeichen (also hier jede vorkommende Summe und jede Differenz) wirklich eine Bedeutung haben, d. h. wirklich Zahlen der Zahlenreihe (sogenannte absolute ganze Zahlen) bezeichnen.

§. 27. Erklärung.

Das Zeichen

ab oder a . b oder a × b

wird ausgesprochen: a mal b oder a mit b, und heißt

*) Die Beweise selber findet man in der Elementarzahlenlehre 1816. — Die Wichtigkeit dieser allgemeinen Beweis-Methode in pädagogischer Beziehung, werde ich bey einer anderen Gelegenheit darzulegen suchen.

heißt ein Produkt; a heißt der Multiplikand, b der Multiplikator dieses Produkts. Wenn ich sage: man soll a mit b multipliziren, so verstehe ich nichts weiter darunter, als man soll das Produkt ab oder a . b oder a × b hinschreiben. Die Zeichen (.) oder (×) nennt man die Multiplikationszeichen. Ein solches Produkt ab soll aber immer die Zahl bezeichnen, welche auch durch die Summe

$$a + a + a + \ldots$$

deren Summanden-Anzahl b ist, bezeichnet wird.

§. 28. Zusatz.

Ein Produkt ab ist also nur ein kürzeres Zeichen, für eine Summe, die so viele dem Multiplikanden a gleiche Summanden hat, als der Multiplikator b anzeigt. Daher hat auch ein Produkt, nach dieser Definition, nur dann eine Bedeutung, wenn $b > 1$, und nur von solchen kann hier die Rede seyn.

Eben so leicht folgt auch

$$1 . b = b, \text{ wenn } b > 1.$$

§. 29. Zusatz.

Wird das Produkt, als Zahlzeichen, mit einem zweyten Zahlzeichen auf's neue verbunden, so muß solches gehörig als einzelnes Zahlzeichen ausgezeichnet werden, entweder durch Klammern oder durch die bloße Stellung, um jede Zweydeutigkeit in der Bezeichnung zu vermeiden.

§. 30. Lehrsätze.

Es ist

XIII. $(a + b) . m = am + bm$

XIV. $(a - b) . m = am - bm$

$$\text{XV.} \quad a \cdot b = b \cdot a$$

$$\text{XVI.} \quad (a \cdot b) \cdot c = (a \cdot c) \cdot b = (b a)\, c = (b c)\, a = \text{etc. etc.}$$

unter der schon in den Definitionen liegenden Voraussetzung, daß alle vorkommenden Zahlzeichen wirklich Zahlen der Zahlenreihe bezeichnen, (daß also auch alle Multiplikatoren größer als 1 sind).

Beweise folgen aus (§§. 27. 14. 25.) und für die Formeln (XVI.) noch aus (XIII.) selbst. Für die Formel XV. mag er hier Platz finden.

Es ist nehmlich:

$$ab = a + a + a + a + \ldots \quad (\S.\ 27.)$$
$$= 1.a + 1.a + 1.a + 1.a + \ldots \quad (\S.\ 28.)$$
$$= (1 + 1 + 1 + 1 + \ldots).a \quad (\S.30.\ \text{XIII.})$$
$$= b \cdot a \quad \text{W. Z. E. W.}^{*)}$$

§. 31. Zusatz.

Hieraus folgt noch:

1) $a\,(m + n) = am + an$

2) $a\,(m - n) = am - an$

3) $(a + b + c) \cdot m = am + bm + cm$

4) $a\,(m + n + p) = am + an + ap$

eben so noch ähnliche Formeln, für Summen von vier und mehr Summanden; aber immer nur unter der Voraussetzung, daß alle vorkommenden Zahlzeichen wirklich Zahlen der Zahlenreihe (sog. absolute ganze Zahlen) bezeichnen (und daß alle Multiplikatoren > 1 sind).

§. 32. Zusatz.

Wegen (XV. §. 30.) nennt man Multiplikand und

---

*) Die Beweise selbst, ausgenommen den von XV, findet man in der Elementarzahlenlehre. II. Kap.

Multiplikator auch ohne Unterschied die Faktoren des Produkts.

§. 33. Zusatz.

Wegen (XVI. §. 30.) kann man statt der dortigen Produkte bloß setzen:

$$abc \text{ oder } a . b . c.$$

Eben so haben auch, wenn man diese Formeln (XVI.) erweitert,*) Zeichen von der Form

$$abcd \text{ oder } abcdf \text{ u. s. w.}$$

eine bestimmte Bedeutung. Ich nenne sie Produkte mehrerer Faktoren, und es gilt für sie der Satz: Sind mehrere Zahlen mit einander zu multipliziren, so ist es einerlei in welcher Ordnung man sie mit einander multiplicirt.

§. 34. Erklärung.

Das Zeichen

$$\frac{a}{b} \text{ oder } a : b$$

heiße ein Quotient und werde ausgesprochen: a dividirt durch b, oder a durch b. Das Zeichen a heißt dabey der Dividend, b aber der Divisor des Quotienten. Der Strich (—) oder das Zeichen (:) werden auch Divisionszeichen genannt. Und wenn ich sage: man soll a durch b dividiren, so verstehe ich darunter, man soll den Quotienten $\frac{a}{b}$ oder a : b hinschreiben.

*) Diese Erweiterung wird hier, ihrer großen Leichtigkeit und Einfachheit wegen, nicht besonders vorgenommen.

Ich bezeichne aber durch den Quotienten $\frac{a}{b}$ oder a : b die Zahl, welche mit [oder mit welcher (nach XV. §. 30)] b multiplicirt, a giebt.

Anmerkung. Der Quotient $\frac{a}{b}$ hat daher nur dann eine Bedeutung, wenn a und b solche Zahlen vorstellen, daß die Zahl a gerade entsteht, wenn b mehrere male zu sich selbst addirt wird. Für jede Zahl a die zwischen diesen Summen

$$b + b,\ b + b + b,\ b + b + b + b \text{ etc.}$$

liegt, hat der Quotient $\frac{a}{b}$ gar keine Bedeutung und kann von solchen hier dann auch nicht mehr die Rede seyn.

§. 35. Zusatz.

Wird der Quotient, als Zahlzeichen, mit einem andern Zahlzeichen auf's neue verbunden; so muß solcher als einzelnes Zahlzeichen besonders ausgezeichnet werden, so daß nie Zweydeutigkeit in der Bezeichnung entsteht.

§. 36. Zusatz.

Es ist auch nach dieser Definition

XVII. $\frac{a}{b} . b = a$ (§. 19. Anmerkung.)

§. 37. Lehrsätze.

Ist $a = b$, so ist auch:

1) $a . m = b . m$

2) $a : m = b : m$

3) $m : a = m : b$

Beweise unmittelbar aus (§. 7.)

§. 38. Lehrsatz.

Ist aber $a > b$, so ist auch:

$$am > bm.$$

Beweis folgt aus (§§. 15. 30. XIII. und 16.)

§. 39. Zusatz.

1) Ist daher

$$am = bm$$

so ist auch

$$a = b;\ \text{d. h.}$$

geben zwey Zahlzeichen, wenn sie mit einem dritten multiplicirt werden, gleiche Produkte, so sind sie selber einander gleich. (Indirekt aus §. 38.)

2) Der Quotient $\frac{a}{b}$ wenn er eine Bedeutung hat, hat daher auch jedesmal nur eine einzige bestimmte Bedeutung, d. h. es giebt jedesmal nur eine einzige bestimmte Zahl, die mit b multiplicirt, a geben kann.

§. 40. Lehrsätze.

Es ist auch noch:

XVIII. $\frac{ab}{b} = a$

XIX. $a : \frac{a}{b} = b$

XX. $\frac{a+b}{m} = \frac{a}{m} + \frac{b}{m}$

XXI. $\frac{a-b}{m} = \frac{a}{m} - \frac{b}{m}$

XXII. $\frac{a}{b} . m = \frac{am}{b}$

XXIII. $\frac{a}{b} . m = \frac{a}{b:m}$

XXIV. $\frac{a}{b} . m = \frac{m}{b} . a$

XXV. $\frac{a}{b} : m = \frac{a:m}{b}$

XXVI. $\frac{a}{b} : m = \frac{a}{bm}$

XXVII. $a : \frac{b}{m} = a \,.\, \frac{m}{b}$

XXVIII. $a + \frac{b}{c} = \frac{ac + b}{c}$

XXIX. $a - \frac{b}{c} = \frac{ac - b}{c}$

XXX. $\frac{a}{b} - c = \frac{a - bc}{b}$

XXXI. $\frac{a}{b} + \frac{c}{d} = \frac{ad + bc}{bd}$

XXXII. $\frac{a}{b} - \frac{c}{d} = \frac{ad - bc}{bd}$,

XXXIII. $\frac{a}{b} \cdot \frac{c}{d} = \frac{ac}{bd}$

XXXIV. $\frac{a}{b} : \frac{c}{d} = \frac{a:c}{b:d}$

XXXV. $\frac{a}{b} : \frac{c}{d} = \frac{a}{b} \cdot \frac{d}{c}$

XXXVI. $\frac{a}{b} : \frac{c}{d} = \frac{ad}{bc}$

XXXVII. $\frac{am}{bm} = \frac{a}{b}$

XXXVIII. $\frac{a:m}{b:m} = \frac{a}{b}$

Beweise. Man zeige, daß es für je zwey durch das (=) Zeichen verbundene Zahlzeichen, ein drittes

Zahlzeichen giebt, welches mit beyden multiplicirt, gleiche Produkte hervorbringt. — Dieses dritte Zahlzeichen ist gewöhnlich der Divisor eines der vorkommenden Quotienten. *) (§. 39. n. 1.).

§. 41. Zusatz.

Durch wiederholte Anwendungen der Formeln des vorhergehenden Paragraphen, ergeben sich noch folgende Gleichungen:

1) $\frac{a+b+c}{m} = \frac{a}{m} + \frac{b}{m} + \frac{c}{m}$.

2) $\frac{a}{b} + \frac{c}{d} + \frac{f}{g} = \frac{adg + bcg + bdf}{bdg}$.

3) $\frac{abcdfgh}{acdgmn} = \frac{bfh}{mn}$

4) $\frac{a}{b} \cdot \frac{c}{d} \cdot \frac{f}{g} = \frac{acf}{bdg}$;

und ähnliche für Summen von mehr Summanden, so wie für Produkte von mehr Faktoren.

§. 42. Zusatz.

Für die Folge sehr wichtig ist die Bemerkung: daß alle diese und viele andere Formeln (Gleichungen) hätten abgeleitet werden können, wenn man außer den im (§. 26.) vorausgesetzten Sätzen, auch noch die Sätze der Multiplikation (§. 30) und die beyden Gleichn. (§. 36. XVII. und §. 40. XVIII.) gegeben gehabt und auf die einzelnen Gleichungen nicht bloß das Verfahren (§. 26.);

*) Die Beweise selber sind in der Elementarzahlenlehre II. Kap. zu finden. — Wichtig sind, in pädagogischer Beziehung, die dort beigebrachten wörtlichen Ausdrücke der Formeln.

sondern auch noch die Sätze (§. 37.) mit den genannten in Verbindung, angewandt hätte.

Uebrigens gilt hier dieselbe Bemerkung wie (§. 26.).

§. 43. Erklärung.

Das Zeichen

$$a^b$$

spricht man aus: a zur bten Potenz, oder a hoch b, und nennt es eine Potenz. Dabey heiße a der Dignand, b dagegen der Exponent der Potenz; und wenn ich sage: man soll a mit b potenziren, so verstehe ich darunter: man soll die Potenz a^b hinschreiben.

Ich bezeichne aber durch eine Potenz a^b die Zahl, welche auch durch das Produkt

$$a \, . \, a \, . \, a \, . \, . \, . \, .$$

dessen Faktoren-Anzahl b ist, bezeichnet wird.

§. 44. Zusatz.

Eine Potenz a^b ist daher nur ein kürzeres Zeichen für ein Produkt, welches so viele dem Dignanden a gleiche Faktoren hat, als der Exponent b Einheiten.

Daher muß sowohl a als auch b immer größer als 1 seyn, wenn die Potenz, dieser Definition gemäß, eine Bedeutung haben soll.

§. 45. Zusatz.

Wird die Potenz, als Zahlzeichen, mit einem andern Zahlzeichen auf's neue verbunden, so muß sie immer gehörig als ein einzelnes Zahlzeichen ausgezeichnet seyn (entweder durch Klammern oder durch ihre Stellung), so daß nie Zweydeutigkeit in der Bezeichnung entsteht.

§. 46. Lehrsätze.

Es ist ferner:

XXXIX. $a^{m+n} = a^m \cdot a^n$

XXXX. $a^{m-n} = a^m : a^n$

XXXXI. $(ab)^m = a^m \cdot b^m$

XXXXII. $\left(\frac{a}{b}\right)^m = \frac{a^m}{b^m}$

XXXXIII. $(a^m)^n = a^{mn}$

XXXXIV. $(a^m)^n = (a^n)^m$

Beweise ergeben sich sehr leicht aus (§§. 43. 33. 39.).*)

§. 47. Zusatz.

Durch wiederholte Anwendung der Formeln des (§. 46.) erhält man noch:

1) $a^{m+n+p} = a^m \cdot a^n \cdot a^p.$

2) $(a \cdot b \cdot c)^m = a^m \cdot b^m \cdot c^m$

3) $[(a^m)^n]^p = a^{mnp}$

so wie ähnliche auf Summen von mehreren Summanden und auf Produkte von mehreren Faktoren, erweiterte Gleichungen.

§. 48. Erklärung.

Das Zeichen:

$$\sqrt[b]{a}$$

nenne ich eine Wurzel, a den Radikanden, b den Wurzel-Exponenten. Die Wurzel selber spricht man aus: die bte Wurzel aus a, und wenn ich sage: es soll die bte Wurzel aus a genommen werden (es soll a durch b radicirt werden) so

*) Die Beweise finden sich ausführlich im III. Kap. der Elementarzahlenlehre.

verstehe ich darunter, man soll das Zeichen $\sqrt[b]{a}$ hinschreiben. Das Zeichen ($\sqrt{\ }$) heißt das **Wurzelzeichen.**

Ich bezeichne aber durch diese Wurzel $\sqrt[b]{a}$ diejenige Zahl, **welche mit b** potenzirt, a giebt.

Anmerkung 1. Dieser Definition zu Folge hat $\sqrt[b]{a}$ nur dann eine Bedeutung, wenn die Zahl a durch ein Produkt von b gleichen Faktoren entstanden ist. In jedem andern Fall hat $\sqrt[b]{a}$ gar keine Bedeutung, und kann dann hier von solchem deshalb nie die Rede seyn.

Anmerkung 2. In den (§§. 18. und 34.) konnte es heißen: **welche mit** b, oder **mit welcher** b, weil $c + b = b + c$ und $c \cdot b = b \cdot c$ ist. Da aber **nicht** $b^c = c^b$, so ist es hier ein großer Unterschied, ob man sagt: **die Zahl welche mit b potenzirt, a giebt,** oder die Zahl, **mit welcher** b potenzirt, a giebt. Man sehe noch §. 56.

Anmerkung 3. Die vorstehende Erklärung muß eigentlich so heißen: Das Zeichen $\sqrt[b]{a}$ bezeichnet eine solche Zahl, daß wenn man es mit b potenzirt, eine Potenz $(\sqrt[b]{a})^b$ entsteht, welche dem Zeichen a gleich ist. (§. 7.). (Vergl. §. 19. Anmerkung.).

§. 49. Zusatz.

Daher hat man sogleich:

$$\text{XXXXV.}\quad (\sqrt[b]{a})^b = a. \quad (\S\S.\ 19.\ 36.)$$

§. 50. Zusatz.

Wird eine Wurzel, als Zahlzeichen, mit einem andern Zahlzeichen verbunden, so muß solche sorgfältig als ein einzelnes Zahlzeichen ausgezeichnet werden, um jede Zweydeutigkeit in der Bezeichnung zu vermeiden.

§. 51. Lehrsätze.

Ist $a = b$ so ist auch

1) $a^m = b^m$

2) $\sqrt[m]{a} = \sqrt[m]{b}$

3) $\sqrt[a]{m} = \sqrt[b]{m}$ *)

Beweise ergeben sich unmittelbar aus (§. 7.)

§. 52. Lehrsatz.

Ist aber $a > b$, so ist auch

$a^m > b^m$

Beweis. Es ist nehmlich (§. 38.) $aa > ab$ und $ab > bb$; folglich auch $aa > bb$; folglich auch $aaa > bbb$, u. s. w. f; daher endlich auch $a^m > b^m$. W. Z. E. W.

Anmerkung. Ganz streng muß es dadurch bewiesen werden, daß man die Gültigkeit des Satzes für eine Zahl m annimmt, und dann für die Zahl $m + 1$ nachweißt.

§. 53. Zusatz.

1) Ist daher $a^m = b^m$, so ist auch $a = b$, d. h. geben zwey Zahlzeichen, wenn sie mit einem dritten potenzirt werden, gleiche Potenzen, so sind sie selber einander gleich. (Indirekt aus §. 52.)

2) Die Wurzel $\sqrt[b]{a}$, wenn sie eine Bedeutung hat,

*) Es versteht sich, daß diese Sätze alle immer nur unter der Voraussetzung gelten, daß alle vorkommenden Zahlzeichen wirklich Zahlen der Zahlenreihe bezeichnen. Außerdem haben die Zeichen gar keine Bedeutung, also die Gleichungen gar keinen Sinn.

hat daher auch immer eine völlig bestimmte Bedeutung; d. h. wenn es eine Zahl giebt, die mit b potenzirt, a hervorbringt, so giebt es außer dieser keine zweyte Zahl mehr, welche dieselbe Eigenschaft haben könnte.

§. 54. Lehrsätze.

Man hat allemal:

XXXXVI. $\sqrt[b]{(a^b)} = a$

XXXXVII. $\sqrt[m]{(a b)} = \sqrt[m]{a} . \sqrt[m]{b}$

XXXXVIII. $\sqrt[m]{(a:b)} = \sqrt[m]{a} : \sqrt[m]{b}$

XXXXIX. $\sqrt[m]{(a^n)} = a^{n \cdot m}$

L. $\sqrt[m]{(a^n)} = (\sqrt[m]{a})^n$

LI. $\sqrt[m]{(a^n)} = \sqrt[m\ n]{a}$

LII. $\sqrt[mn]{a} = \sqrt[m]{(\sqrt[n]{a})}$

LIII. $\sqrt[m]{a} . \sqrt[n]{b} = \sqrt[mn]{(a^n . b^m)}$

LIV. $\sqrt[m]{a} : \sqrt[n]{b} = \sqrt[n]{(a^n : b^m)}$

LV. $a . \sqrt[n]{b} = \sqrt[n]{(a^n . b)}$

LVI. $a : \sqrt[n]{b} = \sqrt[mn]{(a^n : b)}$

LVII. $(\sqrt[m]{a}) : b = \sqrt[m]{(a : b^m)}$

LVIII. $\sqrt[mp]{(a^{np})} = \sqrt[m]{(a^n)}$

LIX. $\sqrt[m:p]{(a^{n:p})} = \sqrt[m]{(a^n)}$

LX. $\sqrt[mp]{(a^p)} = \sqrt[m]{a}$.

Beweise ergeben sich, indem man zeigt, daß es für je zwey der durch das (=) Zeichen verbundenen

Ausdrücke ein drittes Zahlzeichen giebt (gewöhnlich der Wurzel-Exponent einer vorkommenden Wurzel), mit welchem beyde potenzirt, gleiche Potenzen geben. (§. 53.)*)

§. 55. Zusatz.

Durch wiederholte Anwendung der vorstehenden Formeln erhält man noch folgende:

$$1)\ \sqrt[m]{a} \cdot \sqrt[m]{b} \cdot \sqrt[m]{c} = \sqrt[m]{(abc)}$$

$$2)\ \sqrt[pnm]{a} = \sqrt[p]{[\sqrt[n]{(\sqrt[m]{a})}]}$$

$$3)\ \sqrt[m]{a} \cdot \sqrt[n]{b} \cdot \sqrt[p]{c} = \sqrt[mnp]{(a^{np} \cdot b^{mp} \cdot c^{mn})}$$

so wie ähnliche für Produkte von vier und mehr Faktoren.

§. 56. Erklärung.

Das Zeichen

$$a ? b$$

nenne ich einen Logarithmen, a den Logarithmanden, b dagegen die Basis. Ich spreche dieses Zeichen (diesen Logarithmen) aus: a logarithmirt durch b, oder: der Logarithme von a für die Basis b. Wenn ich sage: man soll a durch b logarithmiren oder: man soll den Logarithmen von a für die Basis b nehmen, so verstehe ich darunter: man soll den Logarithmen (das Zeichen) a ? b hinschreiben.

Ich bezeichne aber durch einen solchen Logarithmen a?b die Zahl, mit welcher b potenzirt, den Logarithmanden a giebt.

---

*) Die Beweise selber findet man im dritten Kapitel der Elementarzahlenlehre.

Das Zeichen (?) nenne ich das **Logarithmenzeichen.**

Anmerkung. Der Logarithme a?b hat daher nur dann eine Bedeutung, wenn a und b solche Zahlen sind, daß a als ein Produkt von mehreren gleichen Faktoren, von denen jeder b ist, betrachtet werden kann. Für alle Zahlen a welche zwischen den Zahlen b.b, bbb, bbbb, etc. liegen, hat der Logarithme a?b gar keine Bedeutung, und von einem solchen kann daher hier nie die Rede seyn.

Auch muß, wie leicht einzusehen ist, die Basis b nothwendig > 1 seyn, weil sonst von einer Potenz, deren Dignand b ist, nicht die Rede seyn könnte (§. 44.).

§. 57. Zusatz.

Wird der Logarithme, als Zahlzeichen, mit einem andern Zahlzeichen auf's neue verbunden, so muß solcher als einzelnes Zahlzeichen ausgezeichnet und erkennbar seyn.

Anmerkung. Obige Erklärung muß eigentlich so heißen: der Logarithme a?b ist ein Zahlzeichen, mit welchem b potenzirt, eine Potenz $b^{a?b}$ giebt, welche dem Logarithmanden a gleich ist (§. 7).

§. 58. Zusatz.

Man hat daher sogleich:

$$\text{LXI.}\quad b^{a?b} = a$$

§. 59. Lehrsätze.

Ist $a = b$, so ist auch:

1) $m^a = m^b$

2) $a?m = b?m$

3) $m?a = m?b$

Beweise unmittelbar aus (§. 7.)*)

*) Wir glauben aber, um jedem Misverständniß vorzubeugen, nochmal bemerken zu müss'n, daß alle Formeln nur unter der Voraussetzung gelten sollen und können, daß alle vor-

§. 60. Lehrsatz.

Ist $a > b$, so ist auch, wenn $m > 1$,

$$m^a > m^b$$

Beweis. Denn es ist $a = b + q$ (§. 15.); folglich $m^a = m^{b+q} = m^b . m^q = m^b + m^b + m^b + \ldots$; dahero auch $m^a > m^b$ (§. 16.); wenn $q > 1$.

Sollte aber $q = 1$, d. h. $a = b + 1$ seyn, so wäre $m^a = m^{b+1} = m^b . m = m^b + m^b + \ldots$; folglich $m^a > m^b$ (weil immer $m > 1$.).

§. 61. Zusatz.

1) Ist daher $m^a = m^b$, so muß auch $a = b$ seyn, wenn $m > 1$, d. h. geben zwey Zahlzeichen wenn man ein drittes, welches > 1 ist, mit ihnen potenzirt, gleiche Potenzen, so sind sie selbst einander gleich. (Indirekt aus §. 60.).

2) Der Logarithme $a ? b$, wenn er in einem besondern Fall wirklich eine Bedeutung hat, bezeichnet daher dann nur eine und dieselbe Zahl, nie zwey oder mehrere verschiedene Zahlen zugleich.

§. 62. Lehrsätze.

Man hat allemal:

LXII. $(a^b) ? a = b$

LXIII. $a ? (\sqrt[b]{a}) = b$

LXIV. $\sqrt[a?b]{a} = b$

LXV. $(ab) ? p = a ? p + b ? p$

LXVI. $(a : b) ? p = a ? p - b ? p$

LXVII. $(a^b) ? p = b . (a ? p)$

---

kommenden Zeichen wirklich Bedeutung haben, alle Zahlzeichen daher sogenannte absolute ganze Zahlen bezeichnen.

LXVIII. $(\sqrt[b]{a})?p = (a?p):b$

LXIX. $a?c = (a?b).(b?c)$

LXX. $\frac{a?c}{b?c} = a?b$

LXXI. $\frac{a?c}{a?b} = b?c$

LXXII. $a?\sqrt[d]{c} = d.(a?c)$

LXXIII. $a?\sqrt[d]{c} = d:(c?a)$

LXXIV. $(a^d)?c = a?\sqrt[d]{c}$

LXXV. $(a^d)?c = d:(c?a)$

LXXVI. $a?(c^d) = (a?c):d$

LXXVII. $(\sqrt[d]{a})?c = a?(c^d)$

LXXVIII. $a^b?a^c = b:c$

LXXIX. $a^b?c^b = a?c$

LXXX. $\sqrt[b]{a}?\sqrt[c]{a} = c:b$

LXXXI. $\sqrt[b]{a}?\sqrt[b]{c} = a?c$

LXXXII. $(a^b)?(\sqrt[d]{a}) = bd$

LXXXIII. $d.(a?c) = d:(c?a)$

LXXXIV. $a^{c?d} = \sqrt[d?a]{c}$

LXXXV. $a^{c?d} = \sqrt[d?c]{a}$

LXXXVI. $a^{c?d} = c^{a?d}$

LXXXVII. $\sqrt[d?a]{a} = \sqrt[d?c]{c}$

LXXXVIII. $\frac{a?c}{b?c} = \frac{a?d}{b?d}$

Beweise

Beweise der meisten dieser Lehrsätze ergeben sich dadurch, daß man für beyde durch das (=) Zeichen verbundene Ausdrücke, ein drittes Zahlzeichen angiebt (gewöhnlich die Basis eines der vorkommenden Logarithmen) welches > 1 ist, und mit ihnen potenzirt, gleiche Potenzen giebt (§. 61.). — Die übrigen werden leicht nach den frühern Methoden erwiesen.*)

§. 63. Zusatz.

Durch wiederholte Anwendung der vorstehenden Formeln erhält man noch:

1) $(abc)?p = a?p + b?p + c?p$

2) $\left(\frac{abc}{dt}\right)?p = (a?p + b?p + c?p) - (d?p + f?p)$

3) $(a?b)\,(b?c)\,(c?d) = a?d$

und ähnliche, für Produkte von vier und mehr Faktoren.

Anmerkung.

Die Formeln (LXV. — LXVIII.), so wie die Formel (LXXXVI.) pflegt man gewöhnlich auf nachstehende Art geschrieben zu finden:

1) $\log.\,(ab) = \log.\,a + \log.\,b$

2) $\log.\,(a:b) = \log.\,a - \log.\,b$

3) $\log.\,(a^b) = b\,.\,\log.\,a$

4) $\log.\,(\sqrt[b]{a}) = \frac{\log.\,a}{b}$

5) $a^{\log.\,c} = c^{\log.\,a}$

die übrigen Formeln lassen sich bey dieser unvollkommenen Bezeichnungsweise gar nicht darstellen.

---

*) Die Beweise selber finden sich zum Theil in dem dritten Kapitel der Elementarzahlenlehre.

§. 64. Haupt Anmerkung.

Alle bis jetzt erwiesenen Formeln gelten aber nur unter der Voraussetzung, daß die vorkommenden 7 Zahlzeichen, die wir Summe, Differenz, Produkt, Quotient, Potenz, Wurzel und Logarithme nannten, wirklich die den Definitionen entsprechende Bedeutung haben, d. h. wirklich Zahlen der Zahlenreihe bezeichnen (sogenannte ganze absolute Zahlen). Sind nun a und b solche Zeichen und größer als 1, so sind auch $a + b$, ab und a^b nothwendig eben solche: dagegen kann man nicht behaupten, daß auch allemal $a - b$, $a : b$, $\sqrt[b]{a}$ und a ? b wirklich möglich sind (d. h. daß es immer in der That Zahlen giebt, welche den Definitionen dieser letztern Zeichen entsprechen). In einem solchen Falle des Gegentheils aber, haben die Zeichen $a - b$, $a : b$, $\sqrt[b]{a}$ und a ? b gar keine Bedeutung, so wenig als das Zeichen (=) wenn es zwischen solchen Zeichen steht, und es kann daher von der Gültigkeit der bis jetzt erwiesenen Formeln (Lehrsätze) natürlich dann gar nicht mehr die Rede seyn.

Weil aber, diesem nach, die Formeln nur in besonderen Fällen gelten, so ist nicht eher eine allgemeine Zahlenlehre möglich, als bis wir unsre besonderen Begriffe zu allgemeinern erheben, um vielleicht das, was für diesen besondern Fall gilt, mit den gehörigen und durch die Natur der Sache bedingten Einschränkungen allgemein gelten zu machen.

Bemerkung.

Um so viel wie möglich Mißverständnisse zu vermeiden, erlaube ich mir hier noch folgende Bemerkung:

Es ist nehmlich nie erlaubt, vom besondern auf das Allgemeine zu schließen; dagegen ist, vom besondern durch Abstraktion sich zum Allgemeinen zu erheben, der Weg den wir von dem ersten Worte des Kindes an, bis zu dem letzten des tiefsten Wissenschaftsforschers befolgen und befolgen müssen. Alle Begriffe, die wir erhalten, sind immer besondere, und indem wir an mehreren solchen besondern Begriffen gewisse Merkmale gemeinschaftlich finden, heben wir diese heraus und verbinden sie zu dem allgemeinern Begriff, der dann wieder in Bezug auf dasselbe Verfahren ein besonderer seyn wird, u. s. w. f. — Der allgemeinere Begriff wird also aus dem besondern dadurch erhalten, daß man von einem oder einigen Merkmalen des besondern abstrahirt. Umgekehrt aber wird erkannt, ob ein Begriff B der allgemeinere Begriff ist, in Bezug auf einen andern A, dadurch daß man untersucht, ob der besondere Begriff A, aus dem allgemeinern Begriff B hervorgeht, indem letzterm noch ein oder noch einige Merkmale hinzugefügt werden.

Dieses einfache Verfahren, dessen sich jeder Mensch bey Erwerbung aller seiner Kenntnisse auch der einfachsten, bedient, ohne sich gerade jedesmal dessen bewußt zu werden, während es dagegen der Logik zukommt, solches in das Bewußtseyn treten zu lassen, dasselbe Verfahren, und kein anderes, werden wir anwenden, um uns auch hier von den bis jetzt erhaltenen besondern Begriffen der Summe, der Differenz, des Produkts u. s w. f; der Gleichheit (Gleichung), zu allgemeinern zu erheben, um dadurch eine allgemeine Zahlenlehre möglich zu machen.

So hat z. B. der Begriff der Summe $a + b$ bis jetzt folgende Merkmale: 1) ein Zeichen zu seyn, 2) gerade diese Form zu haben (d. h. durch Verbindung zweyer andern Zeichen a und b mittelst des + Zeichens entstanden zu seyn); 3) eine Zahl zu bezeichnen, und zwar 4) diejenige, die so viel Einheiten hat, als die Zahl a und die Zahl b zusammen genommen haben, welches 5) voraussetzt, daß a und b ebenfalls wirklich Zahlen der Zahlenreihe bezeichnen. — Will man sich nun einen allgemeinern Begriff bilden, so lassen wir einige dieser Merkmale weg (abstrahiren wir von einigen dieser Merkmale) z. B. die unter 3, 4, und

5 angemerkten, behalten dann ein Zeichen von der Form a + b übrig, welches ein allgemeinerer Begriff ist. — Der Name thut dann nichts zur Sache. Am bequemsten ist es aber diesem allgemeinern Begriff denselben Namen zu geben, welchen vorher der besondere hatte, dagegen diesen Besonderen dann durch ein hinzu gefügtes Beywort zu unterscheiden. So kann man z. B. denn oben erhaltenen allgemeinern Begriff, wiederum Summe nennen, muß aber dann, was wir vorher Summe nannten, etwa wirkliche Summe nennen, um dadurch den frühern (besondern) Begriff, von dem jetzigen (dem allgemeinern) zu unterscheiden.

Auf dieselbe Weise können nun auch die Begriffe der Differenz ꝛc., der Gleichung, erweitert werden, so wie nachher untersucht werden muß, welche der Sätze, die von den frühern Summen, Differenzen, ꝛc. und Gleichungen Statt fanden, auch noch für diese allgemeinern Summen, Differenzen ꝛc. ꝛc. und Gleichungen gelten werden, und welche nicht mehr Statt finden können.

Statt daß hier aber der allgemeinere Begriff der Summe, aus dem Besondern, direkt gefunden wurde, kann solcher auch bloß gerade zu durch Versuche bestimmt werden, dadurch daß man für den besondern Begriff A gleichsam instinktmäßig einen andern Begriff B als den allgemeinern vòn A aufstellt. Allein in diesem Falle muß jedesmal nachher, bestimmt und klar nachgewiesen werden, daß der Begriff B auch wirklich den A als einen besondern in sich enthält; d. h. daß der Begriff A ganz und vollständig hervortritt, sobald dem Begriff B noch ein oder einige Merkmale hinzugefügt werden.

Auch hat man in diesem Fall noch darauf zu sehen, daß der Begriff B ein völlig bestimmter Begriff ist.

Zahlenlehre.

Zweytes Kapitel.

Von den allgemeinen Summen und Differenzen. Von der Null und von den additiven und den subtraktiven Zahlen.

§. 65. Erklärung.

Summe, im erweiterten Sinne des Worts, heisse von nun an jedes Zeichen von der Form a + b; so wie jedes Zeichen von der Form a — b, Differenz, im erweiterten Sinn des Worts, genannt werden soll. Was ich bisher Summe und Differenz nannte, mag jetzt wirkliche Summe und wirkliche Differenz heissen. Summen und Differenzen die nicht wirkliche sind, können auch formelle genannt werden.

Dem gemäß erweitere ich hier auch die Begriffe: Summand, Minuend, Subtrahend, Addiren, Subtrahiren. Nicht minder so den Begriff der Summe mehrerer Summanden (§§. 9. 18. u. 14.).

§. 66. Erklärung.

Subtraktiv gleich nenne ich zwey Ausdrücke a und b, wenn es einen dritten Ausdruck p giebt, so daß die Summen $a + p$ und $b + p$ in einen und denselben Ausdruck übergehen, wenn man in ihnen die Summanden beliebig verwechselt, dann statt Summen von der Form

$$(a - b) + b$$

bloß den Minuenden a hinschreibt, und mit dem jedesmaligen Resultat dieselbe Verfahrungsart gehörig oft wiederholt.

Was früher gleich genannt wurde (§. 7.) mag jetzt wirklich gleich heißen.

Erläuterung. Will man, dieser Definition zu Folge, untersuchen z. B. ob die Ausdrücke $a - (b - c)$ und $(a - b) + c$ subtraktiv gleich sind, so nehme man $b - c$ und addire solches zu beiden Ausdrücken. Der erste giebt dann $[a - (b - c)] + (b - c)$ und geht sogleich in a über: der andre aber giebt

$$[(a - b) + c] + (b - c)$$

und dieser geht über

zuerst in $[(b - c) + c] + (a - b)$

dann in $b + (a - b)$

dann in $(a - b) + b$

und zuletzt in a;

folglich sind beyde Ausdrücke $a - (b - c)$ und $(a - b) + c$, subtraktiv gleich (nach obiger Definit.)

§. 67. Zusatz.

Hieraus folgt sogleich:

1) Zwey Ausdrücke sind schon subtractiv gleich, wenn sie, ohne daß erst ein dritter Ausdruck zu ihnen addirt wird, an sich schon nach (§. 66) behandelt, in einen und denselben übergehen.

2) Alle subtractiv gleichen Ausdrücke, sind in dem besondern Fall, daß sie wirkliche werden (d. h. Zahlen der Zahlenreihe *) bezeichnen) nothwendig auch wirklich gleich (§. 7.) (§. 23.).

3) Bedient man sich daher des (=) Zeichens um subtractive Gleichheit damit anzudeuten, so ist die Bedeutung dieses Zeichens auf eine erlaubte und schickliche Weise erweitert.

§. 68. Lehrsätze.

Ist $a = b$

so ist auch 1) $a + m = b + m$

2) $a - m = b - m$

3) $m - a = m - b$

unter der Voraussetzung, daß das Zeichen (=) hier so wie zunächst in dem folgenden immer, subtraktive Gleichheit andeutet.

Beweise. Denn vermöge der Bedingung giebt es einen Ausdruck p, der die Summen $a + p$ und $b + p$ nach (§. 66.) behandelt, in einen und denselben Ausdruck übergehen macht. Dann werden aber nothwendig auch die Summen

$$(a + m) + p \text{ und } (b + m) + p$$

so wie die Summen

$$(a - m) + (m + p) \text{ und } (b - m) + (m + p)$$

und endlich die Summen

$$(m - a) + (a + b + p) \text{ u. } (m - b) + (a + b + p),$$

auf dieselbe Weise behandelt, in einen und denselben Ausdruck übergehen müssen; folglich die Sätze erwiesen (§. 66.).

*) Sogenannte absolute ganze Zahlen.

§. 69. Lehrsatz.

Ist $a = b$ und $b = c$, so ist auch $a = c$; wenn das Zeichen ($=$) subtraktive Gleichheit bedeutet.

Beweis. Denn vermöge der ersten Bedingung giebt es einen Ausdruck p, der $a + p$ und $b + p$ nach (§. 66.) behandelt, in einen und denselben Ausdruck übergehen macht. Eben so giebt es einen Ausdruck q, dasselbe bey $b + q$ und $c + q$ bewirkt, vermöge der zweyten Bedingung. Dann werden aber auch die Summen

$$a + p + q \text{ und } b + p + q$$

nach (§. 66.) behandelt, in einen und denselben Ausdruck übergehen, den ich durch A bezeichnen will; und eben so müssen auch die Summen $b + p + q$ und $c + p + q$ auf dieselbe Weise behandelt, in einen und denselben Ausdruck übergehen, der durch B bezeichnet seyn mag.

Nun sind zwey Fälle möglich:

I) entweder ist der Ausdruck A von dem Ausdruck B gar nicht verschieden und dann ist erwiesen, daß es einen Ausdruck $p + q$ giebt, der die Summen $a + (p + q)$ und $c + (p + p)$ nach (§. 66) behandelt, in einen und denselben Ausdruck übergehen macht, und der Lehrsatz selbst ist dadurch außer Zweifel gesetzt; oder es ist

II) Der Ausdruck A von dem Ausdruck B noch verschieden, und dann sind wieder zwey Fälle denkbar; entweder

1) A und B sind Summen die aus denselben Summanden nur in verschiedener Anordnung

bestehen, und dann ist der Lehrsatz ebenfalls außer allem Zweifel; oder

2) Es unterscheidet sich A von B auf andere Weise. — Wie aber A und B von einander verschieden seyn mögen, so giebt es doch auf jeden Fall einen Ausdruck s, der die Summen A + s und B + s nach demselben (§. 66.) behandelt, in Ausdrücke übergehen macht, die nicht mehr Differenzen enthalten, und die beziehlich durch C und D bezeichnet seyn mögen; denn es enthalten die Ausdrücke A und B entweder an sich schon keine Differenzen mehr oder man erreicht diesen Zweck doch wenigstens dadurch, daß man für s, wenn es keinen andern Ausdruck mehr geben sollte, die Summen aller der in A und B vorkommenden Subtrahenden nimmt.

Nun behaupte ich, daß diese Ausdrücke C und D sich entweder gar nicht mehr von einander unterscheiden, oder Summen seyn müssen, die aus denselben Summanden bestehen. Denn es sind die Ausdrücke C und D aus einer und derselben Summe

$$b + p + q + s$$

hervorgegangen, dadurch daß solche nach (§. 66.) behandelt wurde. Da nun ein Theil der in b vorkommenden Differenzen dadurch wegfällt, daß man zu ihnen ihre Subtrahenden addirt, während die übrigen wegfallenden Differenzen in diesen Subtrahenden selbst enthalten seyn müssen, so müssen diese Subtrahenden in p + q + s als Summanden vorkommen, und man kann daher statt ihrer beliebige neue einfache

Zeichen setzen, ohne daß dadurch in den Ausdrücken C und D etwas geändert würde, während die Ausdrücke, in welche b, p, q, und s übergehen, durch b′, p′, q′, und s′, bezeichnet seyn mögen. Sind aber statt aller dieser Subtrahenden neue Zahlzeichen (Buchstaben) gesetzt, so kann man diesen Subtrahenden, da sie von den Minuenden ganz unabhängig sind, immer solche Werthe beylegen, daß alle vorkommenden Ausdrucke, wirkliche Zahlzeichen werden, und es müssen dann die aus

$$b' + p' + q' + s'$$

hervorgehenden Ausdrücke C und D da sie der wirklichen Summe $b' + p' + q' + s'$ gleich sind, nothwendig auch einander wirklich gleich seyn; folglich sich entweder gar nicht mehr von einander unterscheiden oder doch Summen seyn, die aus denselben Summanden bestehen (weil sie keine Differenzen mehr enthalten).

Nun gehen also erstlich:

$$a + p + q + s \text{ und } b + p + q + s$$

in einen und denselben Ausdruck C über

dann auch $b + p + q + s$ und $c + p + q + s$

in einen und denselben D über,

wenn sie nach (§. 66.) behandelt werden, während die beyden Ausdrücke C und D dieselben sind, oder selbst augenblicklich nach (§. 66.) behandelt, in einen und denselben übergehen.

Folglich gehen die Summen

$$a + (p + q + s) \text{ und } c + (p + q + s).$$

nach (§. 66.) behandelt, in einen und denselben Ausdruck über, und daher nach (§. 66.)

$$a = c. \qquad \text{Q. E. D.}$$

§. 70. Zusatz.

Aus der Erklärung (§. 66.) so wie aus den Lehrsätzen (§. 68. und §. 69.) folgt aber, daß dieselben Sätze, welche in (§. 26.) als gegeben angenommen sind, alle hier für diese allgemeinen Summen und Differenzen und für diesen Begriff des (=) Zeichen (der subtraktiven Gleichheit) unverändert statt finden, daß daher auch die übrigen Formeln der Subtraktion und der Addition hier, ihrer Form nach unverändert, Platz finden müssen, so wie auch, daß man jedesmal nothwendig richtige subtraktive Gleichungen erhalten muß, wenn man aus gegebenen Gleichungen nach Anleitung des (§. 26), alle Zahlzeichen und Gleichungen als wirkliche betrachtend, andere Gleichungen in's Unendliche fort ableitet.

Dabey ist nicht zu übersehen, daß jede subtraktive Gleichung, im Falle die Zahlzeichen in ihr wirkliche werden, nothwendig in eine wirkliche Gleichung übergehen muß. (§. 67. n. 2.).

§. 71. Zusatz.

Es folgt aber auch noch, daß wenn

$$a + m = b + m$$

dann auch $a = b$ seyn müsse, wenn, wie von nun an immer, das Zeichen (=) subtractive Gleichheit bedeutet. —

Denn es ergiebt sich nach (§. 68. n. 2.)

$(a + m) - m = (b + m) - m$, und hieraus

$$a = b.$$

Dadurch wird aber die (§. 24.) angewandte Beweismethode, in so ferne sich solche auf den hier so eben erweiterten (§. 23. n. 1.) stützt, auch für diese allgemeinern subtraktiven Gleichungen anwendbar, und wir werden deshalb in dem folgenden immer auf selbige oder auf (§. 23. n. 1.) verweisen.

§. 72. Lehrsatz.*)

Was auch a und b bedeuten mögen, so ist doch immer

$$a - a = b - b.$$

Beweis ergiebt sich aus (§. 23. n. 1.) indem man auf beyden Seiten a addirt. Links ergiebt sogleich a; rechts dagegen

$(b - b) + a$

oder $(b + a) - b$ (§. 24. VI.)

oder a (§. 24. IV.)

§. 73. Erklärung.

Das Zeichen

$$O$$

wird ausgesprochen: Null, und bezeichnet jede Differenz $p - p$, deren Minuend von ihrem Subtrahenden nicht verschieden ist.

Anmerkung. Wegen (§. 72.) hat dieses Zeichen (Null) O in so ferne eine bestimmte Bedeutung, als alle Differenzen $p - p$, $q - q$, $z - z$ etc. die es vorstellen kann, doch immer einander gleich sind.

*) So lange nicht das Gegentheil gesagt wird, bedeutet das Zeichen (=) immer die (§. 66.) erklärte subtraktive Gleichheit, welche in einem besondern Fall nach (§. 67. n. 2.) wirkliche Gleichheit werden kann und werden muß.

§. 74. Zusatz.

Hieraus folgt sogleich:

1) $b - b \quad = o$

2) $o + b \quad = b + o = b$ (u. §. 20)

3) $b - o \quad = b$ (§. 24. IX. (§. 24. VI u. IV.)

4) $o + o \quad = o$

5) $o - o \quad = o$

6) $o + o + o = o$

u. s. w. f.

§. 75. Erklärung.

Das Zeichen:

$$+ b$$

spreche ich aus: plus b, nenne es eine additive Zahl und bezeichne damit die Summe $o + b$.

Desgleichen nenne ich das Zeichen

$$- b$$

eine subtraktive Zahl, spreche es aus: minus b, und bezeichne damit die Differenz $o - b$.

Sowohl in $+ b$ als in $- b$ nenne ich b das Glied der additiven oder der subtraktiven Zahl.

§. 76. Zusatz.

Das Glied einer additiven oder subtractiven Zahl ist ganz beliebig, kann also selbst wieder eine additive oder eine subtraktive Zahl seyn. So sind z. B.

$$+ (- b);\ + (+ a);\ + b$$

additive Zahlen, dagegen

$$- (+ b);\ - (- a);\ - c$$

subtraktive.

§. 77. Zusatz.*)

Es folgt ferner unmittelbar aus den Definitionen, (§. 70.) erwägend:

1) $+ b = b$ (§. 74. n. 2.)

2) $a + (- b) = a - b$ (§. 24. VI. u. §. 74. n. 2.)

3) $a - (- b) = a + b$ (§. 24. IX. u §. 74. n. 3.)

4) $- (- b) = b = + b$

5) $(- a) + b = b + (- a) = b - a$

6) $(- a) + (- b) = - (a + b)$ (§. 24. XII.)

7) $(- a) - b = - (a + b)$ (§. 24. VIII.)

8) $(- a) - (- b) = b - a = - (a - b)$

9) $a + (- a) = 0$

10) $(- a) + (- b) + (- c) = - (a + b + c)$

11) $a - b = - (b - a)$. (§. 24. X.)

§. 78. Erklärungen.

1) Jedes wirkliche Zahlzeichen nenne ich von nun an eine absolute ganze Zahl, oder auch bloß eine ganze Zahl.

2) Jede subtraktive Zahl $- b$, deren Glied b eine ganze Zahl ist, nenne ich eine ganze subtraktive Zahl.

---

*) Da nehmlich Null, so wie jede additive und subtraktive Zahl nichts weiter als Zeichen sind, die Summen oder Differenzen bezeichnen, und die Lehrsätze der Summen und Differenzen im vorhergehenden Kapitel nichts anders lehren, als wie man Summen und Differenzen addirt oder subtrahirt, so lehren dieselben Formeln nothwendig auch, wie man Nullen und additive und subtraktive Zahlen addirt oder subtrahirt, weshalb jeder Anfänger die hiesigen Formeln des (§. 74. u. §. 77.) mit der größten Leichtigkeit selbstthätig abzuleiten im Stande ist.

3) Jede Differenz a — b, deren Minuend und Subtrahend ganze Zahlen sind, nenne ich eine Differenz ganzer Zahlen

§. 79. Zusatz.

1) Jede Differenz ganzer Zahlen ist entweder einer ganzen Zahl, oder der Null, oder einer subtraktiven ganzen Zahl gleich, je nachdem $a > b$ oder $a = b$ oder $a < b$ ist.

2) Die Summe und die Differenz zweyer Differenzen ganzer Zahlen, ist selber wieder einer Differenz ganzer Zahlen gleich.

3) Die Summe mehrerer Summanden, deren Summanden alle Differenzen ganzer Zahlen gleich sind, ist selber wieder einer Differenz ganzer Zahlen gleich.

§. 80. Erklärung.

Ich erweitere nun auch den Begriff des Produkts und nenne ganzes Produkt jedes Zeichen von der Form

$$ab \text{ oder } a \,.\, b \text{ oder } a \times b$$

wo a jedes beliebige Zeichen, b dagegen eine ganze Zahl und größer als 1 ist; und ich bezeichne damit die Summe

$$a + a + a + a + \ldots.$$

deren Summanden Anzahl b ist.

Diesem gemäß mögen auch die Begriffe Multiplikand, Multiplikator und Multipliziren erweitert seyn.

Was ich früher Produkt nannte, nenne ich jetzt wirkliches Produkt.

§. 81. Zusatz.

Hieraus folgt:

1) $ab = a + a + a + a + \ldots$ (b Summanden)

2) $a(b + 1) = ab + a$

§. 82. Zusatz.

Es gelten ferner die Sätze (§. 30. XIII. u. XIV) so wie die (§. 31.), die dort für wirkliche Produkte statt finden, als subtraktiv Gleichungen, auch für diese ganzen Produkte. Denn es darf, um dies einzusehen, der dort geführte Beweis hier nur wörtlich wiederholt werden.

§. 83. Lehrsatz.

Bezeichnen p, q, m, und n ganze Zahlen die größer als 1, und hat man $p - q = m - n$, so ist auch $ap - aq = am - an$.

Beweis. Denn es ist $p + n = q + m$ folglich $a(p + n) = a(q + m)$ oder (§. 82. u. §. 31.)

$$ap + an = aq + am$$

woraus der Satz hervorgeht.

§. 84. Erklärung.

Ich erweitere aber den Begriff des Produkts nochmals und verstehe unter Differenz-Produkt jedes Zeichen von der Form

$$ab \text{ oder } a \,.\, b \text{ oder } a \times b$$

wo a ein ganz beliebiges Zeichen, b aber einer Differenz ganzer Zahlen die größer als 1 sind, gleich ist (z. B. $p - q$), und ich bezeichne durch ein solches Differenz-Produkt ab, $a \,.\, b$ oder $a \times b$ die Differenz $ap - aq$ (wo ap und aq ganze Produkte sind, also Summen bezeichnen (§. 80.)).

Diesem

Diesem gemäß erweitere ich auch die Begriffe Multiplikand, Multiplikator, Multipliziren.

Anmerkung. Wegen (§. 83.) ist die Bedeutung eines solchen Differenz-Produkts völlig bestimmt und wegen (§. 31. n. 2) und (§. 82.) ist ein ganzes Produkt ein besonderer Fall des Differenz-Produkts.

§. 85. Zusatz.

Aus dieser Definition folgt sogleich:

1) a . 1 = a

2) a . 0 = 0

3) a . (— m) = — am, wenn m eine ganze Zahl.

§. 86. Zusatz.

Eben so leicht läßt sich nun strenge aus der Definition (§. 84.) nachweisen, daß im Falle alle vorkommenden Buchstaben Differenzen ganzer Zahlen seyn sollten, auch noch alle Sätze des (§. 30. u. §. 31.) für die hiesigen Differenz-Produkte als subtraktive Gleichungen eben so gelten; wie sie dort für wirkliche Produkte als wirkliche Gleichungen aufgestellt worden sind. — Daher können auch noch (§. 32. und §. 33.), mithin ohne Ausnahme alle Sätze der Multiplikation von (§. 29.) bis zu (§. 34.), hier ungeändert Platz finden, wenn nur alle vorkommenden Buchstaben, Differenzen ganzer Zahlen gleich sind.

§. 87. Zusatz.

Bezeichnen daher alle Buchstaben Differenzen ganzer Zahlen, so hat man auch noch:

1) a . 1 = 1 . a = a

2) a . 0 = 0 . a = 0

3) $1 . 1 = 1$

4) $0 . 0 = 0$

5) $1 . 1 . 1 = 1$ } u. s. w.

6) $0 . 0 . 0 = 0$ }

7) $a . (-m) = (-m) a = -am = -ma$

8) $(-a) . (-m) = (-m)(-a) = am = ma$

§. 88. Zusatz.

Das Produkt zweyer Differenzen ganzer Zahlen ist selber wieder einer Differenz ganzer Zahlen gleich.

§. 89. Lehrsatz.

Bezeichnen a, b und m Differenzen ganzer Zahlen und ist $a = b$, so ist auch $a . m = b . m$.

Beweis folgt unmittelbar.

§. 90. Lehrsatz.

Ist aber $am = bm$, so ist nur dann auch nothwendig $a = b$, wenn m nicht Null ist: unter der Voraussetzung daß a, b, m, Differenzen ganzer Zahlen vorstellen.

Beweis. Denn wäre nicht $a = b$, so wäre doch $a - b$ einer Differenz ganzer Zahlen gleich, die wir durch x bezeichnen wollen. Man hat also:

$$a - b = x$$

folglich $(a - b) m = x . m$ (§. 89.)

oder $am - bm = x . m$

oder $0 = x . m$ (nach der Bedingung).

Ist nun m nicht 0, so muß $x = 0$ seyn, daher dann auch $a - b = 0$, oder $a = b$.

§. 91. Erklärung.

Ich erweitere nun aber auch den Begriff des

Quotienten und nenne Differenz-Quotient jedes Zeichen von der Form

$$\frac{a}{b} \text{ oder } a : b$$

in welchem a und b Differenzen ganzer Zahlen gleich sind. Und ich bezeichne durch diesen Differenz-Quotienten $\frac{a}{b}$ diejenige Differenz ganzer Zahlen, welche mit oder mit welcher b multiplizirt, a giebt.

Dem gemäß mögen auch die Begriffe Dividend, Divisor und Dividiren erweitert seyn.

Anmerkung. Daß der Differenz-Quotient $\frac{a}{b}$ nicht in jedem Falle eine Bedeutung habe, ist nicht schwer zu erkennen. Im Falle er aber eine Bedeutung hat, ist solche auch völlig bestimmt, wegen (§. 90.), so lange der Divisor b nicht Null ist; weil die beyden Differenzen ganzer Zahlen a und b, die mit m multiplicirt gleiche Produkte geben, selber einander gleich seyn müssen, so lange nicht m Null ist. Daß aber der wirkliche Quotient ein besonderer Fall des Differenz-Quotienten ist, erhellet aus (§. 79. n. 1.).

§. 92. Zusatz.

Aus dieser Definition folgt:

1) $\frac{0}{a} = 0$

2) $\frac{a}{1} = a$

3) $\frac{a}{a} = 1$

4) $\frac{1}{1} = 1$

6) $\frac{-a}{b} = -\frac{a}{b}$

6) $\frac{a}{-b} = -\frac{a}{b}$

7) $\frac{-a}{-b} = \frac{a}{b} = +\frac{a}{b}$

Wenn nur alle vorkommenden Zahlzeichen Differenzen ganzer Zahlen gleich sind, und keiner der Divisoren 0 ist.

§. 93 Lehrsatz.

Unter dieser letztern Bedingung, muß wenn $a = b$ ist, auch seyn:

1) $a : m = b : m$ } wenn nur keiner der Divi-
2) $m : a = m : b$ } soren Null ist.

Beweise indirekt, wie der (§. 90.) geführte.

§. 94. Zusatz.

Es finden daher, wie aus den zunächstvorhergehenden (§§. 86 — 93) erhellet, alle Voraussetzungen des (§. 42.), mithin auch alle Folgerungen desselben Paragraphen statt.

Man kann also jede der dort vorausgesetzten Glgn., sie selbst, so wie alle Zahlzeichen in ihr als wirkliche betrachtend, nach Anleitung dieses (§. 42.) behandeln, in's unendliche fort neue Gleichungen ableiten, und muß nothwendig richtige subtraktive Gleichungen erhalten, sobald nur alle vorkommenden einzelnen, und die aus diesen zusammengesetzten Zahlzeichen, Differenzen ganzer Zahlen gleich sind, und keiner der Divisoren Null ist.

§. 95. Zusatz.

Bedeuten aber ursprünglich alle Buchstaben absolute ganze Zahlen, so entstehen durch die Subtraktion, Differenzen ganzer Zahlen, und werden diese Differenzen ganzer Zahlen auf's neue durch Addition, Subtraktion oder Multiplikation (aber nicht durch Division) mit einander verbunden, und die entstehenden Ausdrücke wieder beliebig durch dieselben drey Operationen mit einander verbunden, in's unendliche fort; so sind doch, nach (§. 79. n. 2. u. §. 88.), alle entstehenden Zahlzeichen nothwendig wiederum Differenzen ganzer Zahlen gleich. — So lange man also bey dem allgemeinern Ableiten der Gleichungen nach (§. 91.) oder nach (§. 42.) keine Division anwendet, dabey aber, wie das nothwendig der Fall ist, voraussetzt, daß alle vorkommenden formellen oder wirklichen Zahlzeichen, ihr Entstehen den absoluten ganzen Zahlen verdanken, so lange müssen ohne Einschränkung, alle hervorgehenden Gleichungen ohne Unterschied nothwendig richtige subtraktive Gleichungen seyn, und ohne daß noch irgend eine Bedingung hinzugefügt wird.

Sobald man aber auch noch Division anwendet, muß nicht jedes entstehende Zahlzeichen nothwendig einer Differenz ganzer Zahlen gleich seyn (§. 91. Anmerkung); folglich ist die Division noch immer nur in besondern Fällen anzuwenden und zwar da, wo man sich überzeugen kann, daß jeder erscheinende Quotient einer Differenz ganzer Zahlen gleich ist, vorausgesetzt auch, daß solcher nicht Null zum Divisor hat.

Anmerkung. Dabey dürfte es nicht überflüssig seyn, nochmal zu bemerken, daß jede subtraktive Gleichung, sobald man den Buchstaben (allgemeinen Zahlzeichen) in ihr, solche absolute ganze Zahlen untergelegt denkt, daß alle entstehenden einzelnen und aus diesen zusammengesetzten Zahlzeichen wirkliche werden, auch nothwendig eine wirkliche Gleichung seyn muß.

Zahlenlehre.

Drittes Kapitel.
Von den algebraischen Summen.

§. 96. Erklärung.

Jeder Ausdruck, wie z. B.

$$a - b + c$$

in welchem mehr als zwey Zahlzeichen erkennbar und durch Addition und Subtraktion zusammengesetzt sind, wenn er nicht eine Summe mehrerer Summanden ist, hat bis jetzt noch gar keine Bedeutung; und man weiß nicht, ob z. B. der obige Ausdruck

$$a - b + c$$

die Summe $(a - b) + c$ oder die Differenz $a - (b + c)$ bezeichnet.

Ich nenne aber algebraische Summe oder Summodifferenz jeden solchen Ausdruck wie

$$a - (b - c) + d - f$$

in welchem mehr als zwey (oder auch nur zwey) erkennbare Zahlzeichen durch Addition und Subtraktion verbunden sind; und ich bezeichne damit diejenige

Summe oder Differenz welche entsteht, wenn man die einzelnen Zahlzeichen von der Linken zur Rechten, so mit einander verbindet, wie solche bey dem Lesen auf einander folgen.

Die einzelnen Zahlzeichen, wie hier a, b — c, d, f, nenne ich Glieder der algebraischen Summe, und zwar addirte Glieder, wie d, oder subtrahirte Glieder, wie b — c und f, je nachdem sie das (+) oder das (—) Zeichen vor sich stehen haben.

Weil die algebraische Summe ihrer Definition und (§. 74. n. 2.) gemäß, auch so geschrieben werden kann:

$$o + a - (b - c) + d - f$$

so kann man auch das erste Glied a, wenn solchem gar kein (+) oder (—) Zeichen vorsteht, ein addirtes Glied nennen.

Eine algebraische Summe von zwey, drey und mehr Gliedern nennt man auch beziehlich ein Binomium, Trinomium, Polynomium. Hat sie aber unbestimmbar viele Glieder, so heißt sie ein Infinitinomium oder eine unendliche Reihe.*)

§. 97. Zusatz.

Eine algebraische Summe kann Glieder haben, die selber wieder algebraische Summen oder additive oder subtraktive Zahlen oder beliebige andere Zahlzeichen seyn können. Auch kann sie lauter addirte Glieder haben, und sonach auch eine Summe mehrerer

*) Man unterscheide immer sehr genau die algebraische Summe von der Summe mehrerer Summanden. — Eben so genau addirt von additiv und subtrahirt von subtraktiv.

Summanden werden. Sie kann aber auch lauter subtrahirte Glieder haben, wie z. B.

$$-(f-g+h)-(b+d)-h-(p+q)$$

oder wie $-a-b-c-d$.

Anmerkung. Will man die Differenz

$$a-(b-c)$$

andeuten, so darf man die Klammern auf keine Weise weg lassen, denn die durch Weglassen der Klammern entstehende algebraische Summe

$$a-b-c$$

bezeichnet, vorstehender Definition gemäß, die Differenz $(a-b)-c$, aber nicht die gegebene. — Ueberhaupt hat man nur darauf zu sehen, daß jede Bezeichnung völlig bestimmt ist, und keine Zweydeutigkeit zuläßt. Auf welche Weise man dies bezweckt (durch Klammern, Striche oder Uebereinkunft) ist dabey ganz gleichgültig.

§. 98. Lehrsatz.

Jede algebraische Summe ist einer Summe mehrerer Summanden gleich, die man erhält, wenn man die addirten Glieder additiv nimmt, und die subtrahirten Glieder subtraktiv nimmt und dann die dadurch entstehenden additiven und subtraktiven Zahlen alle zu einander addirt.*) (§. 9.).

So ist z. B.

$$a-b-c+d-f+g+h=$$
$$(+a)+(-b)+(-c)+(+d)+(-f)+(+g)+(+h)$$

Beweis ergiebt sich sehr einfach, wenn man die zwey ersten Summanden zusammennimmt, zu dieser Summe den dritten u. s. w. hinzunimmt, dabey aber

*) Eine Zahl b nenne ich additiv oder subtraktiv genommen wenn man die additive Zahl $+b$ oder die subtraktive Zahl $-b$ daraus macht (§. 75).

statt + a, + d, + g, + h, die ihnen gleichen a, d, g, h, setzt, übrigens den Satz (§. 77. n. 2.) in Anwendung bringt.

§. 99. Zusatz.

Derselbe Satz kann auch noch auf folgende Art ausgesprochen werden: Jede Summe, deren Summanden alle additive oder subtraktive Zahlen sind, ist einer algebraischen Summe gleich, die man erhält, wenn die, die additiven und subtraktiven Zahlen einschließenden Klammern so wie auch die, die einzelnen Summanden verbindenden (+) Zeichen, ohne weiters weggelassen werden.

§. 100. Zusatz.

Das Produkt einer algebraischen Summe mit einem beliebigen Ausdruck m, ist wieder einer algebraischen Summe gleich, die man erhält, wenn man jedes Glied der gegebenen mit diesem Ausdruck m multiplizirt, die Produkte aber beziehlich durch dieselben (+) oder (—) Zeichen verbindet, durch welche die Glieder der gegebenen algebraischen Summe mit einander verbunden sind. z. B.

$$(a - b + c + d - f)\, m = am - bm + cm + dm - fm$$

(§. 31. n. 3. und §. 87. n. 7. u. §. 98.).

§. 101. Zusatz.

Der Quotient, den man erhält, wenn eine algebraische Summe durch einen beliebigen Ausdruck m dividirt wird, ist wieder einer algebraischen Summe gleich, die man erhält, wenn man jedes einzelne Glied der gegebenen algebraischen Summe durch diesen Ausdruck m dividirt, die entstehenden Quotienten aber mit demselben (+) oder (—) Zeichen mit einander verbindet, durch welches beziehlich die Glieder der gegebenen algebraischen Summe selbst mit einander verbunden sind. — z. B.

$$\frac{a-b+c+d-f}{m}=\frac{a}{m}-\frac{b}{m}+\frac{c}{m}+\frac{d}{m}-\frac{f}{m}$$

(§. 41. n. 1. und §. 92. n. 5. u. §. 98.)

Anmerkung. Es versteht sich von selbst, daß diese Sätze nur dann statt finden können, wenn alle einzelnen Zahlzeichen Differenzen ganzer Zahlen gleich sind. Auch darf kein Divisor vorkommen, der Null ist.

§. 102. Lehrsatz.

Jede algebraische Summe ist jeder andern gleich, deren Glieder dieselben, aber in beliebige Ordnung gesetzt sind. — So ist z. B.

$$a-b-c+d-f=-b+d-f+a-c$$
$$=d-f-c-b+a=d-b+a-f-c= \text{etc. etc.}$$

Beweis ergiebt sich unmittelbar aus (§. 98.) und (§. 14.)

§. 103. Zusatz.

Kommen in einer algebraischen Summe zwey gleiche Glieder vor, von denen das eine ein addirtes, das andere aber ein subtrahirtes ist, so ist selbige einer andern algebraischen Summe gleich, die dadurch entsteht, daß man diese beyden Glieder gänzlich wegläßt. (Weil man beyde nach (§. 102.) als erste Glieder hinsetzen kann. (§. 96.)). — Es ist z. B.

$$f+a-b-c-d-g+b-k=a-c-d+f-g-k$$

Anmerkung. Alle diese Sätze (§§. 99. — 103.) werden dadurch erwiesen, daß man statt der algebraischen Summen, die nach (§ 98. ihnen gleichen Summen mehrerer Summanden setzt, auf diese Summen die frühern Lehrsätze anwendet, und nachher die entstehenden Summen mehrerer Summanden (nach §. 98) wiederum in algebraische Summen verwandelt.

§. 104. Vier Lehrsätze für Summen mehrerer Summanden.

I. Die Summe von zwey oder mehr Summen ist einer Summe gleich, die erhalten wird, wenn man die einzelnen Summanden der gegebenen Summen, als Summanden der neuen Summe übrigens in beliebiger Ordnung hinschreibt.

II. Die Differenz zweyer Summen ist einer Summe gleich, die man erhält, wenn man die Summanden der ersten (des Minuenden) und die subtraktiv genommenen Summanden der zweyten (des Subtrahenden) als Summanden in beliebiger Ordnung hinschreibt. So ist z. B.

$$(a+b+c+d)-(m+n+p) = a+b+c+d+(-m)+(-n)+(-p)$$

III. Das Produkt zweyer Summen ist gleich einer Summe, die erhalten wird, wenn man jeden einzelnen Summanden der einen, mit jedem einzelnen Summanden der andern multiplizirt und die Produkte dann alle zu einander addirt. (§. 9. u. §. 27.). — So ist z. B.

$$(a+b+c+d)(m+n+p) = am+an+ap+bm+bn+bp+cm+cn+cp+dm+dn+dp.$$

IV. Ein Quotient zweyer Summen mehreren Summanden ist gleich einer Summe von zwey Summanden, deren erster ganz willkührlich ist, deren zweyter aber gefunden wird, wenn man den ersten mit dem Divisor multiplizirt, das Produkt von dem Dividenden subtrahirt und die Differenz dann durch den Divisor dividirt. — Es ist z. B.

$$\frac{a+b+c}{m+n+p} = h + \frac{(a+b+c) - h.(m+n+p)}{m+n+p}$$

Doch müssen in den beyden letzten Lehrsätzen alle vorkommenden Zahlzeichen Differenzen ganzer Zahlen gleich seyn; und dabey darf auch kein Divisor vorkommen, der Null ist.

Beweise. I. ergiebt sich aus (§. 14.)

II. ergiebt sich dadurch, daß man auf beyden Seiten $m+n+p$ addirt und links (§. 20.), rechts aber (§. 14. §. 77. n. 9. u. §. 74. n. 2.) in Anwendung bringt.

III. ergiebt sich durch wiederholte Anwendung von (§. 30. XIII.) und (§. 31. n. 3 oder 4.).

IV. folgt daraus, daß man auf beyden Seiten mit $m+n+p$ multiplizirt, dabey links (§. 36.) rechts aber (§. 30. XIII. §. 36. u. §. 20.) anwendet.

§. 105. Zusatz.

Da der zweyte Summand der vorgedachten Summe in (§. 104. IV.) selber wieder nach (§. 104.) in einen Quotienten zweyer Summen verwandelt werden kann, so kann man denselben Satz nochmals und wiederholt anwenden, so oft man will. — Auf diese Weise erhält man z. B.

$$\frac{am+bm+cm+an+bn+cn}{m+n}$$

$$= c + \frac{am+bm+an+bn}{m+n}$$

$$= c + a + \frac{bm + bn}{m + n}$$

$$= c + a + g + \frac{bm + bn + (-gm) + (-gn)}{m + n}$$

$$= c + a + b + \frac{bm + bn + (-bm) + (-bn)}{m + n} \text{ u.s.w.}$$

Da aber der Dividend dieses letzten Quotienten $= 0$, der Quotient also selber $= 0$ (§. 92. n. 1.), so ist (§. 74. n. 2.) diese Summe wieder

$$= c + a + b = a + b + c.$$

§. 106. Vier Lehrsätze für algebraische Summen.

I. Die Summe zweier algebraischen Summen ist gleich einer algebraischen Summe, welche erhalten wird, wenn man die Glieder der beyden gegebenen in beliebiger Ordnung unverändert hinschreibt. z. B.

$$(a - b + c + d) + (-p + g - h) = a - b - p + c + d - h + g$$

II. Die Differenz zweier algebraischen Summen ist einer algebraischen Summe gleich, die entsteht, wenn man zu den Gliedern der ersten (des Minuenden) die mit dem entgegengesetzten (+) oder (−) Zeichen versehenen Glieder der zweyten (des Subtrahenden), übrigens in beliebiger Ordnung hinschreibt. So ist z. B.

$$(a - b + c + d) - (-p + g - h) = a - b + c + d + p - g + h$$

und

$$(a - b + c + d) - (m - n - q) = a - b + c + d - m + n + q$$

III. Das Produkt zweier algebraischen Summen ist einer algebraischen Summe gleich, die erhalten wird, wenn man jedes einzelne Glied der einen, mit jedem einzelnen Gliede der andern multiplizirt und die Produkte als addirte oder als subtrahirte Glieder neben einander hinschreibt, je nachdem die beyden Faktoren einerlei oder verschiedene (+) oder (—) Zeichen vor sich stehen haben. Es ist sonach:

$$(a-b-c+d).(-m+n-p)=-am+bm+cm-dm+an-bn-cn+dn-ap+bp+cp-dp.$$

IV. Der Quotient zweyer algebraischen Summen ist gleich einer Summe von zwey Summanden, deren erster ganz willkührlich ist, deren zweyter aber gefunden wird, wenn man den ersten mit dem Divisor multiplizirt, das Produkt von dem Dividenden subtrahirt und die Differenz dann wieder durch den Divisor dividirt. — z. B.

$$\frac{a-b-c}{-m+n}=(-h)+\frac{(a-b-c)-(-h)(-m+n)}{-m+n}$$

Nur müssen in III. u. IV. die vorkommenden Zahlzeichen alle Differenzen ganzer Zahlen gleich seyn, und kein Divisor Null. (Vergl. §. 104. u. §. 94.)

Beweise ergeben sich sogleich aus (§. 98. u. §. 104.) in Verbindung mit (§. 77. §. 87.).

Anmerkung. Man setzt nehmlich statt der algebraischen Summen, die nach (§. 98. ihnen gleichen Summen mehrerer Summanden, wendet auf diese die Sätze des (§. 104.) an, und verwandelt die Summen mehrerer Summanden, die erhalten werden, nach demselben (§. 98.) wieder in algebraische Summen.

§. 107. Zusatz.

1) Der erste dieser Lehrsätze läßt sich auch so aussprechen:

Jede algebraische Summe ist gleich der Summe zweyer algebraischen Summen, die entstehen, wenn man beliebige Glieder der gegebenen algebraischen Summe unverändert neben einander hinschreibt, zuletzt die übrigen bleibenden Glieder ebenfalls unverändert doch in beliebiger Ordnung zu einer algebraischen Summe verbindet und diese einzelnen zu addirenden algebraischen Summen in Klammern einschließt. — Hat man z. B. die algebraische Summe:

$$a - b + c + d - f - g + h + k + l$$

so kann man dafür schreiben die Summe:

$$(a + d - f - g) + (+ h + k + l) + (- b + c)$$

oder auch wegen $+ h = h$, die Summe

$$(a + d - f - g) + (h + k + l) + (- b + c)$$

2) Ist daher eine algebraische Summe gegeben, so kann man beliebige Glieder herausheben, sie mit ihren (+) oder (—) Zeichen zu einer algebraischen Summe verbinden und diese (in Klammern eingeschlossen) oder auch das was ihr gleich ist, als ein addirtes Glied hinschreiben. z. B. statt der algebraischen Summe

$$a - b + c + d - f - c - d$$

kann man schreiben

$$a - b + (c + d - f - c - d) \text{ oder auch}$$

$$a - b + (- f)$$

3) Ist das, was der so eben erwähnten algebrai=

schen Summe gleich ist, eine subtraktive Zahl (wie hier — f), so kann man auch bloß das Glied f dieser subtraktiven Zahl, als ein subtrahirtes Glied der algebraischen Summe hinsetzen, um eine der erst gegebenen gleiche algebraische Summe zu erhalten. Obige algebraische Summe wird, dem zu Folge, gleich dieser:

a — b — f oder a — f — b. (§. 77. n. 2.).

§. 108. Zusatz.

1) Der zweyte Lehrsatz (§. 106.) kann auch noch ausgesprochen werden, wie folgt:

Jede algebraische Summe ist gleich der Differenz zweyer andern, die entsteht, wenn man beliebige Glieder der gegebenen heraushebt, sie mit dem entgegengesetzten (+) oder (—) Zeichen neben einander hinschreibt, und diese algebraische Summe (in Klammern eingeschlossen) von der aus den übrigen unverändert gelassenen Gliedern entstandenen, subtrahirt. (§. 18.).

Statt der algebraischen Summe

$$a - b + c + d - f - g + h + k - l$$

erhält man also die ihr gleiche Differenz

$$(a - b - f + h + k) - (-c - d + g + l)$$

2) Daher ist auch jede algebraische Summe einer Differenz zweyer Summen mehrerer Summanden gleich, die man erhält, wenn alle addirten Glieder zu einander, dann auch alle subtrahirten Glieder zu einander addirt werden, und wenn dann die letzte Summe von der erstern subtrahirt wird.

Obige

Obige algebraische Summe ist z. B. gleich der Differenz

$$(a+c+d+h+k)-(b+f+g+l).$$

3) Folglich ist auch jede algebraische Summe, deren Glieder alle, Differenzen ganzer Zahlen gleich sind, ebenfalls einer solchen Differenz ganzer Zahlen gleich. (§. 79. n. 3. u. n. 2.).

§. 109. Zusatz.

Aus dem dritten Lehrsatz (§. 106.) geht hervor: das Produkt zweyer oder mehrerer algebraischen Summen, deren Glieder alle, Differenzen ganzer Zahlen gleich sind, ist selbst einer solchen Differenz ganzer Zahlen gleich. (§. 108. n. 3.).

§. 110. Zusatz.

Da bey der Anwendung des vierten Lehrsatzes (§. 106.) der zweyte Summand der gefundenen Summe selbst wieder in einen Quotienten zweyer algebraischen Summen verwandelt werden kann (nach §. 106.), so kann derselbe Satz beliebig wiederholt angewandt werden.

Dem gemäß findet sich z. B.

$$\frac{-am+bm+cm-dm+an-bn-cn+dn}{-m+n}$$

$$=(-c)+\frac{-am+bm-dm+an-bn+dn}{-m+n} \quad (§. 106.)$$

$$=(-c)+a+\frac{bm-dm-bn+dn}{-m+n} \quad (§. 106. §. 14.)$$

$$=(-c)+a+(-b)+\frac{-dm+dn}{-m+n} \quad (§. 106. §. 14.)$$

$$=(-c)+a+(-b)+(-g)+\frac{-dm+dn-gm+gn}{-m+n}$$

$$= (-c) + a + (-b) + d + \frac{-dm + dn + dm - dn}{-m + n}$$

$= (-c) + a + (-b) + d + 0$ (§§. 73. 103. 92. n. 1.)

$= (-c) + a + (-b) + d$ (§. 74. n 2.)

$= (-c) + (+a) + (-b) + (+d)$ (§. 77. n. 1.)

$= -c + a - b + d$ (§. 98.)

$= a - b - c + d$ (§. 102.).

§. 111. Erklärung.

Wenn ich sage: man soll zwey algebraische Summen zu einander algebraisch addiren, von einander algebraisch subtrahiren, mit einander algebraisch multipliziren und durch einander algebraisch dividiren, so verstehe ich darunter, man soll wiederum algebraische Summen finden, welche beziehlich der Summe, der Differenz, dem Produkt und dem Quotienten der beyden gegebenen algebraischen Summen gleich sind. — Diese Resultate selber nenne ich dann auch beziehlich die algebraisch genommene Summe, Differenz, das algebraisch genommene Produkt oder den algebraisch genommenen Quotienten der beyden gegebenen algebraischen Summen.

§. 112. Zusatz.

Die Lehrsätze (§. 106.) lehren uns daher, wie man zwey algebraische Summen, algebraisch addirt, subtrahirt, multiplizirt und algebraisch dividirt.

Haupt Anmerkung.

Auch in diesem Kapitel konnte nur von subtraktiven Gleichungen die Rede seyn, weshalb auch nur Differenz-Produkte und Differenzquotienten (§. 84.

§. 91.) vorkommen konnten, so daß bei den Produkten und Quotienten noch nöthig war die Bedingung hinzuzufügen, daß alle vorkommenden Zahlzeichen, Differenzen ganzer Zahlen gleich sind, und keiner der Divisoren Null ist. Da nun diese Bedingung nicht in jedem Falle erfüllt ist (§. 91. Anmerkung.), so ist noch immer, selbst nur für die ersten vier Operationen, keine allgemeine Zahlenlehre möglich, und wir müssen daher versuchen, wo möglich zu noch allgemeinern Begriffen zu gelangen, wenn wir ein allgemeines und doch Nothwendigkeit der Resultate mit sich führendes Operiren statt finden lassen wollen.

Zahlenlehre.

Viertes Kapitel.

Von den allgemeinen Produkten und Quotienten. Von den allgemeinen Gleichungen. Von den ganzen Potenzen und den Differenz-Potenzen.

§. 113. Erklärung.

Allgemeines Produkt nenne ich jedes Zeichen von der Form

$$ab \text{ oder } a \,.\, b \text{ oder } a \times b,$$

dem kein weiteres Merkmal zukommt.

Eben so verstehe ich unter allgemeinen Quotienten, jedes Zeichen von der Form

$$\frac{a}{b} \text{ oder } a : b,$$

dem kein ferneres Merkmal zukommt.

Dem gemäß sollen auch die Begriffe Multiplikand, Multiplikator, Faktor, Multipliziren Dividend, Divisor, Dividiren erweitert seyn

Nicht minder auch das Produkt mehrerer Faktoren.

§. 114. Erklärung.

Alle Ausdrücke welche nach (§. 95.), ohne alle Einschränkung als nothwendig subtraktiv gleiche erhalten werden, so lange die Produkte alle, Differenz-Produkte sind, nenne ich multiplikativ gleich, im Falle die vorkommenden Produkte, allgemeine Produkte sind.

§. 115. Zusatz.

1) Die subtraktive Gleichheit ist daher ein besonderer Fall der multiplikativen Gleichheit.

2) Das Operiren nach (§. 94.), so lange nicht Sätze der Division angewandt werden, giebt nothwendig multiplikativ gleiche Ausdrücke.

§. 116. Erklärung.

Zwey beliebig durch die vier ersten Operationen (Addit. Subtr. Mult. und Division) zusammengesetzte Ausdrücke a und b nenne ich allgemein gleich, wenn es einen dritten Ausdruck p giebt, der nicht Null ist, und welcher die Produkte ap und bp in einen und denselben Ausdruck übergehen macht, wenn man statt ihrer ihre multiplikativ gleichen Ausdrücke setzt, dabey aber statt Produkte von der Form

$$\frac{a}{b} \cdot b$$

bloß den Dividenden a hinschreibt, und dieses Verfahren für jeden neuen Ausdruck wiederholt.

Erläuterung. Will man, dieser Definition zu Folge untersuchen, ob die beyden Ausdrücke

$$\frac{a}{b} - \frac{c}{d} \text{ und } \frac{ad - bc}{bd}$$

allgemein gleich sind, so multiplizire man beyde mit bd und erhält links:

$$\left(\frac{a}{b} - \frac{c}{d}\right) bd;$$ dafür aber nach (§. 116.)

$$\frac{a}{b} \cdot (bd) - \frac{c}{d} \cdot (bd)$$ dafür

$$\left(\frac{a}{b} \cdot b\right) d - \left(\frac{c}{d} d\right) b,$$ dafür wieder

$$ad - cb,$$ endlich

$$ad - bc.$$

Rechts aber ergiebt sich durch dasselbe multipliciren, erst

$$\frac{ad - bc}{bd} bd,$$ dann sogleich:

$$ad - bc;$$

folglich gehen beyde Produkte links und rechts (nach §. 116.) behandelt, in einen und denselben Ausdruck $ad - bc$ über, und die Ausdrücke

$$\frac{a}{b} - \frac{c}{d} \text{ und } \frac{ad - bc}{bd}$$

sind daher, der Definition (§. 116.) zu Folge, allgemein gleich.

§. 117. Zusatz.

1) Es sind schon allgemein gleich, diejenigen Ausdrücke, welche ohne erst mit einem dritten multiplizirt zu werden, aber nach (§. 116.) behandelt, in einen und denselben Ausdruck übergehen.

2) Daher gehören auch alle multiplikativ gleichen Ausdrücke zu den allgemein gleichen.

3) In dem besondern Fall, daß alle vorkommenden Zahlzeichen Differenzen ganzer Zahlen gleich werden, sind allgemein gleiche Ausdrücke nothwen-

dig auch subtraktiv gleich; während diese, wieder in dem besondern Falle, daß diese Differenzen ganzer Zahlen selber wieder ganzen (absoluten) Zahlen gleich werden, nothwendig auch wirklich gleich seyn müssen. (§. 116, §. 90. u. §. 67. n. 2.)

4) Bezeichnet daher das Zeichen (=) von nun an allgemeine Gleichheit, so ist bloß die Bedeutung dieses Zeichens (§. 7. §. 67. n. 2.) auf eine schickliche und erlaubte Weise erweitert.

§. 118. Lehrsätze.*)

Ist $a = b$

so ist auch:

1) $a + m = b + m$

2) $a - m = b - m$

3) $m - a = m - b$

4) $am = bm$

5) $a : m = b : m$

6) $m : a = m : b$

wenn nur keiner der Divisoren Null ist.

Beweise. Denn vermöge der Bedingung gehen ap und bp nach (§. 116.) behandelt, in einen und denselben Ausdruck über,

folglich auch $(a \pm m)\,p$ und $(b \pm m)\,p$

so wie auch $(m - a)\,p$ und $(m - b)\,p$

---

*) Von nun an bedeutet das Zeichen (=) allemal allgemeine Gleichheit; diese kann in einem besondern Fall auch eine subtraktive Gleichheit seyn, welche wieder in einem besondern Fall wirkliche Gleichheit wird, und dann ausdrückt daß beyde Zeichen links und rechts des (=) Zeichen, eine und dieselbe (absolute ganze) Zahl bezeichnen.

nicht minder (a m) p und (b m) p
dann auch (a : m) m p und (b : m) m p
endlich auch (m : a) a b p und (m : b) a b p
wodurch die 6 Lehrsätze erwiesen sind, (§. 116.)

§. 119. Lehrsatz.

Ist a = b
und b = c
so ist auch a = c

Beweis. Denn vermöge der ersten Bedingung giebt es einen Ausdruck p der nicht Null ist, und welcher a p und b p nach (§. 116.) behandelt, in einen und denselben Ausdruck übergehen macht. Nach der zweyten Bedingung dagegen giebt es einen Ausdruck q, der ebenfalls nicht Null ist, und der dasselbe bey b q und c q bewirkt; folglich

gehen auch a p q und b p q
so wie b p q und c p q

nach (§. 116.) paarweise behandelt, paarweise in einen und denselben Ausdruck über, den ich für das erste Paar durch A und für das zweite Paar durch B bezeichnen will.

I. Ist nun A von B gar nicht verschieden, so ist der Lehrsatz erwiesen.

II. Ist aber A von B verschieden, und zwar

1) A mit B multiplikativ gleich, so ist der Lehrsatz ebenfalls außer Zweifel.

2) Ist aber auch A mit B nicht multiplikativ gleich, so verfahre man weiter, wie folgt:

In diesem Falle giebt es einen Ausdruck s, (wenn keinen andern, doch das Produkt aller in A und in B vorkommenden Divisoren) der A- und B- nach (§. 116.) behandelt, in Ausdrücke C und D übergehen macht, die keine Quotienten mehr enthalten.

Nun können aber diese Ausdrücke C und D entweder gar nicht mehr von einander verschieden, oder sie müssen doch multiplikativ gleich seyn. Denn beyde, sowohl C als auch D sind aus einem und demselben Produkt b p q s hervorgegangen, indem solches jedesmal nach (§. 116.) behandelt wurde. Da nun ein Theil der in b vorkommenden Quotienten dadurch wegfällt, daß diese Quotienten mit ihren Divisoren (die selber wieder Quotienten und daher auch Divisoren enthalten können u. s. w. f.) multiplizirt wurden, während mit diesen Divisoren die in ihnen noch enthaltenen Quotienten zugleich weggefallen sind, so müssen nothwendig die Resultalte C und D ganz unverändert dieselben bleiben, wenn auch statt der durch Multipl. mit p q s weggefallenen Divisoren, so zusammengesetzte Zeichen sie auch gewesen seyn mochten, beliebige fremde einfache Buchstaben (Zeichen) gesetzt werden, während die Ausdrücke b, p, q, s, sich dadurch ändern können und deshalb durch b′, p′, q′, s′, bezeichnet seyn mögen. Da nun aber diese Divisoren von den übrigen Zahlzeichen jetzt ganz unabhängig sind, so kann man ihnen immer den Werth 1 geben, so daß dann, wenn die übrigen Zahlzeichen beliebigen Differenzen ganzer Zahlen gleich gedacht werden, auch das Produkt b′. p′. q′. s′. einer Differenz ganzer Zahlen gleich und mit C und mit D subtraktiv gleich seyn muß, weßhalb C mit D, unter der gemachten Voraussetzung (daß nehmlich die in ihnen vorkommenden Zahlzeichen alle, beliebigen Differenzen ganzer Zahlen gleich sind) subtraktiv gleich, daher im Allgemeinen multiplikativ gleich seyn muß (§. 114.)

Nun ist der aus a p q s hervorgegangene Ausdruck mit C und der aus c p q s hervorgegangene mit D multiplikativ gleich, während C und D selbst multiplikativ gleich seyn müssen; folglich gehen a und c, wenn sie mit p q s multiplizirt und nach (§. 116.) behandelt werden, in einen und denselben Ausdruck über, und da weder p, noch q, noch s, folglich auch nicht p q s der Null gleich seyn kann, so ist der Lehrsatz erwiesen. (§. 116.)

§. 120. Zusatz.

Da nun vermöge der hier zunächst vorstehenden Paragraphen die in (§. 42.) gemachten Voraussetzungen alle, für die hiesigen allgemeinen Gleichungen erfüllt sind, so finden auch die dortigen Folgerungen statt, wenn nur keiner der Divisoren der Null gleich ist.

Indem man also das Verfahren des (§. 42.) für jede gegebene Gleichung befolgt, unbekümmert was die einzelnen Zahlzeichen vorstellen, (sie aber immer als wirkliche betrachtet und behandelt) muß man nothwendig immer richtige allgemeine Gleichungen erhalten, wenn man nur keinen Divisor hineinbringt, welcher der Null gleich ist.

In so ferne aber mittelst desselben Verfahrens die im III. Kap. aufgestellten Sätze der Summen mehrerer Summanden und der algebraischen Summen, entwickelt worden sind, so finden auch diese Sätze, die dort als subtraktive Gleichungen und mit gewissen Einschränkungen erwiesen sind, noch hier als allgemeine Gleichungen, und ohne alle Einschränkung statt, wenn nur die einzige beobachtet wird, daß nehmlich keiner der Divisoren der Null gleich ist.

Dabei ist nicht zu übersehen, daß jede allgemeine Gleichung in einem besondern Fall eine subtraktive, und diese wiederum in einem besondern Fall eine wirkliche werden kann, und dann auch werden muß.

Anmerkung. So lange man daher nur die 4 ersten Operationen (Addit. Subtr. Multipl. und Division) anwendet, ist nun ein allgemeines Operiren mit beliebigen Zahlen-Ausdrükken möglich; denn den einzigen Fall, in welchem man durch ein Zahlzeichen dividirt, welches zwar beliebig aber doch nicht Null seyn darf, kann man leicht dadurch herausheben, daß man jeden solchen Divisor als nicht Null seyend annimmt, und den Fall in welchem er der Null gleich ist, noch besonders betrachtet.

Es geht aber hieraus die für die Folge höchst wichtige Bemerkung hervor, daß jedes Resultat, welches wir auf diesem Wege erhalten, da es im Divisor nie Null haben kann, nicht für den Fall gelten muß, in welchem einer der Divisoren Null würde; daß daher für jeden solchen besondern Fall, das allgemeine Resultat nicht angewendet werden darf, sondern daß dieser besondere Fall auch jedesmal besonders untersucht werden muß.

§. 121. Erklärung.

Ganze Potenz nenne ich von nun an jedes Zeichen von der Form

$$a^b$$

wo a ganz willkührlich, b aber eine ganze Zahl und größer als 1 ist, und ich bezeichne damit das Produkt

$$a \cdot a \cdot a \cdot a \ldots$$

dessen Faktoren Anzahl b ist.

Dem gemäß mögen auch die Begriffe Dignand, Exponent und Potenziren erweitert seyn.

§. 122. Zusatz.

Dieser Definition gemäß gelten die (§. 46. u. §. 47.) aufgestellten Lehrsätze für wirkliche Potenzen, auch noch als allgemeine Gleichungen für diese ganzen Potenzen, weil die dortigen Beweise hier nur wörtlich wiederholt werden dürfen.

§. 123. Zusatz.

Namentlich ist noch, wenn m eine absolute ganze Zahl und größer als 1 ist:

$$0^m = 0$$

$$1^m = 1$$

§. 124. Lehrsatz.

Sind m, n, p, q ganze Zahlen und größer als 1, dabei aber $m - n = p - q$, so ist auch

$$a^m : a^n = a^p : a^q$$

Beweis ergiebt sich, indem man auf beyden Seiten mit $a^n \cdot a^q$ multiplizirt.

§. 125. Erklärung.

Differenz-Potenz nenne ich jedes Zeichen von der Form,

$$a^b$$

wo a willkührlich ist, b dagegen einer Differenz $p - q$ ganzer Zahlen, die > 1 sind, gleich; und ich bezeichne mit diesem Zeichen a^b den Quotienten $a^p : a^q$, oder das, was ihm im Allgemeinen gleich ist; wo a^p und a^q, in so ferne p und q größer als 1 seyn müssen, ganze Potenzen sind, also Produkte bezeichnen. (§. 121.)

Diesem gemäß mögen auch die Begriffe Dignand, Exponent und Potenziren erweitert seyn.

Anmerkung. Wegen (§. 124.) hat die Differenz-Potenz eine bestimmte Bedeutung, und wegen (§. 46. XXXX. und §. 122.) ist die ganze Potenz ein besonderer Fall der Differenz-Potenz.

§. 126. Zusatz.

Es ist nicht schwer zu erweisen, daß die Formeln (§. 46. u. §. 47.) welche nach (§. 122.) auch für ganze Potenzen gelten, nicht minder in ihrem ganzen Umfange noch für diese Differenz-Potenzen statt finden müssen, nur mit dem Unterschied, daß die hiesigen Gleichungen allgemeine sind.

§. 127. Zusatz.

Uebrigens folgt noch, was auch a seyn mag

1) $a^1 = a$

2) $a^0 = 1$

3) $a^{-m} = \frac{1}{a^m}$

wo m einer Differenz ganzer Zahlen gleich ist;

4) $1^q = 1$,

wenn q einer Differenz ganzer Zahlen gleich ist;

5) $(-a).(-b).(-c)(-d)\ldots = (-1)^n\, abcd \ldots$

wo n die Anzahl der Faktoren bedeutet;

6) $(-a)^n = (-1)^n . a^n$,

wo n einer Differenz ganzer Zahlen gleich ist;

7) $-a = (-1)^1 . a$.

Anmerkung. Andere als Differenz-Potenzen, so wie andere als allgemeine Gleichungen werden wir für's erste nicht betrachten. Sollten aber noch andere Potenzen vorkommen, so werden wir nicht ermangeln vorher die nöthige genaue und bestimmte Definition von ihnen zu geben.

Zahlenlehre.

Fünftes Kapitel.
Von den Vielfachen, den Maaßen und den Gemäßen der Zahlen.

Wir kehren nun zu den Zahlen der Zahlenreihe zurück und setzen voraus, daß alle in diesem Kapitel vorkommenden Zahlzeichen wirkliche sind, d. h. ganze Zahlen (§. 78.); es müßte denn ausdrücklich das Gegentheil angemerkt seyn.

§. 128. Erklärung.

Die durch das Produkt

$$ab$$

bezeichnete Zahl nenne ich ein Vielfaches (und zwar das b fache) von a, und auch ein Vielfaches (das a fache) von b.

Eine Zahl a nenne ich durch eine andere Zahl b theilbar, wenn der Quotient $\frac{a}{b}$ ein wirkliches Zahlzeichen, d. h. eine ganze Zahl ist (§. 78.); oder, was dasselbe ist, wenn es eine ganze Zahl c giebt, so daß $cb = a$. Die Zahl b nenne ich das **Gemäß** oder den **Theiler**, die Zahl c oder $\frac{a}{b}$ aber das **Maaß** von a für den **Theiler** b.

§. 129. Zusatz.

Ist a durch b theilbar, so ist a ein Vielfaches von b. Umgekehrt: ist a ein Vielfaches von b, so ist a durch b theilbar.

Anmerkung. Was ich hier Gemäß nannte, heißt gewöhnlich Maaß, worauf ich daher hier noch besonders aufmerksam mache.

§. 130. Zusatz.

Es geht auch noch hervor:

1) Die Summe und die Differenz zweyer durch m theilbaren Zahlen, ist ebenfalls durch m theilbar.

2) Das Produkt, dessen einer Faktor eine durch m theilbare Zahl ist, ist ebenfalls eine durch m theilbare Zahl.

3) Jede Zahl ist durch 1 theilbar.

4) Jede Zahl ist durch sich selber theilbar und zugleich ihr größter Theiler.

5) Ist c durch b und b wieder durch a theilbar, so ist auch c durch a theilbar, so wie auch das Maaß $\frac{c}{a}$ theilbar durch das Maaß $\frac{c}{b}$ und auch durch das Maaß $\frac{b}{a}$.

6) Ist c durch a und durch b theilbar, und auch das Maaß $\frac{c}{a}$ durch das Maaß $\frac{c}{b}$ theilbar, so ist auch b durch a theilbar.

7) Ist jede der Zahlen a, b, c, etc. durch m, und m wieder durch n theilbar, so ist auch jede der Zahlen a, b, c, etc. durch n theilbar.

8) Ist c durch b und b wieder durch jede der Zahlen m, n, p, etc. theilbar, so ist auch c durch jede der Zahlen m, n, p, etc. theilbar; und die Maaße $\frac{c}{m}$, $\frac{c}{n}$, $\frac{c}{p}$ etc. sind alle durch das Maaß $\frac{c}{b}$ theilbar.

9) Das Produkt m . n . p . . . ist durch jeden der Faktoren m, n, p, etc. theilbar, so wie auch durch das Produkt aus einer beliebigen Zahl der Faktoren z. B. durch m n, m p, etc.

10) Auch das Produkt α. m n p etc. ist durch jede der Zahlen m, n, p, etc. theilbar. — Es lassen sich daher unbestimmbar viele Zahlen denken, die grösser sind, als das Produkt m n p etc., und dabey durch jede der Zahlen m, n, p, etc. theilbar sind.

Anmerkung. Man beweißt alle diese Sätze aus den allgemeinen Formeln des 1sten Kapitels, höchst einfach, den gegebenen Begriffen getreu.

§. 131. Erklärung.

Die Zahl 1 + 1 bezeichnet man durch das Zeichen 2 (ausgesprochen: Zwey), und nennt solche; so wie jedes Vielfache von ihr eine gerade Zahl. Jede ganze Zahl welche keine gerade ist, nennt man eine ungerade.

§. 132. Zusatz.

1) Das Produkt 2 n giebt alle gerade Zahlen, so

wie

wie die Summe $2n + 1$ alle ungeraden, wenn n eine jede ganze Zahl, im letztern Fall auch noch Null bedeutet.

2) Eine ungerade Zahl ist nie durch eine gerade theilbar; wohl aber umgekehrt.

3) Die Summe, die Differenz und das Produkt zweyer geraden Zahlen, ist immer eine gerade Zahl.

4) Die Summe und die Differenz zweyer ungeraden Zahlen ist ebenfalls eine gerade Zahl, dagegen das Produkt derselben ungerade.

5) Die Summe und die Differenz einer geraden und einer ungeraden Zahl ist immer ungerade; ihr Produkt dagegen gerade.

6) Auch ist noch

$$(-1)^{2n} = 1; \text{ und}$$

$$(-1)^{2n+1} = -1, \text{ wo n auch 0 seyn kann;}$$

deshalb auch

$$(-a)^{2n} = a^{2n}; \text{ und}$$

$$(-a)^{2n+1} = -a^{2n+1} \text{ (§. 127. n. 6.)}$$

und

$$(-a) \cdot (-b) \cdot (-c) \cdot (-d) \ldots = \pm abcd \ldots$$

wo das obere oder das untere Zeichen gilt, je nachdem die Anzahl der Faktoren gerade oder ungerade ist. (§. 127. n. 5.)

§. 133. Erklärung.

Ist a durch b nicht theilbar, so giebt es immer zwey auf einander folgende Zahlen, q und $q + 1$, so daß

$$qb < a \text{ und } (q + 1)\, b > a$$

wenn nur $a > b$ ist. — Diese Zahl q nenne ich den **nächst kleinsten**, so wie $q + 1$ den **nächstgrößten Quotienten** der beyden Zahlen a und b. — Die Differenz $a - bq$ heißt der **Rest**.

Im Falle $a < b$, heiße o der **nächstkleinste**, so wie 1 der **nächstgrößte** Quotient dieser beyden Zahlen.

§. 134. Zusätze.

1) Bezeichnet man den Rest durch r, so hat man $a - bq = r$, $a = bq + r$ und $r < b$.

2) Im Falle aber $a < b$, ist $q = o$, $bq = o$ und $a = r$, also wieder $r < b$.

3) Sind a und b beyde durch m theilbar, so ist auch der Rest r durch m theilbar (§. 130. n. 1. u. 2.); und ist der Divisor b und der Rest r durch m theilbar, so ist solches auch der Dividend a.

4) Sind

$$q \; , \; q' \; , \; q'' \; , \; q''' \; , \; q^{IV}, \text{ etc. etc.}$$

beziehlich die **nächstkleinsten** Quotienten von

$$\frac{a}{b} \; , \; \frac{b}{r} \; , \; \frac{r}{r'} \; , \; \frac{r'}{r''} \; , \; \frac{r''}{r'''}, \text{ etc. etc.}$$

und die beziehlich zugehörigen Reste:

$$r \; , \; r' \; , \; r'' \; , \; r''' \; , \; r^{IV}, \text{ etc. etc.}$$

Ist ferner $r^{IV} = o$ also $\frac{r''}{r'''} = q^{IV}$ eine ganze Zahl (und daher q^{IV} nicht der nächstkleinste sondern der genaue Quotient), so sind alle Zahlen a, b, r, r', r'', durch den letzten Rest r''' theilbar. (n. 3.).

5) Auch ist r''' die größte Zahl, welche die beyden Zahlen a und b zugleich theilet. (Indirekt aus n. 3. und §. 150. n. 4.).

Anmerkung. Man sieht leicht, wie der Satz (4.), daher auch die aus ihm hervorgehenden, ausgedehnt werden können.

6) Es giebt Vielfache von a und von b, deren Differenz dem Rest r, und andere solche Vielfache deren Differenz dem Rest r' gleich ist. — Denn man hat, nach der Annahme:

$$a - bq = r \text{ und } (qq' + 1)b - q'a = r' \text{ (n. 1.)}$$

7) Es giebt daher auch Vielfache von a und von b, deren Differenz irgend einem andern der Reste r'', r''' etc. gleich ist. — Denn es seyen z. B. $ma - nb = r''$ und $n'b - m'a = r'''$, so ist auch wegen $r'' - r''' q^{IV} = r^{IV}$, noch:

$$(m + m'q^{IV})a - (n + n'q^{IV})b = r^{IV},$$

d. h. sobald es für zwey auf einander folgende der Reste r'' und r''', solche Vielfache von a und b giebt, so giebt es auch solche Vielfache für den nächstfolgenden Rest r^{IV}; deshalb folgt der Satz aus (n. 6.)

8) Ist daher einer der Reste gleich 1 (dann ist 1 der größte Theiler von a und von b zugleich, nach n. 5.), so giebt es allemal Vielfache von a und von b, deren Differenz gleich Eins ist.

9) Es giebt unendlich viele Paare von Vielfachen von a und b, deren Differenz dieselbe Zahl r ist, sobald es ein solches Paar giebt. — Hat man nehmlich:

$$ma - nb = r, \text{ so ist auch}$$
$$(da - n)\,b - (db - m)\,a = r$$

wo d eine beliebige Zahl bezeichnet.

10) Hat man daher $ma - nb = 1$, so ist auch noch $(da - n)\,b - (db - m)\,a = 1$; d. h. es giebt dann unendlich viele Vielfache von a und von b, deren Differenz = 1.

11) Lassen a und b durch p dividirt, einerlei Rest r; so ist a — b durch p theilbar. *)

12) Ist a — b durch p theilbar, und läßt die eine dieser Zahlen durch p dividirt, den Rest r, so ist dies auch bey der andern der Fall.

§. 135. Erklärung.

Eine Zahl, welche durch jede der Zahlen m, n, p, etc. theilbar ist, nenne ich das gemeinschaftliche Vielfache der Zahlen m, n, p, etc. Die kleinste ihrer Art heißt dann das kleinste gemeinschaftliche Vielfache dieser Zahlen.

Eine jede Zahl, durch welche mehrere andere Zahlen a, b, c, etc. zugleich getheilt werden können, nenne ich das gemeinschaftliche Gemäß, oder den gemeinschaftlichen Theiler. — Die größte ihrer Art heißt dann der größte gemeinschaftliche Theiler der Zahlen a, b, c, etc.

Eine Zahl welche außer der 1 durch keine andere Zahl theilbar ist, heißt eine absolute Primzahl,

*) Zwey solche Zahlen a und b nennt Gauſs (u. nach ihm Kramp) congruente Zahlen, und bezeichnet solche durch $a \equiv b$ (mod. p.). Gauſs disquis. arithm., Kramp arithm. univers.

oder bloß Primzahl. Jede andere heißt eine zusammengesetzte Zahl.

Zwey oder mehr Zahlen, die außer der 1 kein gemeinschaftliches Gemäß haben, heissen relative Primzahlen, auch Primzahlen unter sich. — Im entgegengesetzten Falle nennt man sie relativ zusammengesetzte Zahlen.

§. 136. Zusatz.

Hieraus folgt:

1) Ist c ein gemeinschaftliches Vielfache von m, n, p, etc., und sind die Maaße $\frac{c}{m}$, $\frac{c}{n}$, $\frac{c}{p}$ etc. nicht relative Primzahlen (d. h. haben sie noch ein gemeinschaftliches Gemäß μ), so giebt es auch ein anderes gemeinschaftliches Vielfache von m, n, p, etc. nehmlich $\frac{c}{\mu}$ welches kleiner als c, und ein Gemäß von c ist.

2) Ist daher b das kleinste gemeinschaftliche Vielfache von m, n, p, etc., so müssen die Maaße $\frac{b}{m}$, $\frac{b}{n}$, $\frac{b}{p}$ etc. relative Primzahlen seyn.

3) Jedes gemeinschaftliche Vielfache c ist durch das kleinste gemeinschaftliche Vielfache b theilbar. — Denn ließe $\frac{c}{b}$ den Rest r, so wäre auch r ein gemeinschaftliches Vielfache derselben Zahlen (§. 134. n. 3.), folglich b nicht das kleinste.

4) Sind die Maaße $\frac{c}{m}$, $\frac{c}{n}$, $\frac{c}{p}$ etc. relative Primzahlen, so ist c das kleinste gemeinschaftliche Vielfache der Zahlen m, n, p, etc. (Indirekt aus n. 2. u. n. 3.).

5) Ist $ad - bc = 1$, so ist jeder Faktor des ersten Produkts mit jedem Faktor des zweyten eine relative Primzahl. Denn wäre a und c durch μ theilbar, so wäre auch $ad - bc$ also 1 durch μ theilbar. (Vergl. §. 134. n. 8. seqq.).

6) Ist $ad - bc = 0$ d. h. $ad = bc$, und sind a und b relative Primzahlen, so ist c durch a und d durch b theilbar. (Weil cd ein Vielfaches von c und d, dagegen ad oder bc das kleinste gemeinschaftliche Vielfache von c und von d ist (n. 3. u. n. 4.)).

7) Sind a und b relative Primzahlen und ist bc durch a theilbar, so ist auch c durch a theilbar. — (Weil dann $bc = ad$, n. 6.)

8) Ist abcd ... durch m theilbar, und sind m und b, m und c, m und d, etc. relative Primzahlen, so ist a durch m theilbar. (n. 7.)

9) Sind a und c relative Primzahlen, und μ ein Gemäß von a, so sind auch μ und c relative Primzahlen. (Indirekt.)

10) Sind a und b, eben so a und c relative Primzahlen, so sind auch a und bc dergleichen. (Denn

hätten a und bc ein gemeinschaftliches Gemäß μ so wäre auch μ und b eben so μ und c Paare relativer Primzahlen, dabey aber $bc = \mu d$ was gegen (n. 6.) ist.).

11) Sind a und b, a und c, a und d, etc. relative Primzahlen, so sind auch a und bcd ... relative Primzahlen.

12) Sind daher jede der Zahlen $\alpha, \beta, \gamma, \delta, \ldots$ mit jeder der Zahlen a, b, c, d, etc. relative Primzahlen, so sind auch die Produkte $\alpha\beta\gamma\delta \ldots$ und $abcd \ldots$ relative Primzahlen. (n. 11.).

13) Derselbe Satz gilt auch umgekehrt; d. h. Ist das Produkt $\alpha . \beta . \gamma . \delta \ldots$ mit dem Produkt $abcd \ldots$ eine relative Primzahl, so ist jeder einzelne Faktor des ersten Produkts mit jedem einzelnen Faktor des zweyten, eine relative Primzahl. (Indirekt.)

14) Sind also α und a relative Primzahlen, so sind auch α^β und a^b, desgleichen auch α^m und a^m (wo β, b, m beliebige Zahlen sind) relative Primzahlen.

15) Desgleichen sind dann auch noch die Produkte $\alpha^a . \beta^b . \gamma^c . \ldots$ und $\pi^p . \varrho^r . \sigma^s . \ldots$ relative Primzahlen, wenn die einzelnen Dignanden α, β, γ, etc. mit den einzelnen Dignanden π, ϱ, σ, etc. relative Primzahlen sind.

Dasselbe gilt natürlich auch dann noch, wenn α, β, γ, etc. π, ϱ, σ, etc. absolute Primzahlen sind. (n. 13 — 14.).

16) Das Produkt $\alpha^a . \beta^b . \gamma^c . \delta^d . \dots$, wo $\alpha, \beta, \gamma, \delta$, etc. absolute Primzahlen sind, a, b, c, d, etc. aber beliebige Zahlen, ist weder durch α^A, noch durch β^B, noch durch γ^C, noch durch δ^D, etc. theilbar, so lange $A > a$, $B > b$, $C > c$, $D > d$ etc. (n. 8. und n. 14.).

17) Jede Zahl die keine absolute Primzahl ist, läßt sich in Faktoren zerlegen, die absolute Primzahlen sind. Jede solche Zahl läßt sich daher in ein Produkt von der Form $\alpha^a . \beta^b . \gamma^c$. etc. zerlegen, wo α, β, γ, etc. absolute Primzahlen, a, b, c, etc. aber beliebige Zahlen vorstellen.

18) Jede zusammengesetzte Zahl besteht aus, an sich und ihrer Zahl nach, völlig bestimmten absoluten Primzahlen, deren Produkt der Zahl gleich ist; so daß jedes andere Produkt, welches nicht genau dieselben Primzahlen zu Faktoren hat, dieser Zahl nicht gleich seyn kann. (Indirekt aus n. 6.).

§. 137. Erklärung.

Die Primzahlen, welche die Faktoren einer gegebenen Zahl ausmachen, nennt man die **einfachen Faktoren** dieser Zahl.

§. 138. Zusätze.

1) Kommen unter den einfachen Faktoren von a alle einfachen Faktoren von b vor, und letztere in keiner größern Anzahl, so ist a durch b theilbar.

2) Wenn eine unter den einfachen Faktoren von b vorkommende Primzahl nicht unter denen von a vorkommt, so ist a durch b nicht theilbar; eben so wenn derselbe Faktor in b öfter vorkömmt als in a.

3) Sind die Zahlen a, b, c, etc. in ihre einfachen Faktoren zerlegt, so ist das Produkt aller, allen gegebenen Zahlen a, b, c, etc. gemeinschaftlichen Faktoren das größte gemeinschaftliche Gemäß. (Indirekt aus 2).

4) Die aus dem größten gemeinschaftlichen Gemäß sich ergebenden Maaße, sind nothwendig relative Primzahlen.

5) Sind daher $\frac{a}{p}$, $\frac{b}{p}$, $\frac{c}{p}$, etc. nicht relative Primzahlen, sondern haben sie ein gemeinschaftliches Gemäß μ, so ist q nicht das größte gemeinschaftliche Gemäß von a, b, c, etc. sondern μp ein Größeres.

6) Das größte gemeinschaftliche Gemäß muß durch jedes kleinere theilbar seyn.

7) Ist n nicht das größte gemeinschaftliche Gemäß so sind die Maaße nicht relative Primzahlen.

8) Sind daher die Maaße $\frac{a}{n}$, $\frac{b}{n}$, $\frac{c}{n}$, etc. relative Primzahlen, so ist n das größte gemeinschaftliche Gemäß von a, b, c, etc.

9) Sind a, b, c, etc. relative Primzahlen, so ist 1 ihr größtes gemeinschaftliches Gemäß.

10) Die Zahl a welche zu einfachen Faktoren hat: alle einfachen Faktoren von m und noch alle diejenigen von n, welche nicht beyden Zahlen m und n gemeinschaftlich sind, ist das kleinste gemeinschaftliche Vielfache von m und n.

Die Zahl b, welche alle einfachen Faktoren von a und noch diejenigen von p hat, welche nicht beyden Zahlen a und p gemeinschaftlich sind, ist das kleinste gemeinschaftliche Vielfache von m, n, und p.

Die Zahl c, welche alle einfachen Faktoren von b und noch diejenigen von q hat, welche beyden, dem b und dem q nicht gemeinschaftlich sind, ist das kleinste gemeinschaftliche Vielfache von m, n, p und q; u. s. w. f.

Auf diese Weise erhält man sehr leicht die einfachen Faktoren des kleinsten gemeinschaftlichen Vielfachen gegebener Zahlen m, n, p, etc.

11) Ist das größte gemeinschaftliche Gemäß von a und b durch μ bezeichnet, so ist $\frac{a}{\mu} . b$ oder $a . \frac{b}{\mu}$ das kleinste gemeinschaftliche Vielfache von a und b. (n. 10.).

12) Ist p das größte gemeinschaftliche Gemäß von a und b, q das größte von p und c, r das von q und d, so ist auch r das größte gemeinschaftliche Gemäß von allen Zahlen a, b, c, d. — Gilt auch für beliebig viel Zahlen.

13) Ist p das kleinste gemeinschaftliche Vielfache von a und b, q das von p und c, r das von q und d, so ist auch r das kleinste gemeinschaftliche Vielfache von a, b, c, d. (n. 10.) Gilt ebenfalls für eine beliebige Menge von Zahlen.

§. 139. Zusätze.

Seyen a, b, c, etc. Zahlen, die alle größer als 1,

und sey μ ihr kleinstes gemeinschaftliches Vielfache, so kann man noch folgende Eigenschaften der Zahlen bemerken:

1) Läßt N durch μ dividirt den Rest φ, so ist $N - \mu q = \varphi$, und $N - \varphi = \mu q$, folglich lassen N und φ durch a, b, c, etc. dividirt beziehlich einerlei Reste. (§. 134. n. 12.). — Dabey ist immer $\varphi < \mu$. Außer dieser Zahl φ, giebt es keine andere mehr, welche kleiner als μ, und durch dieselben Zahlen a, b, c, etc. dividirt, dieselben Reste ließe. (Indirekt.).

2) Sind M und N um ein vielfaches von μ unterschieden, d. h. ist $M - N = \mu q$ so lassen M und N durch a, b, c, etc. dividirt, beziehlich einerley Reste.

3) Lassen M und N durch a, b, c, etc. dividirt beziehlich einerley Reste, so lassen sie auch durch μ dividirt einerley Reste.

4) Giebt es eine Zahl φ welche kleiner als μ und durch a, b, c, etc. dividirt, beziehlich gegebene Reste α, β, γ, etc. läßt, so ist sie doch die einzige ihrer Art, daher durch die gegebenen Reste $\alpha, \beta, \gamma, \ldots$ völlig bestimmt. (n. 1.).

5) Sind von den Zahlen a, b, c, etc. je zwey ein Paar relativer Primzahlen, so ist $\mu = a \cdot b \cdot c \ldots$; und es existirt dann für beliebig gegebene Reste α, β, γ, etc. allemal eine solche Zahl φ. (n. 4.). — Denn es sind ab und c, auch ac und b, auch bc und a Paare relativer Primzahlen, folglich sind allemal Zahlen möglich m, m′, m″, n, n′, n″, so daß

$$m \,.\, ab - n \,.\, c = 1$$
$$m' \, ac - n' \,.\, b = 1$$
$$m'' \,.\, bc - n'' \,.\, a = 1 \quad (\text{§. 134. n. 8. n. 10.})$$

Betrachtet man nun den Ausdruck

$$m \,.\, ab\gamma + m' \,.\, ac\beta + m'' \,.\, bc\alpha$$

so ist dieser, dem gemäß, eine Zahl, welche durch a, b, c, dividirt, beziehlich die Reste α, β, γ, giebt; folglich giebt es auch eine Zahl φ welche durch a, b, c, dividirt, dieselben Reste α, β, γ giebt. (n. 1.)

Derselbe Beweis läßt sich auf beliebig viel Zahlen erweitern.

6) Sind nicht je zwey der Zahlen a, b, c, etc. relative Primzahlen, so ist $\mu <$ abc ..., und μ ein Gemäß von abc ... (§. 136. n. 3. §. 130. n. 9.), und dann giebt es nicht immer für gegebene Reste α, β, γ, ... eine solche Zahl φ. (n. 4.). — Denn haben a und c z. B. das gemeinschaftliche Gemäß m, so wäre

$\varphi = qa + \alpha = q'c + \gamma$ folglich

$\alpha - \gamma = qa - q'c$, daher $\alpha - \gamma$ durch m theilbar, mithin sind dann die Reste α und γ nicht mehr beliebig.

7) Sind a, b, c, ... absolute Primzahlen, so ist $\mu = a \,.\, b \,.\, c \ldots$, und für alle Zahlen, die kleiner als μ, also kleiner als abc ... sind, muß es, wenn sie durch a, b, c ... dividirt werden, immer eine verschiedene Reihe der Reste geben. (n. 1.).

Es giebt daher so viele solcher Zahlen, die kleiner als μ und durch a, b, c ... nicht theilbar.

sind, als sich verschiedene Reihen von Resten denken lassen, also (a — 1) (b — 1) (c — 1) . . . solcher Zahlen (nicht mehr und nicht weniger). Alle diese Zahlen (nicht mehr und nicht weniger) sind gegen μ relative Primzahlen.

8) Ist aber φ gegen μ eine relative Primzahl, so ist auch die Zahl $N\mu + \varphi$ gegen μ eine relative Primzahl und läßt durch a, b, c etc. dividirt dieselben Reste. Umgekehrt giebt es nur die Zahlen $N\mu + \varphi$, welche durch a, b, c etc. dividirt, dieselben Reste als φ selbst lassen, also wenn es Zahlen seyn sollen die zugleich $< k\mu$ sind, sind solche nur in der Reihe

$$\varphi,\ \mu + \varphi,\ 2\mu + \varphi \ldots (k - 1)\mu + \varphi$$

enthalten. Folglich giebt es $k(a - 1)(b - 1)(c - 1) \ldots$ verschiedene Zahlen (nicht mehr und nicht weniger) welche kleiner als $k\mu$ oder $k \cdot abc \ldots$ und gegen μ oder $abc \ldots$, relative Primzahlen sind. Die Zahl k ist dabey eine beliebige Zahl der Zahlenreihe.

9) Nimmt man unter derselben Voraussetzung wie (n. 8.), $k = a^{A-1} \cdot b^{B-1} \cdot c^{C-1} \ldots$, so giebt es $a^{A-1} \cdot b^{B-1} \cdot c^{C-1} \ldots \times (a-1)(b-1)(c-1) \ldots$ verschiedene Zahlen, welche kleiner als $a^A \cdot b^B \cdot c^C \ldots$ und gegen μ oder $abc \ldots$ relative Primzahlen sind.

10) Eben so viele Zahlen giebt es daher, welche kleiner als $a^A \cdot b^B \cdot c^C \ldots$ und gegen diese Zahl $a^A \cdot b^B \cdot c^C \ldots$ selbst relative Primzahlen sind.

11) Da nun jede zusammengesetzte Zahl in ein Produkt von der Form

$$a^A \;.\; b^B \;.\; c^C \ldots$$

wo a, b, c, etc. absolute Primzahlen sind, zerlegt werden kann (§. 136. n. 18.); so kann man danach sehr leicht bestimmen, wie viele Zahlen es giebt, welche kleiner als eine gegebene Zahl und gegen sie selbst relative Primzahlen sind.

Anmerkung. In diesem Paragraphen ist die von einigen sogenannte Theorie der cyklischen Perioden enthalten.

Zahlenlehre.

Sechstes Kapitel.

Von dem Zahlensystem und von den numerischen Operationen.

Wir müssen nun suchen die Zahlenreihe durch eine entsprechende Zeichenreihe darzustellen, so zwar, daß man im Stande ist, aus dem Zeichen einer jeden Zahl, die Zeichen aller vorhergehenden Zahlen bis zur 1 anzugeben, um alle vorhergehenden Zahlen an unserm Geiste vorübergehen lassen, und dadurch diese bestimmte Zahl von jeder andern unterscheiden zu können.

§. 140. Erklärung.

Ich bezeichne: (§. 131.)

die Summe 1 + 1 durch das Zeichen 2
. . . . . 2 + 1 3
. . . . . 3 + 1 4
. . . . . 4 + 1 5
. . . . . 5 + 1 6

die Summe 6 + 1 durch das Zeichen 7
. . . . . 7 + 1 8
. . . . . 8 + 1 9

und spreche diese Zeichen, die ich Ziffern nenne, der Reihe nach aus: Zwey, Drey, Vier, Fünf, Sechs, Sieben, Acht, Neun.

§. 141. Zusatz.

Nach (§. 12.) bezeichnen also die Ziffern in ihrer Reihe die ersten aufeinander folgenden Zahlen der Zahlenreihe. Auch hat man nach (§. 7.)

$$1 + 1 = 2,\ 2 + 1 = 3,\ 3 + 1 = 4,\ 4 + 1 = 5$$
$$5 + 1 = 6,\ 6 + 1 = 7,\ 7 + 1 = 8,\ 8 + 1 = 9$$

und (§. 18.):

$$9 - 1 = 8,\ 8 - 1 = 7,\ 7 - 1 = 6,\ 6 - 1 = 5$$
$$5 - 1 = 4,\ 4 - 1 = 3,\ 3 - 1 = 2,\ 2 - 1 = 1$$

so wie auch: $1 - 1 = 0$ (§. 73.).

§. 142. Erklärung.

Dieser letztern Gleichungen wegen nenne ich die Zeichen 1 (§. 1.) und 0 (§. 73.) ebenfalls Ziffern; die letztere aber eine bedeutungslose, zum Unterschiede von den übrigen, welche wirklich Zahlen der Zahlenreihe bezeichnen, und deshalb bedeutsame genannt werden.

§. 143. Erklärung.

Jede einzelne Ziffer, so wie das Zeichen

$$\ldots\ \delta\,\gamma\,\beta\,\alpha$$

welches entsteht, indem man beliebig viel beliebiger Ziffern α, β, γ, δ, etc. neben einander hinschreibt, nenne ich eine numerische Zahl, und zwar eine einziffrige, zweyziffrige, dreyziffrige, vierziff-

rige

rige oder mehrziffrige, je nachdem nur eine Ziffer hingesetzt ist, oder deren zwey, drey, vier oder mehr neben einander geschrieben sind. — Ich bezeichne aber durch eine solche numerische Zahl

$$\ldots . \delta \gamma \beta \alpha$$

die Summe:

$$\ldots . + \delta z^3 + \gamma z^2 + \beta z + \alpha$$

wo z die Summe $9 + 1$ vorstellt, und durch Zehn ausgesprochen werden mag.

Die Ziffern $\alpha, \beta, \gamma, \delta, \ldots$ von der rechten zur linken genommen, heißen beziehlich die Ziffern der nullten, ersten, zweyten, dritten etc. Ordnung. Die der nullten Ordnung nennt man auch Einer.

§. 144. Zusatz.

1) Nach (§§. 9. 27 und 43.) ist jede nummerische Zahl nothwendig eine ganze Zahl (§. 78.).

2) Dabey ist z größer als jede Ziffer, z^2 größer als jede zweyziffrige Zahl; eben so z^3, z^4 etc. beziehlich größer als jede drey, vierziffrige Zahl etc.; denn es ist z. B. $z^4 = z \cdot z^3 = (9+1) z^3 = 9 \cdot z^3 + z^3$ (§§. 143. 127. 46. 30. 87.); eben so $z^3 = 9z^2 + z^2$ und $z^2 = 9z + z$; folglich auch $z^4 = 9z^3 + 9z^2 + 9z + z$, woraus der Satz hervorgeht.

3) Daher sind auch zwey numerische Zahlen, die nicht ganz genau dieselben sind, nie einander gleich (§. 7.), sondern bezeichnen jedesmal zwey verschiedene Zahlen.

4) Die numerische Zahl 10 bezeichnet die Summe $1 . z + 0$ oder z oder $9 + 1$; eben so bezeichnet die numerische Zahl 100 die Summe $1 . z^2 + 0 . z + 0$ oder z^2 oder 10^2; nicht minder bezeichnen die numerischen Zahlen 1000, 10000, 100000, etc. beziehlich die Summen

$$1 . z^3 + 0 . z^2 + 0 . z + 0 \quad \text{oder } z^3$$
$$1 . z^4 + 0 . z^3 + 0 . z^2 + 0 . z + 0 \quad \text{oder } z^4$$
$$1 . z^5 + 0 . z^4 + 0 . z^3 + 0 . z^2 + 0 . z + 0 \quad \text{oder } z^5;$$

und weil 10 dasselbe bezeichnet was z, auch beziehlich die Potenzen

$$10^3,\ 10^4,\ 10^5 \text{ u. s. w.}$$

Man hat daher die Gleichungen:

$$10 = z$$
$$100 = z^2 = 10^2$$
$$1000 = z^3 = 10^3$$
$$10000 = z^4 = 10^4$$
$$100000 = z^5 = 10^5$$

u. s. w.

(§§. 87. n. 2. u. §. 7.)

Von nun an wollen wir daher statt z immer das gleiche Zeichen 10 setzen.

5) Es bezeichnet daher die numerische Zahl

$$\ldots\ \delta\gamma\beta\alpha$$

die Summe:

$$\ldots + \delta . 10^3 + \gamma . 10^2 + \beta . 10 + \alpha \quad (\S. 143.)$$

6) Also ist auch nach (n. 2.):

$$10 = 9 + 1$$
$$100 = 99 + 1$$

$$1000 = 999 + 1$$
$$10000 = 9999 + 1$$
u. s. w. f.

7) Hieraus folgt umgekehrt, daß man numerische Zahlen erhält, welche alle Zahlen der Zahlenreihe bezeichnen, wenn man die Ziffern paarweise, dann zu dreyen zu vieren, u. s. w. auf alle mögliche Weise verbindet.

§. 145. Erklärung.

Eine solche der Zahlenreihe entsprechende Zeichenreihe heißt ein Zahlensystem, und zwar ein dyadisches, tetradisches, dekadisches oder dodekadisches, u. s. w. je nachdem 2, 4, 10 oder 12 erste Zeichen oder Ziffern zu Hülfe genommen werden.

In dem dekadischen Systeme, welches wir hier auf eine Art betrachten, daß alles mit sehr geringer Abänderung für jedes andere System paßt, spreche ich die Zeichen:

10, 100, 1000, 1000000, 1000000000000, etc.

oder die gleichen:

$$10,\ 10^2,\ 10^3,\ 10^6,\ 10^{12},\ \text{etc},$$

aus, durch die Worte:

Zehn, Hundert, Tausend, Million, Billion, etc.

so wie dann die Zeichen

10000, 100000, 10000000, 1000000000 etc.

oder die gleichen:

$$10^4,\ 10^5,\ 10^7,\ 10^9,\ \text{etc.}$$

durch die Worte:

Zehntausend, Hunderttausend, Zehn Millionen, Tausend Millionen, etc.

§. 146. Zusatz.

Eine numerische Zahl z. B.

$$978275$$

welche die Summe:

$$9 . 10^5 + 7 . 10^4 + 8 . 10^3 + 2 . 10^2 + 7 . 10 + 5$$

bezeichnet, kann dann ebenfalls durch Worte ausgedrückt werden, indem man jedes vorkommende Produkt nach (§. 27.) und die Summe selber nach (§. 9.) mit Zuziehung von (§. 144.) ausspricht.

Gewöhnlich verwandelt man aber erst die gegebene Summe in folgende ihr gleiche:

$$(9 . 10^2 + 6 . 10 + 8) . 10^3 + (2 . 10^2 + 7 . 10 + 5)$$

und spricht dann diese erst aus.

Anmerkung. 1. Das praktische Verfahren, welches sich hieraus für das Aussprechen der numerischen Zahlen ergiebt, nennt man gewöhnlich das Zahlenlesen; das umgekehrte Verfahren aber, das Zahlenschreiben. Beydes zusammen das Numeriren.

Anmerkung. 2. Da übrigens eine numerische Zahl nichts weiter ist, als ein Zeichen, welches eine Summe repräsentirt, so gelten für sie nothwendig die früher im 3ten Kapitel (so wie auch im 1sten) aufgestellten Sätze der Summen zweyer oder mehrerer Summanden auch der algebraischen Summen) unbedingt, und es muß daher aus jenen die Behandlung der numerischen Zahlen abgeleitet werden.

§. 147. Erklärung.

Wenn ich sagen werde: man soll zwey gegebene numerische Zahlen zu einander numerisch addiren, von einander numerisch subtrahiren, mit einander numerisch multipliziren, oder durch einander numerisch dividiren, mit einander numerisch potenziren, die numerische Wurzel aus beyden finden (durch einander numerisch radiziren) endlich den numerischen Logarithmen aus beyden angeben (durch einander numerisch Logarithmiren), so verstehe ich darunter, man soll numerische Zahlen finden (§. 143.), welche der Summe (§. 9.), der Differenz (§. 18.), dem Produkt (§. 27.), dem Quotienten (§. 34.), der Potenz (§. 43.), der Wurzel (§. 48.), endlich dem Logarithmen (§. 56.) der beyden gegebenen Zahlen beziehlich gleich sind, und welche ich dann beziehlich die nummerische Summe, die numerische Differenz, das numerische Produkt, den numerischen Quotienten, die numerische Potenz, die numerische Wurzel, und den numerischen Logarithmen der beyden gegebenen Zahlen nennen werde.

Ueberhaupt wenn ich sagen werde: man soll einen Ausdruck numerisch bestimmen, so verstehe ich darunter: man soll eine numerische Zahl (§. 143.) finden, welche dem gegebenen Ausdruck gleich ist. Diese gefundene Zahl nenne ich dann dem numerisch bestimmten Ausdruck.

Bemerkung.

Die Summe $a + b$, das Produkt ab, so wie die Potenz a^b lassen sich allemal numerisch bestimmen, wenn a und b numerische Zahlen sind; dagegen die Differenz $a - b$ nur dann, wenn $a > b$; der Quotient $\frac{a}{b}$ nur in dem Falle, daß a ein Vielfaches von b ist. Desgleichen läßt sich auch die Wurzel $\sqrt[b]{a}$, so wie der Logarithme $a?b$ nicht immer bestimmen.

Ist a $<$ b, so kann man statt a — b schreiben — (b — a), und dann läßt sich wenigstens eine subtraktive ganze Zahl finden, deren Glied numerisch bestimmt (§. 77. n. 11. §. 75. u. §. 78. n. 3.), und welche der gegebenen Differenz gleich ist.

§. 148. Erklärung.

Ist a kein Vielfaches von b, so giebt es doch eine numerische Zahl, welche dem nächstkleinsten Quotienten von $\frac{a}{b}$ gleich ist, so wie auch dann der Rest numerisch bestimmt werden kann. (§. 133.) Diese numerische Zahl kann der nächstkleinste numerische Quotient genannt werden.

Auch giebt es, wenn $\sqrt[b]{a}$ keine Bedeutung hat, eine numerische Zahl v, so daß $v^b < a$ dagegen $(v+1)^b > a$ ist, und diese nenne ich dann die nächstkleinste numerische Wurzel von $\sqrt[b]{a}$.

Endlich giebt es, wenn a?b keine Bedeutung hat, eine numerische Zahl l so daß

$$b^l < a \text{ aber } b^{l+1} > a;$$

diese nenne ich den nächstkleinsten numerischen Logarithmen von a?b.

Dasjenige Zahlzeichen, welches noch zu dem nächstkleinsten Quotienten addirt werden muß, um eine dem gegebenen Quotienten gleiche Summe zu erhalten, heiße das Ergänzungsglied dieses Quotienten.

§. 149. Lehrsatz.

Die Summe zweyer einziffrigen Zahlen wird immer nach (§. 9.) durch fortschreiten in der Zahlenreihe (Abzählen) numerisch bestimmt.

§. 150. Aufgabe.

Zwey gegebene numerische Zahlen numerisch zu addiren.

Auflösung und Beweis

ergeben sich aus (§. 104. I. §. 14. §. 144. n. 5. u. §. 30. XIII.)

§. 151. Zusatz.

Man kann auch hieraus leicht das Verfahren ableiten, welches zu befolgen ist, wenn mehr als zwey gegebene Zahlen numerisch addirt werden sollen.

§. 152. Zusatz.

Nicht minder leicht läßt sich hiernach das Produkt zweyer einziffrigen Zahlen α und β numerisch bestimmen. — Denn es ist (§. 27.)

$$\alpha . \beta = \alpha + \alpha + \alpha + \alpha + \ldots,$$

wo die Anzahl der Summanden β ist. (§. 151.)

Anmerkung. Dasselbe ließe sich auch anwenden um zwey beliebige mehrziffrige numerische Zahlen mit einander numerisch zu multipliziren.

§. 153. Zusatz.

Die Differenz $\alpha - \beta$ kann (§. 18.) durch Versuche numerisch bestimmt werden, und dies Verfahren muß man anwenden, sobald β eine einziffrige Zahl, α aber nicht größer als $\beta + 9$ ist.

Anmerkung. Das praktische Verfahren von (§. 150. sqq.) ist bekannt genug. Hier kam es bloß darauf an, dessen Zusammenhang mit der Theorie, oder vielmehr dessen Stelle im völlig strengen System der Mathematik, seiner Natur gemäß, nachzuweisen. Um (§. 153.) für die Praxis schnell genug zu lösen, bedient man sich des Eins und Eins oder noch besser des Gedächtnisses.

§. 154. Aufgabe.

Zwey gegebene numerische Zahlen von einander numerisch zu subtrahiren, unter der Voraussetzung, daß der Minuend größer ist, als der Subtrahend.

Auflösung und Beweis

ergeben sich aus (§. 144. n. 5. §. 104. II. u. §. 30. XIV.); und (bey dem sogenannten Borgen) aus (§. 24. n. 1.).

§. 155. Aufgabe.

Zwey gegebene Zahlen mit einander numerisch zu multipliziren.

Auflösung und Beweis

ergeben sich aus (§. 144. n. 5. §. 104. III. §. 33. §. 46. §. 152. und §. 30. XIII.).

§. 156. Zusatz.

Man kann nun auch mehrere beliebige numerische Zahlen mit einander numerisch multipliziren. (§. 33.).

§. 157. Zusatz.

Daher kann man auch zwey numerische Zahlen mit einander numerisch potenziren. (§. 43.).

§. 158. Zusatz.

Der Quotient $\frac{a}{b}$ oder sein nächstkleinster kann versuchweise numerisch bestimmt werden (nach §. 34.); und man ist gezwungen, dieses Verfahren zu beobachten, sobald b eine einziffrige Zahl und a nicht größer als b . 9 ist.

Anmerkung. Für die Praxis, die Schnelligkeit und Sicherheit verlangt, bedient man sich in (§. 155. sqq.) so wie auch hier, des Ein mal Eins oder noch besser des Gedächtnisses.

§. 159. Aufgabe.

Zwey gegebene Zahlen durch einander numerisch zu dividiren, oder doch den nächstkleinsten numerischen Quotienten derselben zu finden.

Auflösung und Beweis

ergeben sich höchst einfach und strenge aus (§. 104. IV. und §. 105.), mit der Einschränkung, daß man als ersten Summanden, der jedesmal willkührlich angenommen werden kann, immer die höchste Ziffer der höchsten Ordnung nimmt (deren Produkt mit dem Divisor noch kleiner ist als der Dividend). Durch diese Einschränkung bewirkt man, daß in (§. 105.) jeder folgende Summand eine Ziffer einer niedrigern Ordnung wird, als der vorhergehende ist, weshalb die einzelnen Summanden mit sehr geringer Modifikation sogleich eine numerische Zahl (§. 143.) bilden.

Auch erhellet, daß die Auflösung den wahren Quotienten giebt, wenn, nachdem man die höchste Ziffer der nullten Ordnung, als Summanden, gesetzt hat, der letzte Rest o, also der Quotient, der den letzten Summanden bildet, = o ist. — Außerdem findet man immer durch diese Auflösung, eine Snmme, deren erster Summand, der numerische nächstkleinste Quotient, der zweyte aber ein formeller Quotient ist (gebildet von dem letzten Rest als Dividend und dem Divisor als Divisor); so zwar daß diese Summe dem gegebenen Quotienten gleich ist.

Beispiel. Man findet z. B.

$$\frac{176928}{4765} = 371 + \frac{1469}{4765}.$$

welches man gewöhnlich auch so schreibt:

$$\frac{176928}{4765} = 371\ \frac{1469}{4765}.$$

§. 160. Lehrsätze.

Es ist, was auch a und b bedeuten mögen:

1) $(a+b)^2 = a^2 + 2ab + b^2$
$= a^2 + (2a+b)\,b$

2) $(a+b)^3 = a^3 + 3a^2.b + 3ab^2 + b^3$
$= a^3 + (3a^2 + 3ab + b^2)\,b$

3) $(a+b)^4 = a^4 + 4a^3b + 6a^2b^2 + 4ab^3 + b^4$

4) $(a+b)^5 = a^5 + 5a^4b + 10a^3b^2 + 10a^2b^3 + 5ab^4 + b^5$

u. s. w. f.

Die Beweise ergeben sich unmittelbar aus (§. 43. §. 104. III. §. 33. und §. 14.).

§. 161. Zusatz.

Man kann sich dieser Formeln bedienen, um zweyziffrige oder auch mehrziffrige Zahlen (in so ferne eine Summe von mehrerer Summanden auch immer als eine von zwey Summanden betrachtet werden kann) mit 2, 3, 4, oder mit 5 u. s. w. numerisch zu potenziren.

§. 162. Erklärung.

Die Potenzen a^2 und a^3, so wie auch noch a^4, nennt man auch häufig beziehlich das Quadrat, den Kubus (oder Würfel), und das Biquadrat der Zahl a. Eine Zahl a quadriren oder kubiren heißt nichts weiter, als: die Potenzen a^2, a^3, hinschreiben, während die Zahl a numerisch quadrirt oder numerisch kubirt wird, wenn man die, diesen Potenzen a^2 und a^3 gleichen numerischen Zahlen findet.

Desgleichen nennt man die Wurzeln

$$\sqrt[2]{a} \text{ und } \sqrt[3]{a},$$

von denen man erstere auch häufig bloß so schreibt: $\sqrt{a}$, beziehlich die Quadratwurzel und die Kubikwurzel. Aus der Zahl a die Quadrat- oder die Kubikwurzel ziehen, heißt nichts weiter als: die Wurzeln

$$\sqrt{a} \text{ und } \sqrt[3]{a}$$

hinschreiben; dagegen sollen die diesen Wurzeln gleichen numerischen Zahlen gesucht werden, so bald man verlangt, die numerische Quadrat-Wurzel oder die numerische Kubik-Wurzel zu finden.

§. 163. Aufgabe.

Aus einer Zahl a die Quadrat-Wurzel und die Kubik-Wurzel numerisch zu ziehen, oder doch die nächstkleinste numerische Quadrat oder Kubik-Wurzel zu finden.

Die Auflösung findet versuchweise statt nach (§. 48.), welche Versuche indeß sehr eingeschränkt, folglich erleichtert werden, wenn man eine Ziffer um die andere versuchweise bestimmt, dabey aber (§. 160. n. 1. und n. 2.) so wie auch (§. 161.) in Anwendung bringt. *)

Ob die gefundene numerische Zahl die gesuchte numerische Wurzel oder nur die nächstkleinste ist, ergiebt sich im erstern Falle aus dem Verfahren selbst; im andern dagegen muß man eigentlich erst besonders

*) Das praktische Verfahren ist ausführlich entwickelt zu finden in der Elementarzahlenlehre 1816. im VII. Kap.

versuchen, ob die nächstgrössere Zahl, mit dem Wurzel-Exponenten potenzirt, auch wirklich eine Zahl giebt, die grösser ist als der Radikand (§. 48.)

§. 164. Aufgabe.

Eine gegebene Zahl a durch eine andere gegebene Zahl b numerisch zu logarithmiren, oder doch den nächstkleinsten numerischen Logarithmen der Zahl a für die Basis b zu finden.

Die Auflösung geschieht ebenfalls versuchweise nach (§. 56.).

Zahlenlehre.

Siebentes Kapitel.
Von den Brüchen oder gebrochenen Zahlen.

§. 165. Erklärung.

Bruch oder gebrochene Zahl nenne ich denjenigen Quotienten $\frac{a}{b}$, dessen Dividend a und dessen Divisor b einer ganzen Zahl gleich ist, ohne daß er selber einer ganzen Zahl gleich wäre. Dabey nenne ich die (ganze) Zahl a den Zähler, so wie die (ganze) Zahl b den Nenner des Bruches.

Ein Bruch $\frac{a}{b}$ heißt ein ächter oder eigentlicher Bruch, wenn $a < b$, dagegen ein unächter oder uneigentlicher wenn $a > b$ ist. (§. 15.)

§. 166. Zusatz.

1) Alles was von den Quotienten gelehrt wurde, muß auch von den Brüchen gelten: aber nicht umgekehrt.

2) Das Ergänzungsglied (§. 148.) eines nächstkleinsten Quotienten ist immer ein ächter Bruch. (§. 159. Beispiel.)

3) Die Summe, das Produkt und der Quotient zweyer beliebigen ganzen oder gebrochenen Zahlen ist immer selber wieder eine ganze oder gebrochene Zahl. (§. 40.). Die Differenz zweyer beliebig ganzen oder gebrochenen Zahlen, ist entweder erstens einer ganzen oder gebrochenen Zahl oder zweytens = 0, oder endlich drittens einer subtraktiven Zahl gleich, deren Glied aber eine ganze oder gebrochene Zahl ist. (§. 77. n. 11. und §. 40. XXIX. XXX. und XXXII.) und (§. 92.)

4) Wenn man Zähler und Nenner eines gegebenen Bruches mit einer und derselben Zahl multiplizirt oder dividirt, so ist der neu entstehende Bruch dem gegebenen gleich. (§. 40. XXXVII und XXXVIII.)

§. 167. Erklärung.

Ein Bruch heißt in den kleinsten Zahlen ausgedrückt, wenn es keinen Bruch mehr giebt, der ihm gleich, dessen Zähler und Nenner aber beziehlich kleiner wären als Zähler und Nenner des gegebenen.

§. 168. Zusatz.

1) Sind Zähler und Nenner absolute oder relative Primzahlen, so ist der Bruch in seinen kleinsten Zahlen ausgedrückt. (Indirekt aus §. 136. n. 6.)

2) Hat man Zähler und Nenner durch ihr größtes gemeinschaftliches Gemäß dividirt, so ist der neue Bruch in seinen kleinsten Zahlen ausgedrückt. (§. 138. n. 4.)

3) Sind zwey Brüche in ihren kleinsten Zahlen ausgedrückt und einander gleich, so sind auch die beyden Zähler einander gleich, eben so die beyden Nenner. (§. 136. n. 6.)

4) Ist $\frac{a}{b}$ in seinen kleinsten Zahlen ausgedrückt, und b weder durch 2 noch durch 5 theilbar, und selbst nicht 2 oder 5, so ist

$$\frac{a \cdot 10^n}{b}$$

nie einer ganzen Zahl gleich, welche ganze Zahl man auch statt n setzen möge (§. 138. n. 2.)

5) Enthält aber b bloß die Faktoren 2 oder 5, ist z. B. $b = 2^\mu \cdot 5^\nu$ und n = oder > als die größte dieser beyden Zahlen μ oder ν, so ist $\frac{a \cdot 10^n}{b}$ immer eine ganze Zahl.

6) Ist $\frac{a}{b}$ dagegen ein Bruch, dessen Zähler a und Nenner b noch nicht relative Primzahlen sind, so gilt der Satz (n. 4.) noch immer, dagegen (n. 5.) mit der Erweiterung, daß b außer 2 und 5 auch noch die Faktoren des größten gemeinschaftlichen Gemäßes von a und b enthalten kann, und der Ausdruck $\frac{a \cdot 10^n}{b}$ wird doch noch immer einer ganzen Zahl gleich.

7) Ist $\frac{a}{b}$ in seinen kleinsten Zahlen ausgedrückt, so ist es auch $\frac{a^m}{b^m}$. — Umgekehrt: Ist $\frac{a^m}{b^m}$ ein in

seinen kleinsten Zahlen ausgedrückter Bruch, so ist es auch $\frac{a}{b}$. (§. 136. n. 14.)

8) Sind $\frac{a}{b}$ und $\frac{c}{d}$ in ihren kleinsten Zahlen ausgedrückt und dabey $\frac{a}{b} = \left(\frac{c}{d}\right)^m$, so ist nothwendig auch: $a = c^m$ und $b = d^m$. (n. 7. und n. 3.)

9) Ist daher $\left(\frac{g}{h}\right)^m = \frac{p}{q}$ und μ das größte gemeinschaftliche Gemäß von p und q, so wie ν das von g und h, so ist allemal:

$$\left(\frac{g}{\nu}\right)^m = \frac{p}{\mu} \text{ und } \left(\frac{h}{\nu}\right)^m = \frac{q}{\mu}.$$

10) Es giebt keinen Bruch, dessen mte Potenz, einer ganzen Zahl gleich wäre. (§. 138. n. 2.)

11) Auch giebt es nicht immer einen Bruch, dessen mte Potenz einem gegebenen Bruche $\frac{a}{b}$ gleich ist. Denn dies letztere setzt voraus, daß wenn $\frac{a}{b}$ in seinen kleinsten Zahlen ausgedrückt ist, dann $\sqrt[m]{a}$ und $\sqrt[m]{b}$ immer wirkliche Zahlzeichen seyen, oder daß es wenigstens gebrochene Zahlen giebt, deren mte Potenzen der a und der b gleich wären; letzteres kann nach (n. 10.) nie, ersteres aber nicht immer der Fall seyn. (n. 8.)

§. 169. Erklärung.

Die Summe $a + \frac{c}{d}$, deren erster Summand eine ganze Zahl, deren zweyter aber ein ächter Bruch ist, nenne ich eine gemischte Zahl; dabey heißt a das

ganze

ganze Glied, $\frac{c}{d}$ aber das gebrochene Glied derselben.

Sind a, c, d, numerische Zahlen, so läßt man gewöhnlich das (+) Zeichen ganz weg, und schreibt bloß z. B. $6\frac{2}{3}$, $7\frac{1}{4}$, etc. etc.

§. 170. Zusatz.

Jede gemischte Zahl wird in einen ihr gleichen Bruch verwandelt nach (§. 40. XXVIII.). — Jeder unächte Bruch dagegen in eine gemischte Zahl nach (§. 104. IV.), indem man den nächstkleinsten Quotienten als ersten Summanden annimmt.

§. 171. Erklärung.

Wenn ich sagen werde: man soll zwey beliebige ganze, gebrochene oder gemischte Zahlen zu einander numerisch addiren, numerisch subtrahiren, mit einander numerisch multiplizіren, oder durch einander numerisch dividiren; endlich einen dieser Ausdrücke mit einer Differenz ganzer Zahlen numerisch potenziren, so verstehe ich darunter: man soll die ganzen, gebrochenen, oder die gemischten Zahlen finden, welche den gegebenen Summen, Differenzen, Produkten, Quotienten oder Potenzen gleich sind.

Danach unterscheide man auch diese hier sich ergebenden Resultate von denen nach (§. §. 9. 18. 27. 34. und 43.) erhaltenen, durch das Beywort numerisch.

§. 172. Zusatz.

Es geschieht aber dieses numerische Operiren mit ganzen, gebrochenen und gemischten Zahlen, nach (§. 40.)

in Verbindung mit (§. 104.) oder (§. 170.), ohne daß es nöthig wäre, hier noch etwas hinzuzufügen.

§. 173. Erklärung.

Bezeichnen a und b zwey Ausdrücke, welche der Null oder ganzen oder gebrochenen Zahlen gleich sind, so drücke ich durch das Zeichen

$$a > b$$

welches: a ist größer als b, ausgesprochen wird, aus, daß es eine ganze oder gebrochene Zahl q giebt, so daß

$$a = b + q$$

ist. — Auch schreibt man dann:

$$b < a$$

und spricht dies aus: b ist kleiner als a.

Diese Erklärung ist, wie man sieht, bloß eine erlaubte Erweiterung der (§. 15.) aufgestellten.

§. 174. Zusatz.

Unter der Voraussetzung, daß a, b, c, Null oder ganze oder gebrochene Zahlen bedeuten, folgt sogleich:

1) Ist $a > b$, so ist $a - b$ einer ganzen oder gebrochenen Zahl gleich.
2) Ist $a = b$ und $b > c$, so ist auch $a > c$.
3) Ist $a > b$ und $b = c$, so ist auch $a > c$.
4) Ist $a > b$ und $b > c$, so ist auch $a > c$.
5) Jede ganze oder gebrochene Zahl ist größer als Null. (§. 74. n. 2.).

§. 175. Lehrsätze.

Bezeichnen a, b, m, ganze oder gebrochene Zahlen und ist auch noch:

$$a > b$$

so ist auch:

1) $a + m > b + m$

2) $a - m > b - m$, wenn $b \geqq m$,

3) $m - a < m - b$, wenn $m \geqq a$,

4) $a \,.\, m > b \,.\, m$

5) $a : m > b : m$

6) $m^{n} : a < m : b$

Beweise ergeben sich unmittelbar aus der (§. 173.) gegebenen Erklärung, mit Anwendung der Formeln des ersten Kapitels sehr einfach und strenge. Für den Lehrsatz (6) mag der Beweis hier stehen. — Weil nehmlich $a > b$, so ist $a = b + q$, wo q irgend eine ganze oder gebrochene Zahl; dann ist aber nach (§. 105. IV.)

$$\frac{m}{a-q} = \frac{m}{a} + \frac{mq}{a\,(a-q)} \text{ oder}$$

$$\frac{m}{b} = \frac{m}{a} + \frac{mq}{ab}, \text{ weil } a - q = b;$$

folglich $\frac{m}{b} > \frac{m}{a}$, in so ferne $\frac{mq}{ab}$ nothwendig eine ganze oder gebrochene Zahl seyn muß.

§. 176. Zusatz.

Diese Sätze, mit Ausnahme von (n. 2. und n. 6.) gelten auch noch wenn $b = 0$.

§. 177. Zusatz.

Auch ist noch $a^m > b^m$, wenn m eine ganze Zahl, a und b aber ganze oder gebrochene Zahlen sind, und $a > b$ ist. — Auch kann $b = 0$ seyn. (Vergl. §. 52.).

§. 178. Zusatz.

Ferner folgt noch:

1) Ist a > b, so ist auch:

$$\frac{a}{b} > \frac{b}{b} \text{ und } \frac{b}{a} < \frac{a}{a} \text{ d. h.}$$

$$\frac{a}{b} > 1 \text{ und } \frac{b}{a} < 1.$$

2) Ein ächter Bruch ist daher immer kleiner als 1, ein unächter Bruch dagegen immer größer als 1.

3) Von zwey Brüchen, welche gleiche Nenner haben, ist derjenige der größeste, welcher den größesten Zähler hat. — Ein ähnliches von Quotienten überhaupt, deren Dividenden und Divisoren ganzen oder gebrochenen oder gemischten Zahlen gleich sind. — Solche Quotienten der letztern Art nennt man wohl auch Bruchsbrüche.

4) Von zwey Brüchen, die gleiche Zähler haben, ist derjenige der größeste, der den kleinsten Nenner hat. — Ein ähnliches von Bruchsbrüchen.

5) Das Produkt zweyer ächten Brüche ist kleiner als jeder der Faktoren (§. 175. n. 4. und §. 178. n. 2.).

6) Das Produkt zweyer unächten Brüche aber immer größer als jeder der Faktoren.

§. 179. Lehrsätze.

Sind a, b, c, d ganze oder gebrochene Zahlen und dabey

$$a > b \text{ und } c > d$$

so hat man noch:

1) $a + c > b + d$

2) $a \,.\, c > b \,.\, d$

3) $a - d > b - c$, wenn $b \gtreqless c$

4) $a : d > b : c$

Beweise ergeben sich aus (§. 175.).

§. 180. Zusatz.

Daher ist von zwey Brüchen derjenige der größeste, der den größesten Zähler, dagegen den kleinsten Nenner hat. — Ein ähnliches von Bruchsbrüchen.

§. 181. Lehrsatz.

Ist a aber nicht $\sqrt{a}$ eine ganze Zahl (§. 168. n. 10), so lassen sich doch immer zwey Brüche finden, deren Differenz kleiner ist, als jede noch so kleine aber gegebene gebrochene Zahl, und von deren zweyten Potenzen, die eine kleiner, die andere aber größer ist, als die gegebene ganze Zahl a.

Beweis. Denn es ist $a = \frac{n^2 . a}{n^2}$, wo n eine beliebige ganze Zahl. — Nun hat die Zahl $n^2 . a$ eine nächstkleinste Wurzel, welche durch w bezeichnet seyn mag; und es ist daher

$$w^2 < n^2 . a \text{ und } (w+1)^2 > n^2 . a$$

folglich auch

$$\frac{w^2}{n^2} < a \text{ und } \frac{(w+1)^2}{n^2} > a$$

oder $\left(\frac{w}{n}\right)^2 < a$ und $\left(\frac{w+1}{n}\right)^2 > a.$

Die beyden Brüche $\frac{w}{n}$ und $\frac{w+1}{n}$ sind daher solche, die den im Lehrsatz ausgesprochenen Bedingungen genügen; denn ihre Differenz $\frac{1}{n}$ kann so klein werden, als man nur immer will, da n noch so groß seyn kann.

§. 182. Zusatz.

1) Desgleichen giebt es immer zwey gebrochene Zahlen $\frac{w}{n}$ und $\frac{w+1}{n}$, so daß

$$\left(\frac{w}{n}\right)^3 < a \text{ und } \left(\frac{w+1}{n}\right)^3 > a$$

und deren Differenz $\frac{1}{n}$ kleiner werden kann, als jede noch so kleine aber gegebene Zahl.

2) Dasselbe findet noch statt, wenn statt des Exponenten 3 eine beliebige ganze Zahl m gesetzt wird.

§. 183. Erklärung.

Ich erweitere nun den (§. 48.) gegebenen Begriff der Wurzel, und nenne absolute Wurzel jedes Zeichen von der Form

$$\sqrt[m]{a}$$

wo m eine ganze, a dagegen 0 oder eine ganze oder gebrochene Zahl ist, und ich bezeichne damit diejenige ganze oder gebrochene Zahl, oder auch die Null, welche mit m potenzirt a giebt. — Dem gemäß mögen auch die Begriffe des Radikanden und des Wurzelexponenten erweitert seyn.

Was früher (§. 48.) Wurzel genannt wurde, mag jetzt wirkliche Wurzel heißen.

§. 184. Zusatz.

Wegen (§. 177.) hat die Wurzel $\sqrt[m]{a}$, wenn sie eine Bedeutung hat, allemal eine völlig bestimmte Bedeutung, weil es keine zwey von einander verschiedene ganze oder gebrochene Zahlen geben kann, die mit m potenzirt, dieselbe Zahl a hervorbrächten.

Zugleich erhellet, daß die wirkliche Wurzel ein besonderer Fall der absoluten Wurzel ist.

§. 185. Zusatz.

Für diese Wurzeln gelten die Formeln (§. 49.), (§. 51.) und (§. 54. XXXXVI — XXXXVIII, IL.), wenn n:m eine ganze Zahl, (L) wenn n eine Differenz ganzer Zahlen, (LI) wenn m:n eine ganze Zahl, (LII — LVIII), (LIX) wenn m:p und n:p ganze Zahlen sind, ferner (LX), endlich auch (§. 55.), wie unmittelbar aus der Definition erhellet; wenn nur alle Radikanden 0 oder ganze oder gebrochene Zahlen sind, während jeder Wurzel-Exponent eine ganze Zahl seyn muß, und keiner der vorkommenden Divisoren der Null gleich seyn darf.

§. 186. Lehrsatz.

Ist $\frac{a}{b}$, aber nicht $\sqrt{\frac{a}{b}}$ einer gebrochenen Zahl gleich (§. 168. n. II.), so kann man doch immer zwey gebrochene Zahlen angeben, deren Differenz kleiner ist, als jede noch so kleine aber gegebene Zahl, und von deren zweyten Potenzen die eine kleiner ist als $\frac{a}{b}$, die andere dagegen größer.

Beweis. Denn man hat:

$$\frac{a}{b} = \frac{a.b.n^2}{b^2.n^2} = \frac{abn^2}{(bn)^2}.$$

Ist nun w die nächstkleinste zweyte Wurzel aus abn^2, so ist

$$\left(\frac{w}{bn}\right)^2 < \frac{a}{b} \text{ und } \left(\frac{w+1}{bn}\right)^2 > \frac{a}{b}.$$

Die Differenz zwischen $\frac{w}{bn}$ und $\frac{w+1}{bn}$, welche $=\frac{1}{bn}$ ist, kann aber kleiner werden, als jede noch so kleine aber gegebene Zahl, weil n so groß werden kann, als man nur immer will; folglich sind $\frac{w}{bn}$ und $\frac{w+1}{bn}$ solche gebrochene Zahlen. W. Z. E. W.

§. 187. Zusatz.

1) Ist $\frac{a}{b}$, aber nicht $\sqrt[3]{\frac{a}{b}}$, einer gebrochenen Zahl gleich, so giebt es doch zwey Brüche

$\frac{w}{bn}$ und $\frac{w+1}{bn}$, so daß

$$\left(\frac{w}{bn}\right)^3 < \frac{a}{b} \text{ dagegen } \left(\frac{w+1}{bn}\right)^3 > \frac{a}{b}$$

ist, während ihre Differenz $\frac{1}{bn}$ kleiner werden kann, als jede gegebene übrigens noch so kleine Zahl. — Der Buchstabe w bezeichnet dabey die nächstkleinste dritte Wurzel aus $a\, b^2\, n^3$.

2) Dasselbe gilt noch, wenn statt des Exponenten 3 irgend eine andere ganze Zahl m gesetzt wird, nur bezeichnet dann w die nächstkleinste mte Wurzel aus $a . b^{m-1} . n^m$.

§. 188. Erklärung.

Je zwey solche gebrochene Zahlen, deren Differenz kleiner genommen werden kann, als jede noch so kleine aber gegebene gebrochene Zahl, und von deren mten Potenzen die eine kleiner ist als a, die andere dagegen größer, nenne ich die Näherungs-Wurzel von a, oder die Näherungswerthe der mten Wurzel aus a, und zwar die erste den kleinern, die andere dagegen den größern. Dabey ist a eine ganze oder gebrochene Zahl. Das (zur Zeit noch ganz unbekannte) Zahlzeichen, welches noch zu dem Näherungswerth der Wurzel addirt werden muß, um eine der Wurzel gleiche Summe zu geben, wenn es ein solches giebt, heiße dann das Ergänzungsglied.

§. 189. Zusatz.

Diese Näherungswerthe sind aber für jedes verschieden angenommene n selber wieder verschieden, daher ein solcher nur dann bestimmt ist, wenn die Zahl n zugleich mit gegeben. — Ist nehmlich a eine ganze Zahl und w die nächstkleinste Wurzel aus $a . n^m$, so sind $\frac{w}{n}$ und $\frac{w+1}{n}$ die kleinern und größern Näherungswerthe von $\sqrt[m]{a}$. — Desgleichen sind $\frac{w}{bn}$ und $\frac{w+1}{bn}$ diese Näherungswerthe von $\sqrt[m]{\frac{a}{b}}$, wenn w die nächstkleinste mte Wurzel aus $a b^{m-1} n^m$ ist.

§. 190. Zusatz.

Es giebt daher für jede mte Wurzel aus einer ganzen oder gebrochenen Zahl a, so viele verschiedene kleinere oder größere Näherungswerthe, als es verschiedene Zahlen giebt, die statt n gesetzt werden können, also unendlich viele. Je größer aber n wird, desto kleiner wird die Differenz zwischen dem größern und dem kleinern Näherungswerth, desto mehr, sagt man, nähern sich diese Werthe der $\sqrt[m]{a}$.

§. 191. Zusatz.

Außerdem erhellet noch, wenn man sich je zwey zusammengehörige kleinere und größere Näherungswerthe unter einander geschrieben, und diese Paare dann für jedes größere n in ihrer Folge neben einander gesetzt denkt:

1) Jeder folgende kleinere Näherungswerth ist immer größer wie der vorhergehende, bis in's unendliche fort.

2) Dagegen ist jeder folgende größere Näherungswerth bis in's unendliche fort immer kleiner als jeder vorhergehende.

3) Unter den Näherungswerthen von $\sqrt[m]{a}$, wo m eine ganze, a dagegen eine ganze oder gebrochene Zahl ist, ist wenigstens einer, der $= \sqrt[m]{q}$, und wo q von a weniger verschieden ist, als irgend eine noch so kleine aber gegebene Zahl.

Anmerkung. 1. Sind daher in einem gegebenen Fall diese sich so wenig unterscheidenden Zahlen q und a mit einander zu verwechseln, so kann man gedachten Näherungswerth der $\sqrt[m]{a}$, auch als dieser Wurzel $\sqrt[m]{a}$ gleich ansehen. (In diesem besondern Falle; an sich und hier in der Theorie aber nie)

2) Hat einer der Näherungswerthe von $\sqrt[m]{a}$ diese Eigenschaft, so haben sie auch alle in der Reihe folgenden (obgleich nicht gerade die vorhergehenden.).

§. 192. Erklärung.

Jede gebrochene Zahl $\frac{\alpha}{\beta}$, welche wir uns als zwischen jedem, für jedes noch so große n aufgestellte Paar, kleinerer und größerer Näherungswerthe von $\sqrt[m]{a}$ liegend denken, so nehmlich daß sie immer größer ist als der kleinere, und kleiner doch als der größere Näherungswerth, und welche als der Wurzel $\sqrt[m]{a}$ gleich gedacht wird; jede solche gebrochene Zahl $\frac{\alpha}{\beta}$, — sage ich — die wir in endlichen Zahlen darzustellen nicht vermögen, sondern die bloß in der Idee in uns lebt, nenne ich die irrationale Wurzel von $\sqrt[m]{a}$; wo a eine ganze oder gebrochene, m dagegen eine ganze Zahl ist. —

§. 193. Zusatz.

1) Eine irrationale Wurzel ist also nie angebbar, wohl aber immer ein Näherungswerth derselben, welcher von ihr um weniger verschieden, als jede noch so kleine aber gegebene Zahl.

2) Gebraucht man irrationale Wurzeln, und nimmt man statt derselben irgend einen ihrer Näherungswerthe, so muß man zu diesem jedesmal noch einen Summanden, als Ergänzungsglied hinzudenken, welches zwar unbestimmbar ist, aber immer kleiner angenommen werden kann als jede noch so kleine aber gegebene Zahl. Alle Resultate, welche man unter dieser Voraussetzung erhält, sind dann nothwendig völlig streng, weil man statt des zu setzenden Ausdrucks einen andern gesetzt hat, der wegen des unbestimmt angenommenen Ergänzungs-Gliedes, ihm vollkommen gleich ist.

3) Eine irrationale Wurzel ist daher, wie jede andere ganze oder gebrochene Zahl zu behandeln, weshalb wir in der Folge keinen Unterschied machen werden.

§. 194. Erklärung.

Jede nicht angebbare, sondern bloß in der Idee lebende, gebrochene Zahl, welche größer gedacht werden muß als eine ganze oder gebrochene Zahl A, kleiner dagegen als eine andere B, während A und B selbst so angegeben werden können, daß ihr Unterschied kleiner ist, als jede noch so kleine, aber gegebene Zahl, nenne ich eine irrationale Zahl oder eine Irrationalzahl. Und dabey sagt man: diese Irrationalzahl liege zwischen den Grenzen A und B.

Jede ganze oder gebrochene Zahl, die wirklich angebbar ist, heißt dagegen eine rationale Zahl.

Denkt man sich zu der Grenze A noch einen Summanden E hinzu, so daß die Summe A + E der Irrationalzahl gleich gedacht wird, so heißt dieser Summand E das Ergänzungsglied.

§. 195. Zusatz.

Hieraus folgt:

1) Jede ganze oder gebrochene Zahl ist entweder eine rationale oder eine irrationale.

2) Die Irrationalzahl ist von jeder der Grenzen um wenige verschieden als die beyden Grenzen von einander verschieden sind.

3) Das Ergänzungsglied E muß daher kleiner gedacht werden, als jede noch so kleine aber gegebene Zahl, ist aber dabey selber nothwendig eine Irrationalzahl.

4) Jede irrationale Wurzel (§. 192.) ist auch eine irrationale Zahl (§. 194.).

Anmerkung. Man übersehe aber nicht, um von dieser irrationalen Zahl einen recht klaren Begriff zu erhalten, daß z. B. die irrationale Wurzel der gegebenen Wurzel ganz und völlig gleich ist, daß überhaupt eine irrationale Zahl eben diejenige ist, die so gedacht wird (aber eben deshalb nicht angebbar ist) daß sie den Ausdruck statt dessen sie gesetzt wird, ganz und genau ersetzt.

Es wird sich aber in der Folge ergeben, daß bey den numerischen Bestimmungen, wo die irrationale Zahl wirklich gesetzt werden sollte, in Ziffern dargestellt, (weil solches ihrer Natur nach nicht möglich ist) statt ihrer ihre nächste Grenze gesetzt wird, zu welcher man sich dann das (ebenfalls irrationale aber) sehr kleine Ergänzungsglied hinzudenkt, und während dem Operiren dieses Ergänzungsglied in so ferne berücksichtigt als man jedesmal beweißt, daß den Resultaten ebenfalls nur ein Ergänzungsglied fehlen könne, kleiner als irgend eine noch so kleine aber gegebene Zahl.

Zahlenlehre.

Achtes Kapitel.
Von den Decimal-Brüchen.

§. 196. Erklärung.

Das Zeichen

$$\ldots \varepsilon\delta\gamma\beta\alpha, bcd \ldots$$

welches aus neben einander geschriebenen, aber irgendwo durch ein Komma getrennten Ziffern besteht, nenne ich eine allgemeine numerische Zahl, oder schlechtweg numerische Zahl, oder auch einen Decimalbruch; die Ziffern zur linken des Komma nenne ich ganze Stellen, die zur rechten dagegen Decimalstellen, oder auch bloß Decimalen. Die Ziffern ε, δ, γ, β, α, b, c, d, etc. einzeln genommen aber beziehlich Ziffern der vierten, dritten, zweyten, ersten, nullten, minus ersten, minus zweyten, minus dritten etc. Ordnung.

Ich bezeichne aber durch dieses Zeichen (Decimalbruch) die Summe:

$$\ldots \varepsilon.10^4 + \delta.10^3 + \gamma.10^2 + \beta.10^1 + \alpha.10^0 + b.10^{-1} + c.10^{-2} + d.10^{-3} + \text{etc.}$$

oder die Summe (§. 127.):

$$\ldots \varepsilon . 10^4 + \delta . 10^3 + \gamma . 10^2 + \beta . 10^1 + \alpha + b . \frac{1}{10} + c . \frac{1}{10^2} + d . \frac{1}{10^3} + \ldots$$

Was ich früher (§. 143.) numerische Zahl nannte, werde in Zukunft immer numerische ganze Zahl genannt. Jede numerische Zahl dagegen, die keine ganze Zahl ist, mag eine numerische gebrochene Zahl genannt werden.

§. 197. Zusatz.

1) Sind die Decimalstellen alle Nullen, so ist der Decimalbruch einer ganzen Zahl gleich. — Ein Decimalbruch (allgemeine numerische Zahl) ist daher nicht nothwendig einem Bruche (einer gebrochenen Zahl) gleich (§. 165.).

2) Am weitesten zur linken, und am weitesten zur rechten des Komma, kann man Nullen anhängen oder weglassen, so viel man deren will, und der neu entstehende Decimalbruch ist dem gegebenen immer gleich, (§. 87. n. 2. und §. 74. n. 2.)

z. B. $0043{,}7000 = 43{,}7$.

3) Bezeichnet n jede beliebige ganze Zahl und rückt man das Komma um n Stellen zur rechten, so ist der dadurch entstehende neue Decimalbruch dem Produkte gleich, aus dem gegebenen Decimalbruch und 10^n oder $1000\ldots$ (n Nullen); (§. 31. u. §. 46.)

z. B. $(43{,}790065) \times 1000 = 43790{,}065$.

4) Rückt man aber in einem Decimalbruch das Komma um n Stellen zur Linken, so ist der neu entstehende Decimalbruch gleich einem Quotienten aus

dem gegebenen als Dividenden und 10^n als Divisor, (§. 41. n. 1. und §. 46. XXXX.)

z. B. $60975,4007 = \frac{60975400,7}{1000}$

Anmerkung. Bey diesem Rücken des Komma, müssen die Stellen, wenn sie nicht vorhanden sind, nach (n. 2.) durch Nullen ersetzt werden,

z. B. $(43,7) \times 100 = 43700,00 \ldots$
$= 43700$
oder $(43,7) : 1000 = 0,0437$.

§. 198. Lehrsatz.

Jeder Decimalbruch, welcher n Decimalstellen hat, ist einem Quotienten gleich, dessen Dividend die ganze Zahl ist, welche durch das Weglassen des Komma entsteht, dessen Divisor aber 10^n oder 1000... (n Nullen),

z. B. es ist $43,7006 = \frac{437006}{10000}$.

Beweis ergiebt sich, wenn man auf beyden Seiten mit 10^n oder 10000 .... multiplizirt, aus (§. 196. §. 31. und §. 46.).

§. 199. Zusatz.

1) Ein Decimalbruch ist daher allemal entweder einer ganzen oder einer gebrochenen Zahl gleich.

2) Sind alle Stellen zur Linken des Komma Nullen (in welchem Falle man wenigstens eine muß stehen lassen, an welche das Komma sich anschließt), so ist der Decimalbruch einem ächten Bruche gleich. — So ist z. B.

$$0,04796 = \frac{4796}{100000}.$$

3) Sind

3) Sind dagegen weder alle Stellen zur Linken, noch alle zur Rechten Nullen, so ist der Decimalbruch einem unächten Bruche gleich. — So z. B.

$$40{,}709 = \frac{40709}{1000}.$$

4) Jeder unächte Decimalbruch von n Decimalstellen ist einer gemischten Zahl gleich (§. 169.), deren ganzes Glied die zur Linken des Komma stehende numerische ganze Zahl, deren gebrochenes Glied aber entsteht, wenn man die Decimalstellen, als numerische ganze Zahl betrachtet, zum Zähler, 10^n dagegen zum Nenner nimmt. So z. B. hat man:

$$40{,}709 = 40 + \frac{709}{1000} = 40\,\frac{709}{1000}\;^{*)}$$

5) Die Zahl 1 ist immer größer als jeder ächte Decimalbruch.

6) Jede 1 irgend einer ganzen oder Decimal-Stelle eines gegebenen Decimalbruchs, ist größer als die Summe aller folgenden Stellen, ihre Anzahl mag noch so groß seyn. (§. 178. n. 3.).

7) Vermehrt man daher irgend eine ganze oder Decimal-Stelle um 1, und schreibt dabey statt aller zur Rechten folgenden Stellen, Nullen, so ist der neu entstehende Decimalbruch immer größer als der gegebene.

§. 200. Erklärung.

Unter Decimalbrüche numerisch addiren, subtrahiren, multipliciren oder dividiren,

*) Man pflegt gewöhnlich den Decimalbruch so auszusprechen, wie man diese ihm gleiche gemischte Zahl ausspricht.

verstehe ich: man soll wieder Decimalbrüche finden, welche der Summe der Differenz, dem Produkt und dem Quotienten der beyden gegebenen Decimalbrüche gleich sind.

Die erhaltenen Resultate nenne ich dann die numerische Summe, die numerische Differenz, das numerische Produkt und den numerischen Quotienten der beyden gegebenen Decimalbrüche. (Vergl. §. 9. 18. 27. und §. 34. so wie §. 147.).

Auf eine ähnliche Weise muß es verstanden werden, wenn von einer numerischen Potenz und numerischen Wurzel aus einem Decimalbruch und einer ganzen Zahl die Rede ist.

§. 201. Aufgabe.

Zwey oder mehr gegebene Decimalbrüche numerisch zu addiren.

Auflösung.

1) Man schreibe die gegebenen Decimalbrüche dergestalt unter einander, daß Komma unter Komma und links und rechts die Stellen in ihrer Ordnung unter einander zu stehen kommen.

2) Man hänge, im Falle die Decimalbrüche eine verschiedene Anzahl von Decimalstellen haben, an einen jeden so viele Nullen an, bis sie alle gleich viel Decimalstellen haben.

3) Man denke sich das Komma weg und

4) addire die dadurch entstehenden ganzen Zahlen numerisch (§. 147.), und

5) setze in der numerischen Summe dieser ganzen Zahlen, das Komma so, daß so viele Decimalstel-

len abgeschnitten werden," als jeder der Summanden hat; und dieser Decimalbruch ist dann der gesuchte.

Beweis folgt aus (§. 40. XX. und §. 198.).

§. 202. Aufgabe.

Zwey gegebene Decimalbrüche von einander numerisch zu subtrahiren.

Auflösung.

Man verfahre wie in (§. 201. Aufl. n. 1. 2. 3.), aber

4) subtrahire die entstehenden ganzen Zahlen numerisch, und

5) gebe dem Resultat so viele Decimalstellen als der Minuend oder der Subtrahend deren hat, so ist der entstehende Decimalbruch der gesuchte.

Beweis folgt aus (§. 40. XXI.) und (§. 198.).

§. 203. Aufgabe.

Zwey gegebene Decimalbrüche mit einander numerisch zu multipliziren.

Auflösung.

1) Man schreibe die Decimalbrüche unter einander.
2) Man denke sich die Komma weg.
3) Man multiplizire die entstehenden ganzen Zahlen mit einander numerisch.
4) Dem Resultat gebe man so viele Decimalstellen als die beyden Faktoren deren zusammengenommen haben, so hat man den verlangten Decimalbruch.

Beweis folgt aus (§. 198. und §. 40. XXXIII.).

§. 204. Aufgabe.

Zwey gegebene Decimalbrüche durch einander numerisch zu dividiren.

Auflösung.

1) Man denke sich die Komma weg.

2) Man dividire die dadurch entstehenden ganzen Zahlen numerisch, und ist dieses geschehen,

3) so gebe man dem Resultat m — n Decimalstellen (wo m die Anzahl der Decimalen des Dividenden, n aber die des Divisors ist); und man hat das Verlangte.

Beweis folgt aus (§. 198. u. §. 40. XXXIV.)

§. 205. Zusatz.

Diese Auflösung setzt voraus:

1) daß der Dividend mehr Decimalstellen habe als der Divisor, weshalb man diese Bedingung durch Anhängen von Nullen (§. 197. n. 2.) vor allen Dingen erfüllen muß;

2) daß der Quotient (§. 204. Aufl. n. 2.) wirklich numerisch bestimmt werden könne, was nur dann möglich ist, wenn unter den einfachen Faktoren des Dividenden, diejenigen des Divisors enthalten sind; weshalb man zuweilen durch bloßes Anhängen von Nullen (§. 197.) an den Dividenden, diese Bestimmung des numerischen Quotienten möglich machen kann. (§. 168. n. 5. u. 6.)

Sind aber die beyden (§. 204. Aufl. n. 2.) entstehenden ganzen Zahlen a und b von der Art, daß weder $\frac{a}{b}$ selber, noch $\frac{a \cdot 10^n}{b}$ einer ganzen Zahl gleich wird, wie groß man auch immer n nehmen mag (§. 168. n. 4.), so giebt es keinen Decimalbruch, der dem Quotienten der beyden gegebenen Decimalbrüche gleich wäre, und die Aufgabe (§. 204.) ist daher in diesem Falle nicht möglich.

§. 206. Erklärung.

Zwey Decimalbrüche, deren Differenz $= \frac{1}{10^n}$ (oder $= 10^{-n}$), wo n jede beliebige ganze Zahl bedeutet, und von welchen der eine kleiner, der andere aber größer ist, als ein Quotient zweyer gegebenen Decimalbrüche, nenne ich die numerischen Näherungs-Quotienten der beyden gegebenen Decimalbrüche, und zwar den einen den kleinern, den andern dagegen den größern; und man sagt, sie nähern sich desto mehr dem gegebenen Quotienten, je kleiner ihre Differenz, je größer also n ist.

§. 207. Zusatz.

Kann der Quotient zweyer Decimalbrüche nicht numerisch bestimmt werden (§. 205.), so läßt sich doch jedesmal ein Paar Näherungsquotienten finden, für jedes gegebene n, und zwar auf folgende Art:

1) Man hänge an den Dividenden (oder auch an den Divisor, obgleich dies für die Praxis seltener vorkommen wird) so viele Nullen, daß der Dividend n Decimalstellen mehr hat, als der Divisor.

2) Man denke sich die Komma weg, und bestimme den nächstkleinsten numerischen Quotienten der ganzen Zahlen, so wie auch den nächstgrößten.

3) Beyden gebe man ein Komma, welches n Deci-

malen abschneidet, so hat man einen kleinern und einen größern Näherungswerth für dieses gegebene n.

§. 208. Zusatz.

Von diesen Näherungsquotienten erhellet noch:

1) Es giebt unendlich viele Paare derselben, indem alle Zahlen der Zahlenreihe, statt n gesetzt werden können.

2) Stellt man die Paare von numerischen Näherungsquotienten, die man für jedes größere n erhält, in ihrer Folge hintereinander, so ist jeder folgende kleinere Näherungsquotient immer größer als jeder vorhergehende, dagegen immer noch kleiner als der gegebene Quotient. Jeder folgende größere Näherungsquotient aber ist kleiner als der vorhergehende, obgleich doch noch immer größer als der gegebene Quotient. —

Sey z. B. der gegebene Quotient $\frac{4{,}07}{2{,}3}$, so ist die Reihe der kleinern Näherungsquotienten

1,7; 1,76; 1,769; 1,7695; 1,76956; u. s. f.

dagegen die Reihe der größern:

1,8; 1,77; 1,770; 1,7696; 1,76957; etc.

Dabey sind die Differenzen zwischen je zwey zusammen gehörigen größern und kleinern Näherungsquotienten, der Reihe nach:

$$\frac{1}{10};\ \frac{1}{100};\ \frac{1}{1000},\ \frac{1}{10000};\ \frac{1}{100000};\ \text{etc.}$$

3) Der Unterschied zwischen dem gegebenen Quotienten und einem seiner kleinern Näherungsquotien-

ten von n Decimalen, ist immer kleiner als $\frac{1}{10^n}$. — Diese Differenz wird jedesmal gefunden, wenn man in (§. 207. n. 2.) bey der Bestimmung des nächstkleinsten Quotienten, den letzten Rest durch den Divisor (beydes sind ganze Zahlen) dividirt, und diesen Quotienten nochmals durch 10^n dividirt (§. 40. XXVI.). — So findet man z. B. obigen Quotienten (n. 2.):

$$\frac{4{,}07}{2{,}3} = 1{,}7 + \frac{16:23}{10} = 1{,}76 + \frac{22:23}{100} = 1{,}769 + \frac{13:23}{1000}$$

$$= 1{,}7695 + \frac{16:23}{10000} = 1{,}76956 + \frac{12:23}{100000} = \text{etc.}$$

oder

$$\frac{4{,}07}{2{,}3} = 1{,}7 + \frac{16}{230} = 1{,}76 + \frac{22}{2300} = 1{,}769 + \frac{13}{23000}$$

$$= 1{,}7695 + \frac{15}{230000} = 1{,}76956 + \frac{12}{2300000}$$

4) Dieses Ergänzungsglied ist immer kleiner als eine 1 der niedrigsten Ordnung des Näherungsquotienten.

5) Je mehr daher der Näherungsquotient Decimalstellen hat, desto mehr nähert sich solcher dem gegebenen Quotienten, und es kann der Unterschied zwischen beyden kleiner werden als jede noch so kleine aber gegebene gebrochene Zahl.

§. 209. Aufgabe.

Aus einem gegebenen Decimalbruch die numerische zweyte Wurzel zu ziehen, oder doch eine Näherungswurzel zu finden.

Auflösung.

I. Fall, wenn die Anzahl der Decimalstellen nach Weglassung aller Nullen zur rechten eine gerade Zahl ist.

1) Man denke sich das Komma weg,

2) suche die numerische zweyte Wurzel aus der dadurch entstehenden ganzen Zahl, oder ihre nächstkleinste.

3) Man setze ein Komma in dieser, welches halb so viele Decimalen abschneidet, als der Radikand deren hatte, und dieser Decimalbruch ist im ersten Fall die gesuchte numerische Wurzel, im andern aber ein kleinerer Näherungswerth derselben (§. 188. und 189.).

II. Fall, wenn die Anzahl der Decimalstellen, nach Weglassung aller Nullen zur rechten, eine ungerade Zahl ist.

In diesem Fall ist eine numerische Wurzel zu finden, allemal unmöglich. — Die Näherungswerthe dieser Wurzeln in beyden Fällen werden aber auf folgende Art gefunden:

1) Man hänge an den gegebenen Decimalbruch (den Radikanden) so viele Stellen zur rechten an, daß solcher 2n Decimalstellen bekommt, wo n eine beliebige ganze Zahl bedeutet.

2) Man denke sich das Komma weg, und suche aus der entstehenden ganzen Zahl die nächstkleinste numerische Wurzel.

3) Dieser gebe man durch das Komma n Decimalstellen, so hat man die verlangte kleinere Näherungswurzel.

4) Vermehrt man die letzte Decimalstelle um 1, so hat man die größere Näherungswurzel. — Die Differenz zwischen beyden ist $= \frac{1}{10^n}$.

Beweis. Der Grund hiervon ist in (§. §. 186., 188. und 189.) zu suchen.

§. 210. Zusatz.

Da n beliebig angenommen werden kann, so bekommt man auf diese Weise eine unendliche Menge von Näherungswurzeln, die sich desto mehr nähern, je größer n ist, also je mehr sie selbst Decimalstellen haben.

§. 211. Aufgabe.

Aus einem gegebenen Decimalbruch die dritte numerische Wurzel zu ziehen, oder doch eine Näherungswurzel zu finden.

Auflösung.

Hat man zur rechten des Radikanden alle Nullen weggelassen, so ist die Anzahl der übrig bleibenden Decimalstellen

I. entweder durch 3 theilbar, oder

II. es ist dieses nicht der Fall.

Im ersten Fall gilt alles (§. 209.) Gesagte auch hier, nur daß man in (n. 3.) statt halb so viele, hier ein Drittheil der Anzahl der Decimalen des Radikanden zu Decimalstellen der gesuchten Wurzel nimmt.

Im zweyten Falle giebt es jedesmal nur Näherungswerthe, und diese, sowohl für diesen Fall, als auch die im ersten sich ergebenden, werden dann gleichfalls nach (§. 209.) gefunden, nur daß der Radikand, statt dort (in n. 1.) 2n Decimalstellen zu bekommen, hier deren 3n bekommen muß.

Anmerkung 1. Für das praktische Quadrat- und Kubik-Wurzelausziehen aus einem Decimalbruch, kann man sich demnach die Regel abstrahiren:

1) Vom Komma ab rechts und links in Klassen eintheilen, und rechts die fehlenden Stellen durch Nullen ergänzen.

2) Aus der durch Weglassung des Komma entstehenden ganzen Zahl die numerische oder die nächstkleinste Wurzel zu ziehen, und

3) Dieser durch das Komma so viele Decimalstellen zu geben, als der Radikand Klassen von Decimalstellen hat.

Anmerkung. 2. Die irrationale Wurzel, welche immer zwischen einem Paare Näherungswurzeln liegend gedacht wird, d. h. welche man sich größer als die kleinere Näherungswurzel, aber kleiner als die größere denkt, ist demnach als ein Decimalbruch von unendlich vielen Decimalstellen anzusehen, der eben deshalb unangebbar ist, von dem aber eine beliebige Anzahl erster Decimalstellen jedesmal eine der kleinern Näherungswurzeln giebt, zu welcher dann noch ein unbestimmtes aber zwischen bestimmten Grenzen liegendes Ergänzungsglied als Summand hinzugedacht wird, um eine der Wurzel völlig gleiche Summe zu haben.

§. 212. Aufgabe.

Einen gegebenen Bruch in einen Decimalbruch zu verwandeln.

Auflösung.

Da diese Aufgabe von der (§. 204.) nicht verschieden, ist, so findet auch dieselbe Auflösung statt.

Die Aufgabe ist daher bald möglich, bald auch nicht. Im letzten Falle kann man aber doch immer eine unendliche Menge von Näherungsquotienten finden, welche von dem gegebenen Bruche so wenig verschieden seyn können als man nur immer will; d. h. um weniger als jede noch so kleine aber gegebene Zahl.

§. 213. Zusatz.

Wenn es also auch nicht jedesmal einen Decimalbruch giebt, der einer beliebig gegebenen gebrochenen Zahl gleich wäre, so giebt es doch immer unzählich viele Decimalbrüche, welche von dem gegebenen Bruche um weniger verschieden sind, als jede noch so kleine aber gegebene Zahl.

Zahlenlehre.

Neuntes Kapitel.
Von den positiven und den negativen Zahlen.

§. 214. Erklärung.

Die additive Zahl + b, deren Glied b eine beliebige ganze oder gebrochene Zahl ist, nenne ich eine positive Zahl. Eben so nenne ich die subtraktive Zahl — b, in dem besondern Fall, daß ihr Glied einer beliebigen ganzen oder gebrochenen Zahl gleich ist, eine negative Zahl. — Je nachdem das Glied b eine ganze oder eine gebrochene Zahl ist, entstehen daher positive ganze Zahlen, negative ganze Zahlen, positive gebrochene und negative gebrochene Zahlen.

Sind die Glieder rationale oder irrationale Zahlen, so heißen die positiven und negativen Zahlen, auch positiv oder negativ rationale und positiv oder negativ irrationale.

Die ganzen und gebrochenen Zahlen selbst, wollen wir dann, im Gegensatz dieser positiven und negativen Zahlen, absolute Zahlen nennen.

§. 215. Zusatz.

Aus dieser Erklärung folgt:

1) Jede positive Zahl + b ist der absoluten Zahl b gleich, so daß man statt jener immer diese setzen kann, und umgekehrt.

2) Jede positive Zahl ist eine additive, so wie jede negative Zahl zugleich auch eine subtraktive; aber nicht umgekehrt.

3) Was daher von den additiven und subtraktiven Zahlen gelehrt wurde, gilt auch von den positiven und negativen; aber nicht umgekehrt.

4) Die Summe zweyer positiven Zahlen ist einer positiven Zahl, die Summe zweyer negativen dagegen auch einer negativen Zahl gleich.

5) Die Summe einer positiven Zahl + a und einer negativen Zahl — b, ist einer positiven Zahl + (a — b) oder einer negativen — (b — a) gleich oder der Null, je nachdem a > b oder a < b oder a = b.

6) Die Differenz zweyer positiven Zahlen + a und + b d. h. (+ a) — (+ b), ist einer positiven Zahl + (a — b) oder einer negativen Zahl — (b — a) oder der Null gleich, je nachdem a > b oder a < b oder a = b.

7) Die Differenz zweyer negativen Zahlen (— a) — (— b) ist einer positiven Zahl + (b — a) oder

einer negativen $-(a-b)$ oder der Null gleich, je nachdem $b > a$ oder $b < a$ oder $b = a$.

8) Die Differenz $+a \div (-b)$, einer positiven und einer negativen Zahl, ist immer einer positiven $+(a+b)$ gleich.

9) Dagegen ist die Differenz $(-a)-(+b)$ einer negativen Zahl $-a$ und einer positiven $+b$, allemal einer negativen Zahl $-(a+b)$ gleich.

10) Das Produkt und der Quotient zweyer positiven Zahlen, oder zweyer negativen, ist immer einer positiven Zahl gleich.

11) Das Produkt und der Quotient einer positiven und einer negativen Zahl, ist immer einer negativen Zahl gleich.

12) Jede ganze Potenz einer positiven Zahl ist einer positiven Zahl gleich. — Eben so auch jede Differenz-Potenz (§. 125.).

13) Jede ganze Potenz einer negativen Zahl, ist einer positiven Zahl gleich, wenn der Exponent eine gerade Zahl; ist aber der Exponent eine ungerade Zahl, so ist die Potenz einer negativen Zahl gleich.

14) Eine positive Zahl ist nimmer einer negativen Zahl gleich.

Anmerkung. Eine subtraktive Zahl kann recht gut einer additiven gleich seyn und umgekehrt; z. B.

$$-(-a) = +a$$

aber nie kann eine positive einer negativen gleich seyn.

§. 216. Erklärung.

Sind a und b der Null oder positiven oder negativen Zahlen gleich, so sage ich: a **ist größer als** b, und bezeichne dies durch

$$a > b,$$

wenn es eine **absolute** Zahl q giebt, so daß

$$a = b + q \text{ ist.}$$

Man schreibt wohl auch dann

$$b < a$$

und spricht dies aus: b **ist kleiner als** a. (Vergl. §. 15 und §. 173.).

§. 217. Zusatz.

Sind a, b, c, positiven oder negativen Zahlen oder auch der Null gleich, so finden sogleich folgende Sätze statt:

1) Ist $a = b$ und $b > c$, so ist auch $a > c$.
2) Ist $a > b$ und $b = c$, so ist auch $a > c$.
3) Ist $a > b$ und $b > c$, so ist auch $a > c$.

§. 218. Zusatz.

Es folgt aber noch mit Nothwendigkeit:

1) Die Null ist größer als jede negative Zahl.
2) Jede positive, folglich auch jede absolute Zahl ist größer als jede negative Zahl.
3) Eine negative Zahl ist kleiner als eine andere, wenn das Glied der erstern größer ist, als das der andern. — So ist z. B.

$$-2 > -3 \text{ und } -\tfrac{1}{2} > -\tfrac{2}{3}$$

4) Die Summe zweyer negativen Zahlen ist kleiner als jeder der Summanden.
5) Die Differenz zweyer negativen Zahlen ist größer als ihr Minuend.

6) Das Produkt und der Quotient zweyer negativen Zahlen ist größer als Null und auch größer als jede negative Zahl.

7) Das Produkt und der Quotient einer positiven und einer negativen Zahl ist immer kleiner als Null und kleiner als jede positive Zahl.

§. 219. Lehrsätze.

Sind a, b und m positive und negative Zahlen oder auch der Null gleich, und ist dabey

$$a > b$$

so ist auch:

$$1)\ a + m > b + m$$

$$2)\ a - m > b - m$$

und $$3)\ m - a < m - b.$$

Beweise ergeben sich unmittelbar aus (§. 216.), indem man statt $a > b$, die Gleichung $a = b + q$ schreibt und diese zweckmäßig behandelt.

§. 220. Zusatz.

Auf dieselbe Weise findet man aber, daß unter denselben Voraussetzungen wie (§. 219.), wenn nur m nicht Null ist, auch noch ist

$$1)\ am \gtrless bm$$

$$2)\ a:m \gtrless b:m$$

wo die obern Zeichen gelten, wenn m eine positive Zahl ist, während die untern genommen werden müssen, sobald m eine negative Zahl vorstellt.

$$3)\ m:a \lessgtr m:b$$

je nachdem $\frac{m}{ab}$ einer positiven Zahl oder einer negativen gleich ist.

§. 221. Erklärung.

Wenn gegebene positive oder negative Zahlen mit einander numerisch verbunden werden sollen, durch Addition, Subtraktion, Multiplikation oder Division oder durch Potenzirung (in welchem Falle der Exponent einer Differenz ganzer Zahlen gleich seyn muß) so verstehe ich darunter: man soll wiederum positive oder negative Zahlen finden, welche der Summe, der Differenz, dem Produkt, dem Quotienten oder der Potenz der beyden gegebenen Zahlen gleich sind.

Ueberhaupt wenn verlangt wird, daß ein aus positiven oder negativen Zahlen beliebig zusammengesetzter Ausdruck numerisch bestimmt werden soll, so verstehe man darunter, daß wiederum eine positive oder negative Zahl gefunden werden soll, welche dem gegebenen Ausdruck gleich ist. — Ist der gegebene Ausdruck der Null gleich, so mag die Auffindung dieses Resultats gleichfalls unter der numerischen Bestimmung des gegebenen Ausdrucks mit begriffen seyn.

Anmerkung. Man wird, wenn man dies mit (§. 200.) (§. 171.) und (§. 147.) vergleicht, deshalb keine Zweydeutigkeit und daraus hervorgehende Verworrenheit zu befürchten haben, weil immer die Gattung der gegebenen Zahlen auch die der gesuchten bestimmt. In den Fällen dagegen, wo irgend eine Unbestimmtheit herrschen könnte, muß solche immer sogleich durch eine bestimmtere Angabe des Verlangten gehoben werden.

§. 222. Zusatz.

1) Jeder aus beliebigen positiven (absoluten) oder negativen Zahlen oder auch der Null durch die 4 ersten Operationen (Addition, Subtraktion, Multiplikation und Division) zusammengesetzte (daher

auch noch Differenz-Potenzen enthaltende) Ausdruck, wenn nur keiner der Divisoren Null ist, läßt sich mit Anwendung der frühern allgemeinen Formeln (des ersten Kapitels und besonders der §. §. 77. 87. 92 und 127.) jedesmal sehr leicht numerisch bestimmen.

2) Bedenkt man, daß es nur Zahlen der Zahlenreihe giebt, und daß alle unter dem Namen der subtraktiven und additiven, der ganzen und der gebrochenen, der positiven und der negativen Zahlen eingeführten Begriffe, nicht Zahlen sondern bloß Zeichen sind, zwischen denen allgemeine Gleichungen statt finden, welche in subtraktive und in wirkliche Gleichungen übergehen können und dann auch müssen; bedenkt man ferner daß diese Zeichen ihr Entstehen den Zahlen der Zahlenreihe verdanken, in so ferne nur solche gegeben seyn können, in so ferne man sich also gleich Anfangs nur mit solchen beschäftigt, daß aber in so ferne sie noch unbestimmt und durch allgemeine Zeichen (Buchstaben) ausdrückt sind, die Bezeichnung der Differenz $a - b$ zunächst zu den subtraktiven ganzen Zahlen (d. h. zu den negativen ganzen Zahlen) führt, während nachher der Quotient $\frac{a}{b}$ zu den gebrochenen und zu den negativ gebrochenen Zahlen unmittelbar leitet; bedenkt man demnach, daß selbst die positiven und die negativen Zahlen den allgemeinen Operationen mit wirklichen Zahlzeichen ihr

Entstehen verdanken und auf keine andere Art entstehen können, so erhellet, daß indem man von wirklichen Zahlzeichen (Zahlen der Zahlenreihe) ausgeht, nichts desto weniger jeder aus beliebig vielen solchen wirklichen Zahlen, durch die 4 ersten Operationen beliebig zusammengesetzte Ausdruck, auch wenn er noch beliebige Differenz-Potenzen enthält, doch nothwendig jedesmal einer positiven oder negativen Zahl oder der Null gleich seyn muß, so lange nur keiner der vorkommenden Divisoren der Null gleich ist.

Dasselbe bleibt noch wahr, wenn auch der gegebene Ausdruck absolute Wurzeln (§. 183.) enthält, weil statt dieser sogleich die absoluten (d. h. die ganzen oder gebrochenen) Zahlen gesetzt werden können, welche durch diese Wurzeln bezeichnet werden.

Anmerkung. In Bezug auf (n. 1.) ist zu bemerken, daß, da eine gegebene positive oder negative Zahl zugleich eine Irrationalzahl seyn kann, in diesem Falle das wirkliche Darlegen der Resultate in so ferne nicht möglich wird, als diese selbst wieder irrationale Zahlen seyn, und durch eine endliche Zahl von Ziffern nicht dargestellt werden können — In der Idee bleibt aber die numerische Bestimmung immer noch möglich; und in der Praxis müssen Näherungswerthe die Stelle des wahren vertreten, wie weiter unten gezeigt werden soll.

Bemerkung.

Sind a und b zwey absolute Zahlen, so sind —a und —b zwey negative. — Gesetzt es sey —a durch x und —b durch y bezeichnet. Wären nun die negativen Zahlen x und y in Untersuchung, käme es aber bey der Untersuchung weniger auf die Eigenschaft des Negativseyns, als mehr auf die Eigenschaften der Zahlen a und b an, welche die (absoluten) Glieder der negativen Zahlen x und y sind, so ist es zweckmäßig, dies kurz ausdrücken zu können; daher noch folgende

§. 223. Erklärung.

Wenn in der Folge von einem absolut genommenen Ausdruck die Rede seyn wird, so verstehe man darunter 1) daß der gegebene Ausdruck einer positiven oder negativen Zahl oder auch der Null gleich ist, und 2) daß nicht diese positive oder negative Zahl genommen werden soll, sondern die absolute Zahl (oder die Null im Falle der Ausdruck $=0$), welche das Glied der dem Ausdruck gleichen positiven oder negativen Zahl bildet.

In dem besondern Fall, daß eine algebraische Summe gegeben, deren Glieder alle positive (absolute) oder negative Zahlen sind, wäre also unter der absolut genommenen algebraischen Summe die absolute Zahl zu verstehen, welche das Glied bildet, derjenigen positiven oder negativen Zahl, die der gegebenen algebraischen Summe gleich ist. — Dagegen muß man unter „der Summe aller absolut genommenen „Glieder dieser algebraischen Summe" die (absolute) Zahl verstehen, welche durch Addition aller der absoluten Glieder der positiven oder negativen Zahlen, welche die Glieder der gegebenen algebraischen Summe ausmachen, entstehen.

Diese Summe der absolut genommenen Glieder einer gegebenen algebraischen Summe kann man auch die **arithmetische** Summe der Glieder nennen; so wie man überhaupt unter einem **arithmetischen** Ausdruck aus positiven (absoluten) und negativen Zahlen, die absolute Zahl zu verstehen hat, welche dadurch entsteht, daß man in dem gegebenen Ausdruck nicht die positiven und negativen Zahlen nimmt, aus denen er zusammengesetzt ist, sondern nur die absoluten Zahlen, welche die Glieder dieser positiven und negativen Zahlen ausmachen.

Erläuterung. Der **arithmetische** Quotient der beyden Zahlen -6 und $+3$ ist $\frac{6}{3}$ oder 2. Das **arithmetische** Produkt derselben beyden Zahlen ist 6.3 oder 18; die **arithmetische** Summe derselben ist 9, so wie die **arithmetische** Differenz derselben die absolute Zahl 3 ist.

Die **arithmetische** Summe der letzten vier Glieder der gegebenen algebraischen Summe

$$-2+5-3-(-4)+(-5)-8$$

ist $3+4+5+8$ oder 20; während die aus denselben 4 Gliedern gebildete **algebraische** Summe $-3-(-4)+(-5)-8$ und deshalb

$$=-3+4-5-8 \text{ oder } =-12 \text{ ist.}$$

Die gegebene algebraische Summe selbst, nehmlich $-2+5-3-(-4)+(-5)-8$ ist $=-9$; dagegen ist diese **absolut genommene** algebraische Summe die **absolute** Zahl 9 selbst.

Der **arithmetische** Ausdruck und der **absolut genommene** treffen zuweilen zusammen, sind aber oft von einander verschieden. Hat man z. B. die Summe $(-6)+2$, so ist solche $=-4$ und daher diese absolut genommene Summe = 4; dieselbe arithmetische Summe ist dagegen = 8, folglich von der absolut genommenen verschieden. Hätte man aber das Produkt

$(-6) . 2$ gehabt, so wäre solches $= -12$, daher das absolut genommene Produkt $= 12$, und von demselben arithmetischen Produkt nicht verschieden.

Wir glaubten hier recht ausführlich seyn zu müssen, um diese Begriffe strenge und genau absondern zu lassen, und dadurch jede Dunkelheit zu vermeiden, die später durch Vermengung dieser Begriffe zu befürchten seyn dürfte.

§. 224. Zusatz.

1) Jede algebraische Summe, deren Glieder alle positive (absolute), oder negative Zahlen sind, ist entweder gleich oder kleiner als die arithmetische Summe aller Glieder.

Sie ist ihr gleich, wenn alle addirten Glieder positiven Zahlen, und zugleich alle subtrahirten Glieder negativen Zahlen gleich sind. — In jedem andern Fall ist sie kleiner.

So ist z. B. die algebraische Summe

$$4 - 2 + (-3) - (-5) + 7 - 9 - 8$$

der negativen Zahl -6 gleich, und diese Zahl -6 ist nothwendig kleiner als die arithmetische Summe aller Glieder,

$$4 + 2 + 3 + 5 + 7 + 9 + 8 \text{ oder } 38.$$

Dagegen ist die algebraische Summe

$$4 - (-2) + 3 + 5 - (-6)$$

der arithmetischen Summe $4 + 2 + 3 + 5 + 6$ gerade gleich.

2) Auch jede absolut genommene algebraische Summe, wie die oben angenommene, ist gleich oder kleiner als die arithmetische Summe.

Sie ist ihr gleich, wenn alle addirten Glieder positive Zahlen und zugleich alle subtrahirten Glieder negative Zahlen, aber auch wenn erstere Glieder alle, negative Zahlen, und letztere alle, positive Zahlen sind.

So ist die in dem ersten Beyspiel (n. 1.) gegebene algebraische Summe absolut genommen der Zahl 6 gleich, also kleiner als die arithmetische Summe 38. — Dagegen ist die algebraische Summe

$$+ (-4) + (-3) - 2 - (+5) + (-7)$$

absolut genommen, der arithmetischen Summe $4 + 3 + 2 + 5 + 7$ gleich.

3) Sind die Glieder einer gegebenen algebraischen Summe alle absoluten Zahlen gleich, so ist sie selbst der arithmethischen Summe gleich, wenn alle Glieder addirte sind, während sie nothwendig kleiner seyn muß als die arithmetische Summe der Glieder, wenn unter den Gliedern auch nur ein einziges subtrahirtes vorkommen sollte.

Es ist also

$$4 + 3 - 2 - 5 + 7 + 8 < 4 + 3 + 2 + 5 + 7 + 8.$$

4) Ist das absolut genommene Glied a größer als die arithmetische Summe aller übrigen Glieder einer gegebenen algebraischen Summe, so ist diese algebraische Summe selbst einer positiven oder einer negativen Zahl gleich, je nachdem das Glied a einer positiven oder einer negativen Zahl gleich ist. — Denn es ist

$$a - b - c + d - g = a + (-b - c + d - g)$$

Ist nun a absolut genommen $= \alpha$, so ist entweder $a = + \alpha$ oder $a = - \alpha$; eben so ist

$-b - c + d - g = + \gamma$ oder $-b - c + d - g = - \gamma$

wenn $-b - c + d - g$ absolut genommen $= \gamma$ ist, folglich die algebraische Summe $a - b - c + d - g$ entweder $= \alpha + \gamma$ oder $= \alpha - \gamma$

oder $= - \alpha + \gamma$ oder $= - \alpha - \gamma$.

Bezeichnet nun β die arithmetische Summe aller übrigen Glieder b, c, d, g, so ist nach (n. 2.)

$\beta \overline{\overline{>}} \gamma$, aber vermöge der Bedingung

$\alpha > \beta$, folglich auch

$\alpha > \gamma$,

mithin $\alpha + \gamma$ und $\alpha - \gamma$ positiv, dagegen

$- \alpha + \gamma$ und $- \alpha - \gamma$ nothwendig negativ.

5) Ist das erste Glied a absolut genommen größer als die absolut genommene algebraische Summe der übrigen Glieder γ (also $\alpha > \gamma$), so ist die algebraische Summe

$$a - b - c + d - g$$

noch immer einer positiven Zahl gleich, wenn a positiv, oder einer negativen Zahl, wenn a negativ ist.

Anmerkung. Die Beweise der erstern dieser Nummern, so wie die von ähnlichen vorhergehenden Sätzen, sind deshalb nicht einmal angedeutet, weil sie zu unmittelbar aus den vorhergehenden Lehren hervorgehen, als daß sie nicht von jedem, der den Geist des vorhergegangenen gehörig aufgefaßt hat, augenblicklich in demselben Geiste geführt werden könnten.

§. 225. Erklärung.

Jede positive oder negative Zahl oder auch die Null, welche einem gegebenen Ausdruck zwar nicht gleich aber doch von ihm um weniger verschieden ist, als irgend eine noch so kleine, aber gegebene absolute Zahl, nenne ich einen Näherungswerth dieses Ausdrucks. Diejenige positive oder negative rationale oder irrationale Zahl, welche zu dem Näherungswerth addirt, eine dem gegebenen Ausdruck gleiche Summe hervorbringt, heiße dann das Ergänzungsglied.

Die positive oder negative, rationale oder irrationale Zahl (oder auch die Null) welche dem gegebenen Ausdruck gleich ist, nenne man den wahren Werth des Ausdrucks, oder auch den genauen Werth desselben; und man sagt, der Näherungswerth nähere sich dem wahren um so mehr, oder der Grad der Annäherung wäre um so größer, je kleiner das absolut genommene Ergänzungsglied ist.

§. 226. Lehrsatz.

Hat man einen Ausdruck der aus a, b, c, etc. beliebig zusammengesetzt ist, während die Buchstaben a, b, c, etc. beliebig Null oder positive oder negative Zahlen bedeuten, und setzt man in diesem Ausdruck, statt a, b, c, etc. nicht ihre wahren, sondern ihre Näherungswerthe, so erhält man dadurch, im Falle der gegebene Ausdruck einen wahren Werth hat (§. 226.), entweder diesen oder doch jedesmal einen Näherungswerth desselben, der von dem wahren um weniger verschieden ist, als jede absolute noch so kleine aber gegebene Zahl d, wenn man nur die Näherungswerthe, die für a, b, c, etc. gesetzt werden, so nahe nehmen kann als man nur immer will.

Beweis.

Seyen die Ergänzungsglieder von a, b, c, etc. beziehlich x, y, z, etc., so ist im schlimmsten Fall das Ergänzungsglied des gefundenen Näherungswerthes die arithmetische Summe von

$$px + qy + rz + \text{etc.}$$

während p, q, r, beliebige noch so große absolute Zahlen seyn mögen. Ist nun x absolut genommen größer als y, z, etc. absolut genommen, so ist das arithmetische Produkt $(p + q + r + \ldots) x$ größer als die arithmet. Summe $px + qy + rz + \ldots$ Da nun x klein genug genommen werden kann, so nehme man x so, daß solches, absolut genommen,

$$\overline{\overline{<}}\ \frac{d}{p + q + r + \text{etc.}}.$$

Dann ist aber auch nach (§. 220. n. 1.) das arithmetische Produkt $(p + q + r + \text{etc.})\, x \overline{\overline{<}}\, d$; folglich um so mehr das Ergänzungsglied

$$px + qy + rz + \text{etc.} \overline{\overline{<}}\, d.$$

§. 227. Zusatz.

Will man daher bey einem numerisch zu bestimmenden Ausdruck sich mit einem Näherungswerth begnügen, in so ferne der wahre Werth entweder eine irrationale Zahl ist, also gar nicht angegeben werden kann (durch eine endliche Menge von Ziffern) oder in so ferne die einzelnen positiven und negativen Zahlen, aus denen er zusammengesetzt ist, nicht gegeben sind, sondern nur Näherungswerthe von ihnen, so wird man einen solchen Näherungswerth zwar jedesmal erhalten, aber man muß auch jedesmal erst den Grad der Annäherung zu bestimmen suchen, um überzeugt zu seyn, daß sich dieser Näherungswerth dem wahren wirklich um so viel nähere, als man dieß, dem vorhabenden Zweck zu Folge, haben will.

Die Grenzen des Ergänzungsgliedes eines solchen Näherungswerthes in jedem vorgegebenen Falle aufzufinden, macht aber zuweilen sehr viel Mühe, und erfordert in den meisten Fällen eine große Gewandheit und sinnreiche Verbindung der bis jetzt gelehrten und noch vorzutragenden Sätze der Zahlenlehre.

Anmerkung. Es wäre daher zu wünschen, ein allgemeines Mittel zu haben, um durch dasselbe diese Grenzen jedesmal direkt, sicher und leicht angeben zu können.

Zahlenlehre.

Zehntes Kapitel.
Praktische Regeln.

In so ferne es nicht allein nöthig ist, die Lehrsätze der Zahlenlehre zu wissen, sondern sie auch anwenden zu können, mögen hier die gewöhnlichsten Anwendungen der bisher vorgetragenen Theorie der Zahlen Platz finden. Weil aber hier keine neuen Lehrsätze vorgetragen, sondern die schon vorgetragenen nur in Anwendung gebracht werden, dieses ganze Kapitel also eigentlich gar nicht zur Theorie gehört, sondern hier nur der Praxis wegen seinen Platz findet, so werde ich die Folge der Paragraphen hier unterbrechen, und diese praktischen Methoden und Regeln als Einschaltungen bloß mit fortlaufenden Nummern bezeichnen.

I.
Methoden, die numerische Bestimmung der Ausdrücke betreffend.

1.

Sollen gegebene ganze gebrochene oder gemischte Zahlen numerisch addirt, subtrahirt, multiplizirt, oder dividirt, und die Resultate dann (in so ferne sie wieder ganze gebrochene oder gemischte Zahlen sind) auf's neue durch ähnliche numerische Operationen mit einander verbunden werden, so ist es, wenn man bloß das numerische Endresultat haben will, in den meisten Fällen vortheilhafter, die numerischen Bestimmungen nicht so einzeln und in der Reihe, wie sie der gegebne Ausdruck verlangt, statt finden zu lassen, sondern den gegebenen Ausdruck erst in einen andern ihm gleichen zu verwandeln, in welchem letztern aber die Zahl der Operationen höchst möglich verringert ist, oder sie selbst doch in leichtere verwandelt sind; dann aber diesen neuen Ausdruck erst numerisch bestimmt.

2.

Als besonders wichtig und vortheilhaft hebe ich den Fall heraus, in welchem ein Quotient numerisch bestimmt werden soll, dessen Dividend und Divisor Produkte ganzer Zahlen sind; z. B. der Quotient

$$\frac{8 \,.\, 12 \,.\, 15 \,.\, 20}{10 \,.\, 18 \,.\, 24}$$

Ich bemerke:

α) Kommen in beyden Produkten gemeinschaftliche Faktoren vor, so lasse man diese oben und unten weg; z. B. statt

$$\frac{12.2.5.8.7.5}{20.5.7.15} \text{ bloß } \frac{12.2.8.5}{20.15};$$

nach (§. 41. n. 3.).

β) Kommen keine gemeinschaftlichen Faktoren mehr vor, so versuche man, einen Faktor des Zählers und einen Faktor des Nenners durch ein gemeinschaftliches

Gemäß zu dividiren (und zwar durch das größte) und so oft dies angeht; und setze die numerischen Quotienten statt der Faktoren selbst in die Produkte hin. — Statt obiger Quotienten z. B erhält man jetzt:

$$\frac{12.2.8.1}{20.3}, \text{ dann } \frac{3.2.8.1}{5.3}, \text{ dann nach } (\alpha)$$

$$\frac{2.8.1}{5} \text{ (§. 40. XXXVIII. u. XXII.)}$$

γ) Kann man aber weder (β) noch (α) mehr in Anwendung bringen, so fange man an, den Ausdruck selbst, so wie es die Bezeichnung verlangt, numerisch zu bestimmen. Und man erhält statt des obigen Quotienten, jetzt:

$$\frac{16}{6} \text{ oder } 3\tfrac{1}{5} \text{ (eigentlich } 3 + \tfrac{1}{5})$$

Anmerkung. 1. Wegen $a.1 = 1.a = a$ kann man die Faktoren, welche 1 sind, ohne weiters weglassen.

Anmerkung. 2. Auch findet das Gesagte noch statt, wenn der Dividend oder der Divisor an sich schon eine numerische ganze Zahl seyn sollte.

3.

Bey dem numerischen Multipliziren und Dividiren der Brüche kann vorstehende (n. 2.) besonders vortheilhaft in Anwendung gebracht werden, da die Produkte und die Quotienten zweyer Brüche nach (§. 40. XXXIII. und XXXV.) immer auf solche Quotienten führen.

4.

Bey dem Arbeiten mit Brüchen muß man besonders das Aufheben derselben nicht außer Acht lassen, welches darin besteht, daß man Zähler und Nenner mit einer und derselben Zahl dividirt, und zwar wo möglich durch das größte gemeinschaftliche Gemäß derselben, damit alle Brüche, so wie sie entstehen, sogleich in ihren kleinsten Zahlen ausgedrückt werden. (§. 40. XXXVIII. u. §. 168. n. 2.).

5.

Bey dem numerischen Addiren und Subtrahiren der Brüche kann man häufig und mit großem Vortheil die Sätze (§. 40. XX. XXI.) und ins besondere (§. 41. n. 1.) in Anwendung bringen. Nach diesen Sätzen müssen die gegebenen Brüche in andere, ihnen gleiche verwandelt werden, die alle einen gemeinschaftlichen Nenner haben; dann addirt oder subtrahirt man die Zähler und behält den gemeinschaftlichen Nenner (welcher der General-Nenner genannt wird) als Nenner des Resultats bey.

6.

Das Geschäft: Brüche in andere, ihnen gleiche zu verwandeln, die alle einen gemeinschaftlichen Nenner haben, wird gewöhnlich angedeutet, durch: „Brüche unter gleiche (einerley) Benennung zu bringen." — Es geschieht auf folgende Art:

α) Man nimmt ein gemeinschaftliches Vielfache aller Nenner zum General-Nenner.

β) Man dividirt den General-Nenner durch den Nenner eines jeden der gegebenen Brüche, und multiplizirt den numerischen Quotienten mit dem Zähler desselben Bruchs. — Diese numerischen Resultate sind beziehlich die neuen Zähler, unter welche dann der General-Nenner als Nenner geschrieben wird.

Sind z. B. gegeben die Brüche:

$$\frac{4}{15}, \frac{5}{6}, \frac{3}{4}, \frac{7}{8} \text{ und } \frac{3}{10}$$

so kann man zum General-Nenner annehmen das Produkt 15.6.4.8.10 oder 28800. — Die Zähler der Brüche sind dann beziehlich:

$$\frac{28800}{15}.4, \frac{28800}{6}.4, \frac{28800}{4}.3, \frac{28800}{8}.7, \frac{28800}{10}.3$$

oder:

7680, 24000, 21600, 25200, 8640

und die gesuchten Brüche selbst beziehlich:

$$\frac{7680}{28800}, \frac{24000}{28800}, \frac{21600}{28800}, \frac{25200}{28800}, \frac{8640}{28800}$$

(§. §. 40. XXXVII. 128. 130. n. 9.)

7.

Soll aber das Geschäft wirklich den gehörigen Vortheil bringen, so muß man das kleinste gemeinschaftliche Vielfache aller Nenner zum General-Nenner nehmen. Dieses ist hier 120; die Zähler der gesuchten Brüche sind dann beziehlich:

$$\frac{120}{15}.4, \frac{120}{6}.5, \frac{120}{4}.3, \frac{120}{8}.7, \frac{120}{10}.3$$

oder

32, 100, 90, 105, 36;

und die gesuchten Brüche selbst:

$$\frac{32}{120}, \frac{100}{120}, \frac{90}{120}, \frac{105}{120}, \frac{36}{120}.$$

8.

Es muß nun angegeben werden, wie man das kleinste gemeinschaftliche Vielfache gegebener Zahlen praktisch

praktisch bestimmt. — Es geschieht dies aber auf folgende Art:

α) Man schreibe die gegebenen Zahlen neben einander hin, gehörig abgesondert, und mache zur Linken einen Vertikalstrich.

β) Man suche die Primzahl, durch welche wenigstens zwey der Zahlen getheilt werden, schreibe sie zur Linken des Striches, und dividire damit jede der durch sie theilbaren Zahlen; die numerischen Quotienten schreibe man an die Stelle der Zahlen selbst.

γ) Dieses Verfahren wiederhole man für die noch übrigen gegebenen Zahlen, und diese nach (β) statt der andern gesetzten Maaße; und setze dieses so lange fort, als noch Primzahlen gefunden werden, durch welche wenigstens zwey der noch stehenden Zahlen theilbar sind.

δ) Findet man keine dergleichen Primzahl mehr auf, so ist das Produkt aller der zur linken des Vertikalstriches stehenden Primzahlen und der noch rechts unten stehenden Zahlen, das gesuchte kleinste gemeinschaftliche Vielfache der gegebenen Zahlen. (§. 138. n. 10.)

Sey z. B. das kleinste gemeinschaftliche Vielfache der Zahlen 84, 27, 42, 49, 36, 24 zu finden. — Man erhält das Schema

2	84,	27,	42,	49,	36,	24
2	42,	,	21,	,	18,	12
3	21,	,	,	,	9,	6
3	7,	9,	7,	,	3,	2
7	,	3,	,	,	1,	
	1,	,	1,	7,	,	

und das gesuchte kleinste gemeinschaftliche Vielfache ist 2.2.3.3.7.1.3.1.7.1.2 oder 2.2.3.3.7.3.7.2 oder 10584.

Anmerkung 1. Man kann die 1, die sich ergeben, ohne weiters weglassen.

Anmerkung 2. Multiplizirt man das kleinste gemeinschaftliche Vielfache mit einer beliebigen ganzen Zahl, so hat man ein größeres gemeinschaftliche Vielfache derselben Zahlen.

Anmerkung 3. Kommen unter den gegebenen Zahlen, oder unter den im Schema gleichzeitig entstehenden Zahlen, welche vor, die entweder dieselben sind, oder von denen die eine ein Vielfaches der andern ist, so kann man die gleichen Zahlen bis auf eine ohne weiters durchstreichen, im andern Falle aber bloß das Vielfache beybehalten und die andern durchstreichen. Immer erhält man doch dasselbe kleinste gemeinschaftliche Vielfache.

9.

Um denselben Zweck zu erreichen, könnte man auch jede der gegebenen Zahlen in ihre einfachen Faktoren zerlegen, und dann unmittelbar nach (§. 138. n. 10.) verfahren. — Für obiges Beyspiel erhielte man:

$84 = 2.2.3.7$, $27 = 3.3.3$, $42 = 2.3.7$

$49 = 7.7$, $36 = 2.2.3.3$, $24 = 2.2.2.3$

und aus diesen einfachen Faktoren das kleinste gemeinschaftliche Vielfache =

$$2.2.3.7 \times 3.3 \times 7 \times 2.$$

wie oben auch.

10.

Dies erfordert aber wieder, daß man die einfachen Faktoren gegebener Zahlen auch zu finden im Stande sey. — Solches kann inzwischen nur versuchweise geschehen und zwar auf folgende Art (wenn z. B. 84 die gegebene Zahl ist):

α) Man sucht die kleinste Primzahl, durch welche die gegebene Zahl theilbar ist (2), durch Versuche, setze sie hin, und dividire damit die gegebene Zahl numerisch (giebt 42.).

β) Diesen numerischen Quotienten (42) behandle man auf's neue, wie die gegebene Zahl selbst, und schreibe die Primzahl, die man hier erhält (2), zu der vorigen hin.

γ) Man fahre so fort, die jedesmaligen numerischen Quotienten auf's neue so zu behandeln, wie in (α) die gegebene Zahl selbst, bis man zuletzt den numerischen Quotienten 1 erhält.

δ) Die neben einander geschriebenen Primzahlen bilden dann die einfachen Faktoren der gegebenen Zahl.

11.

Um einen gegebenen Bruch in seinen kleinsten Zahlen auszudrücken muß man Zähler und Nenner desselben, durch ihr größtes gemeinschaftliches Gemäß dividiren. — Es wird aber das größte gemeinschaftliche Gemäß zweyer Zahlen z. B. 294 und 336 praktisch auf zwey Wegen gefunden. — Der erste davon ist folgender:

α) Man sucht die einfachen Faktoren der beyden gegebenen Zahlen, und erhält

$$294 = 2.3.7.7 \text{ und } 336 = 2.2.2.2.3.7$$

β) Das Produkt der, beyden gegebenen Zahlen gemeinschaftlichen Faktoren, ist dann das gesuchte größte gemeinschaftliche Gemäß der fraglichen Zahlen. — Man findet als solches 2.3.7 oder 42. (§. 138.).

12.

Der zweyte Weg dagegen ist nachstehender:

α) Man dividirt die größere durch die kleinere der gegebenen Zahlen numerisch. Geht dies an, so ist die kleinere das gesuchte größte gemeinschaftliche Gemäß.

β) Im andern Falle, (wenn beyde Zahlen nicht durch einander theilbar sind) bestimmt man den nächstkleinsten Quotienten und den Rest, und dividirt mit dem Rest in den Divisor numerisch. Ist dies möglich, so ist dieser Rest die gesuchte Zahl.

γ) Im andern Falle aber bestimme man wieder den nächstkleinsten Quotienten und den Rest, und dividire mit diesem Rest in den vorigen Rest numerisch.

δ) Dies Verfahren (*γ*) wiederhole man so lange, bis eine dieser numerischen Divisionen möglich ist (aufgeht), so daß kein Rest mehr bleibt.

ε) Der letzte Rest ist dann das gesuchte größte gemeinschaftliche Gemäß der beyden gegebenen Zahlen.

Man erhält folgendes Schema

294	336	1	
	294		
	42	294	7
		294	
		— —	

folglich ist 42 das gesuchte größte gemeinschaftliche Gemäß.

Das Verfahren ergiebt sich aus (§. 134. n. 4. u. n. 5.).

Anmerkung. 1. Will man das größte gemeinschaftliche Gemäß von mehreren gegebenen Zahlen finden, so verfahre man nach (§. 138. n. 12.)

Anmerkung. 2. Auch das kleinste gemeinschaftliche Vielfache zweyer Zahlen kann nun leicht nach (§. 138. n. 11.) gefunden werden; so wie dann auch nach (§. 138. n. 13.) das kleinste gemeinschaftliche Vielfache von beliebig viel gegebenen Zahlen.

13.

Soll ein Quotient, dessen Dividend und Divisor Produkte sind, numerisch bestimmt werden, und kommen unter den Faktoren auch gebrochene oder gemischte Zahlen vor (außer ganzen Zahlen) so multiplizire man den Dividenden und den Divisor mit dem kleinsten gemeinschaftlichen Vielfachen zweyer Nenner, von denen der eine im Dividenden, der andere aber im Divisor vorkommt; und setze dieses Verfahren mit jedem neuen dadurch entstehenden Quotienten so lange fort, bis durch jedesmalige Anwendung von (§. §. 30. XVI. 40. XXIV. 30. XIII.) ein Quotient entsteht, dessen Dividend und Divisor Produkte ganzer Zahlen sind der dann nach (n. 2.) behandelt werden muß. — So erhält man z. B. statt des Quotienten

$$\frac{(3\frac{3}{4}) \cdot \frac{5}{8} \cdot 14 \cdot (2\frac{2}{3})}{(2\frac{5}{8}) \cdot 10 \cdot \frac{2}{3}}$$

indem man zuerst Dividend und Divisor mit 8 multiplizirt:

$$\frac{30 \cdot \frac{5}{8} \cdot 14 \cdot (2\frac{2}{3})}{21 \cdot 10 \cdot \frac{2}{3}} \text{ dann } \frac{30 \cdot 5 \cdot 14 \cdot (2\frac{2}{3})}{21 \cdot 10 \cdot 4}$$

endlich $\frac{30 \cdot 5 \cdot 14 \cdot 12}{21 \cdot 10 \cdot 4 \cdot 5}$; und dieser nach (n. 2.) behandelt giebt die ganze Zahl 6 als Endresultat.

14.

Soll aus einem Bruche z. B. $\frac{5}{12}$ die absolute numerische Quadratwurzel gezogen werden, so hat man bedeutenden Vortheil, wenn man den gegebenen Bruch erst in einen andern, ihm gleichen verwandelt, dessen Nenner eine vollständige Quadratzahl ist. — Dies geschieht aber

α) dadurch daß man Zähler und Nenner mit dem Nenner (12) multiplizirt,

β) dadurch, daß man den Nenner in seine einfachen Faktoren zerlegt (giebt 2 . 2 . 3) dann noch so viel Faktoren hinzufügt, daß ein jeder paarweise vorkommt (hier darf bloß noch 3 hinzugefügt werden), endlich mit dem hinzugefügten Faktor, oder mit dem Produkt der hinzugefügten Faktoren Zähler und Nenner multiplizirt.

Im ersten Falle erhält man $\frac{60}{144}$ statt $\frac{5}{12}$; im andern dagegen $\frac{15}{36}$; nun hat man

$$\sqrt{\frac{5}{12}} = \sqrt{\frac{60}{144}} = \frac{\sqrt{60}}{\sqrt{144}} = \frac{\sqrt{60}}{12}; \text{ aber auch}$$

$$\sqrt{\frac{5}{12}} = \sqrt{\frac{15}{36}} = \frac{\sqrt{15}}{6} \quad (\text{§. 54. XXXXVIII. u. §. 185.})$$

15.

Wäre die numerische Kubik-Wurzel aus einem Bruche z. B. aus $\frac{5}{12}$ zu ziehen, so muß man, um eine ähnliche Erleichterung zu haben, den gegebenen Bruch in einen andern verwandeln, dessen Nenner eine genaue Kubikzahl ist. — Dies geschieht aber wieder entweder

α) dadurch, daß man Zähler und Nenner mit der zweyten Potenz des Nenners (12^2) multiplizirt, (giebt $\frac{720}{12^3}$), oder β) dadurch, daß man zu den einfachen Faktoren des Nenners so viele noch hinzufügt, daß ein jeder dreifach vorkommt, und dann Zähler und Nenner mit dem Produkt dieser ergänzenden Faktoren (2.3.3 oder 18) multiplizirt, $\left(\text{giebt } \frac{90}{216}\right)$.

Der erste Weg giebt dann:

$$\sqrt[3]{\frac{5}{12}} = \sqrt[3]{\frac{720}{(12)^3}} = \frac{\sqrt[3]{720}}{12};$$

der andere aber:

$$\sqrt[3]{\frac{5}{12}} = \sqrt[3]{\frac{90}{216}} = \frac{\sqrt[3]{90}}{6}$$

16.

Es ist leicht zu sehen, wie dies Verfahren angewandt werden kann, wenn noch höhere Wurzeln aus einem Bruche gegeben sind, und numerisch bestimmt werden sollen.

Zuweilen kann es auch vortheilhaft seyn, den gegebenen Bruch erst in einem Decimalbruch zu verwandeln, und dann die verlangte Wurzel aus dem Decimalbruch numerisch zu ziehen.

Das Endresultat ist dann natürlich ebenfalls ein Decimalbruch.

Ein Bruch wird aber in einen Decimalbruch verwandelt, wenn man an den Zähler eine beliebige Anzahl Nullen anhängt, in die entstehende Zahl durch den Nenner numerisch dividirt, und dann dem Resultat wiederum eben so viele Decimalstellen giebt (durch das Setzen des Komma) als man Nullen an den Zähler angehängt hat. (§. 212.)

17.

Bey dem numerischen Multiplizirn und Dividiren gegebener Decimalbrüche findet auch noch eine Art diese Aufgabe zu lösen statt, welche die abgekürzte Multiplikation und die abgekürzte Division genannt wird. —

Es erhält nehmlich bekanntlich das numerische Produkt zweyer gegebenen Decimalbrüche 11 Decimalstellen, wenn der eine Faktor deren 6, der andere aber 5 derselben hat. Wünscht man daher vom Produkt ebenfalls nur die 5 oder 6 ersten Decimalstellen zu haben, so kann man die übrigen gleich während der Multiplikation weglassen. Das Verfahren besteht darin, daß man bey der numerischen Multiplikation der ganzen Zahlen, nach (§. 203. n. 1—3.) im Multiplikator mit der Ziffer am weitesten zur Linken anfängt zu multipliziren, mit jeder der zur rechten folgenden Ziffer fortfährt, und natürlich dann die einzelnen entstehenden numerischen Produkte unter einander so setzt, daß jedes folgende um eine Stelle weiter zur rechten gerückt wird, diese zur rechten hinausgerückten (oder vielmehr hinauszurückenden) Stellen aber sogleich wegläßt, wie folgendes Beispiel zeigt:

9,764327	9,764327
2,72953	2,72953
19528654	19528654
68350289	68350-9
19528654	195286
87878943	87879
48821635	4882
29292981	293
26,65202347631	26,652023

Links steht die vollständige, rechts die abgekürzte Multiplikation.

Vergleicht man beyde, so abstrahirt sich leicht noch folgendes:

α) Man erreicht seinen Zweck, wenn man bey jeder folgenden Ziffer des Multiplikators (von der linken zur rechten) eine Ziffer (von der rechten zur linken) des Multiplikanden wegläßt, und nur noch die zur linken stehenden Ziffern des Multiplikanden multiplizirt.

β) Man muß aber doch auch eine oder zwey der zunächst vorhergehenden und nach (α) wegzulassenden Ziffern des Multiplikanden in Gedanken multipliziren, um so ohngefähr zu wissen, wie viel von den frühern Produkten zu dem, welches erst hingeschrieben wird, noch hinübergezählt werden müsse.

γ) So viel Vorsicht man auch anwendet, so stimmt doch die letzte Decimalstelle nicht immer mit derjenigen derselben Ordnung des vollständigen Produkts überein.

δ) Um diesem einigermaaßen vorzubeugen hat man auch die Regel, die Ziffer, welche zu dem jedesmaligen zuerst hingeschriebenen Produkt, von dem vorhergehenden (aber weggelassenen Produkt) noch hinzugenommen werden muß, um 1 zu erhöhen, sobald die andere zur rechten stehende > 5 ist.

ε) Ist m die Anzahl der Decimalen des Multiplikanden, n aber die Anzahl derselben des Multiplikators und p die Zahl der im Schema des abgekürzten Produkts unter einander geschriebenen Reihen, so bekommt das abgekürzte Produkt

$m + n - (p - 1)$ oder $m + n + 1 - p$ Decimalen.

ζ) Es gehört viel Uebung dazu, um das abgekürzte Produkt mit dem wahren, so viel wie möglich übereinstimmend zu erhalten.

18.

Seltener anwendbar ist die **abgekürzte** Division der Decimalbrüche. Diese besteht aber darin, daß man bey der numerischen Division der ganzen Zahlen nach (§. 204. n. 1. u. n. 2.) statt jedesmal eine Ziffer des Dividenden (die auch angehängte Nullen seyn können) herabzusetzen, lieber eine Ziffer zur rechten des Divisors wegläßt, und dies so lange wiederholt, bis der Divisor nur noch drey, zwey und zuletzt nur noch **eine** Ziffer hat. Sey z. B. der Decimalbruch 4,0798437 durch diesen andern 1,29764 numerisch zu dividiren. Man erhält:

```
1,29764 | 4,0798437 . . . . . | 3,1440489
        | 3 89292 . . . . . . |
        ------------
            186923 . . . . . .
            129764 . . . . . .
            ------------
             571597 . . . . .
             519056 . . . . .
             ------------
              525410 . . . .
              519056 . . . .
              ------------
                635400 . .
                519056 . .
                ------------
                1163440 .
                1038112 .
                ------------
                 1253280
                 1167876
                 ------------
                   85404  u. s. w. f.
```

Die abgekürzte Division giebt:

```
1,29764 |4,0798437|3,1440489
        |3 89292..|
        ---------
          186923.
          129764.
          -------
           571597
           519056
           ------
    12976 |52541
          |51906
          ------
     1297 | 635
          -----
      129 | 635
            519
          -----
       12 |116
          |104
          -----
        1 | 12
          |  9
          ----
             3
```

Vergleicht man beyde Schema, so findet man leicht

α) Der Quotient muß bey der abgekürzten Division in der Regel größer werden. Man muß daher, um diesem Uebel vorzubeugen, die weggelassenen Stellen des Divisors auf eine ähnliche Art wie (n. 18. β.) in Rechnung bringen.

β) Der Quotient bekommt $(m+p-1)-n$ oder $(m+p)-(n+1)$ Decimalstellen, wenn m die Anzahl der benutzten Decimalen des Dividenden, n die Anzahl derer des Divisors, und p die Anzahl aller zur Division benutzten (ganzen oder Decimal-) Stellen des Divisors bezeichnet.

II.

Methoden, die Auffindung allgemein gleicher Ausdrücke betreffend.

Wenn bey allgemeinen, Buchstaben enthaltenden Ausdrücken, es einerley ist, in welcher Ordnung diese Buchstaben geschrieben werden, so schreibe man sie jedesmal, so viel wie möglich, in alphabetischer Ordnung.

19.

Bey Produkten aus Buchstaben allein, oder aus Ziffern-Ausdrücken und Buchstaben, schreibe man die Buchstaben in alphabetischer Ordnung, die Ziffern-Ausdrücke dagegen zur linken (vorne an). (§. 33.) — Man schreibe also statt a.7.b.c lieber 7abc.

Die in einem solchen Produkt voranstehenden Ziffern-Ausdrücke nennt man auch die Koefficienten, sobald sie ganzen oder gebrochenen Zahlen gleich sind.

20.

Dieselbe Regel beobachte man, wenn zwey Produkte, z. B. 7ac und 5bd mit einander multiplizirt werden sollen, und schreibe daher 7.5.abcd. — Gewöhnlich multiplizirt man gleich beyde Koefficienten numerisch, und erhält dann 35abcd. (§. 33.).

21.

Auch wenn dergleichen Produkte, z. B. 12acd und 4c durch einander dividirt werden sollen, pflegt man die Ziffern-Ausdrücke zuerst numerisch zu dividiren. Man schreibt also statt $\frac{12acd}{4c}$ zunächst $\frac{12}{4} \cdot \frac{acd}{c}$ und dann 3ad. (§. 40. XXXIII.)

22.

Bey jeder algebraischen Summe sehe man jedesmal genau zu, ob sie nicht gleiche Glieder hat, von denen das eine ein addirtes, das andere ein subtrahirtes ist; um sie gegenseitig weglassen zu können. (§. 103.)

23.

Sind Produkte, wie in (n. 19.) oder (n. 20.) zu einander zu addiren oder von einander zu subtrahiren, so sehe man darauf, ob die Buchstaben-Faktoren in beyden gemeinschaftlich sind; denn dann lassen sich die Summen und die Differenzen dieser Produkte nach (§§. 30. und 31.) in ein solches Produkt verwandeln. — So erhält man statt der Summe:

$$7ab + 9ab + 5ab$$

das Produkt $(7 + 9 + 5)\,ab$ oder $21 . ab$; eben so statt der Differenz $16acd - 9acd$ das Produkt $7acd$.

24.

Wegen $a = 1 . a = a . 1$ kann man sich jeden Ausdruck a als ein Produkt denken, dessen Koefficient 1 ist.

Auf diese Weise erhält man statt der Summe $9\frac{cp}{q} + 4\frac{cp}{q} + \frac{cp}{q}$ das Produkt $(9 + 4 + 1)\frac{cp}{q}$ oder $14\frac{cp}{q}$. Eben so statt der Differenz $ax - x$, das Produkt $(a - 1)\,x$.

25.

Bey jeder vorkommenden algebraischen Summe ist sorgfältig nachzusehen, ob sie nicht Glieder hat, wie die in (n. 23. u. n. 24.) erwähnten, weil solche sehr einfach in ein Glied vereinigt werden können, nach (§. 107. n. 2. und n. 3.). Z. B. statt der algebraischen Summe

$$17ab - \frac{7}{3}ac + 14a - \frac{3}{2}ac + 7b + 2ac - 7abc$$

kann man setzen, die ihr gleiche:

$$17ab + 14a + 7b - 7abc + (-\tfrac{7}{3} - \tfrac{3}{2} + 2)\,ac \text{ oder}$$

$$17ab + 14a + 7b - 7abc - \frac{11}{6}ac.$$

Vorzüglich anwendbar ist das hier gesagte da, wo algebraische Summen algebraisch addirt oder subtrahirt werden sollen. (§. 111.).

Die praktische Regel, die sich hier der frühern Theorie gemäß (§. 107.), bilden läßt, ist folgende: Wenn in einer algebraischen Summe mehrere Glieder Produkte sind mit solchen gemeinschaftlichen Faktoren, so schreibe man alle diese Glieder jedes mit seinem (+) oder (—) Zeichen neben einander hin; vereinige die dadurch entstehenden algebraischen Summen (nach §. 100. in ein Produkt (dessen Koefficient eine positive oder negative Zahl seyn kann) und schreibe solches Produkt zu den übrigen Gliedern der erst gegebenen algebraischen Summe irgendwo als ein addirtes Glied hin.

Ist der Koefficient dieses letztgedachten Produktes eine negative Zahl [das Produkt z. B. (— 7) abd] so kann man statt selbiges sogleich die subtraktive Zahl — 7 abd irgendwo mit ihrem Zeichen, zu den übrigen Gliedern hinzuschreiben.

26.

Bey jedem Quotienten zweyer Produkte hat man nachzusehen, ob diese Produkte nicht gemeinschaftliche

Faktoren haben, um Dividend und Divisor durch sie dividiren zu können, und sonach einen einfachern Quotienten zu erhalten. — Z. B. statt

$$\frac{24\,(ax - x^2)\,bd\,(ax + x^2)}{3b\,(a^2 - x^2)\,xy}$$

erhält man als ihm gleich, den Quotienten $\frac{8.d.x}{y}$. —

Es ist nehmlich

$$ax - x^2 = (a - x)\,x \text{ und } (ax + x^2) = (a + x)\,x,$$

so wie auch $a^2 - x^2 = (a + x)\,(a - x)$; folglich obiger Quotient

$$= \frac{24.\,(a-x)\,.\,x\,.\,b\,.\,d\,.\,(a+x)\,.\,x}{3.\,b\,.\,(a-x)\,.\,(a+x)\,.\,xy},$$

dahero auch $= \frac{8.\,d.\,x}{y}$ (§. 41. n. 3.).

27.

Um einen Ausdruck in Faktoren zu zerlegen, kann man sich zuweilen mit Vortheil nachstehender Formeln bedienen:

α) $a^2 - b^2 = (a + b)\,(a - b)$

β) $a^3 - b^3 = (a^2 + ab + b^2)\,(a - b)$

γ) $a^3 + b^3 = (a^2 - ab + b^2)\,(a + b)$

δ) $a^4 - b^4 = (a^3 + a^2b + ab^2 + b^3)\,(a - b)$

$= (a^3 - a^2b + ab^2 - b^3)\,(a + b)$

$= (a^2 + b^2)\,(a + b)\,(a - b)$

ε) $a^5 - b^5 = (a^4 + a^3b + a^2b^2 + ab^3 + b^4)\,(a - b)$

ζ) $a^5 + b^5 = (a^4 - a^3b + a^2b^2 - ab^3 + b^4)\,(a + b)$

und ähnliche mehr. — So erhält man z. B. statt

$$- a^4 - b^4 - c^4 + 2a^2b^2 + 2a^2c^2 + 2b^2c^2$$

erstlich

$$4a^2 b^2 - (a^2 + b^2 - c^2)^2 \text{; dann nach } (\alpha)$$

$$[2ab + (a^2 + b^2 - c^2)] . [2ab - (a^2 + b^2 - c^2)]$$

oder

$$[(a+b)^2 - c^2] . [c^2 - (a-b)^2]$$

folglich nach (α):

$$[(a+b)+c][(a+b)-c] . [c+(a-b)][c-(a-b)]$$

oder

$$(a+b+c)(a+b-c)(a-b+c)(-a+b+c).$$

Dieses Verwandeln gegebener algebraischen Summen in Produkte, ist auch bey der numerischen Bestimmung gegebener Ausdrücke oft von sehr großem Nutzen.

28.

Sind mehrere Quotienten mit einander zu multipliziren, so kann man, ehe man nach (§. 41. n. 4.) verfährt, erst von irgend einem der Dividenden und von irgend einem der Divisoren die, beyden gemeinschaftlichen Faktoren weglassen. — So z. B. erhält man statt

$$\frac{5ac}{bde} . \frac{7bfg}{3ad} \text{ zunächst } \frac{5c}{de} . \frac{7fg}{3d} \text{ dann } \frac{35cfg}{3dde}.$$

29.

Wegen $a = \frac{a}{1}$ kann derselbe Vortheil noch benutzt werden, wenn auch nicht alle Faktoren Quotienten sind; z. B. statt

$$4ab . \frac{3cde}{2aab} . \frac{1}{5cf} \text{ erhält man } \frac{6de}{5af}.$$

30.

Derselbe Vortheil findet statt, wenn zwey Quotienten durch einander dividirt werden sollen, nach (§. 40. XXXV.).

31.

Nicht minder auch wenn Brüche und ganze Zahlen mit einander numerisch zu multipliziren oder zu dividiren sind.

32.

Sind mehrere Ausdrücke mit einander zu multipliziren, die theils additive Zahlen, theils subtraktive sind, so multiplizire man unmittelbar ihre Glieder und setze dem Produkt ein (—) Zeichen vor, wenn die Anzahl der subtraktiven Fakoren ungerade ist; in jedem andern Falle aber ein (+) Zeichen. — Bey der Multiplikation der Glieder dieser additiven und subtraktiven Zahlen, können dann wiederum die in den vorhergehenden Nummern bemerkten Vortheile angewandt werden. — So erhält man z. B.

statt $\frac{5ac}{bde} \cdot \left(-\frac{7bfg}{3ad}\right)$ jetzt $-\frac{35cfg}{3dde}$,

statt $(-4ab) \cdot \left(-\frac{3cde}{2aab}\right) \cdot \left(-\frac{1}{5cf}\right)$ jetzt $-\frac{6de}{5af}$

u. s. w. (§. 87)

33.

Soll eine subtraktive Zahl mit einer ganzen potenzirt werden, so potenzirt man ebenfalls nur das Glied der subtraktiven Zahl, und setzt dem Resultat ein (—) Zeichen vor, wenn der Exponent eine ungerade Zahl ist, während es ungeändert bleibt, so lange der Exponent eine gerade Zahl. Z. B. statt $\left(-\frac{2a}{3}\right)^7$ bekommt man $-\left(\frac{2a}{3}\right)^7$ oder $-\frac{2^7 . a^7}{3^7}$ oder $-\frac{128a^7}{2187}$.

Dagegen statt $\left(-\frac{2a}{3}\right)^4$ hat man $\left(\frac{2a}{3}\right)^4$ oder $\frac{16a^4}{81}$.

34.

Sollen zwey algebraische Summen deren Glieder alle oder zum Theil solche Produkte wie (n. 20. u. n. 21.) sind, mit einander algebraisch multiplizirt, oder durch einander algebraisch dividirt werden, welches nach (§. 106. III. u. IV.) u. (§. 110.) geschieht, so müssen die meisten der vorhergehenden Nummern in Anwendung gebracht werden. Uebrigens hat man bloß nach den angeführten Paragraphen zu verfahren.

Beyspiel 1. Seyen die beyden algebraischen Summen

$$2a - 3b - \tfrac{2}{3}c + 4\frac{d}{f} + \tfrac{1}{2}g$$

$$\text{und } -3a + 2b + 4c + 9\frac{d}{f} - \tfrac{2}{5}h$$

mit einander algebraisch zu multipliziren.

Man erhält zunächst nach (§. 106. III.)

$$-6a^2 + 9ab + 2ac - 12\frac{ad}{f} - \tfrac{3}{2}ag$$

$$+4ab - 6b^2 - \tfrac{4}{3}bc + 8\frac{bd}{f} + bg$$

$$+8ac - 12bc - \tfrac{8}{3}c^2 + 16\frac{cd}{f} + 2cg$$

$$+18\frac{ad}{f} - 27\frac{bd}{f} - 6\frac{cd}{f} + 36\frac{d^2}{f^2} + \tfrac{9}{2}\frac{dg}{f}$$

$$-\tfrac{4}{5}ah + \tfrac{6}{5}bh + \tfrac{4}{15}ch - \tfrac{8}{5}\frac{dh}{f} - \tfrac{1}{5}gh$$

und statt dieser algebraischen Summe von 25 Gliedern kann man nach (§. 107. u. n. 26.) folgende setzen, welche nur 19 Glieder hat:

$$-6a^2+13ab+10ac-6b^2-\frac{40}{3}bc+6\frac{ad}{f}-\frac{3}{2}ag$$

$$-\frac{4}{5}ah+\frac{6}{5}bh-\frac{8}{3}c^2-19\frac{bd}{f}+bg+\frac{4}{15}ch+10\frac{cd}{f}$$

$$+2cg-\frac{8}{5}\frac{dh}{f}+36\frac{d^2}{f^2}+\frac{9}{2}\frac{dg}{f}-\frac{1}{5}gh.$$

und welche dem Produkt der beyden gegebenen algebraischen Summen gleich seyn muß.

Beispiel. 2. Sey die algebraische Summe

$$-10a^2+11ab+6b^2-5ad-38bc-2bd+40c^2+10cd$$

durch diese zweyte algebraische Summe

$$4c+2a+d-3b$$

algebraisch zu dividiren.

Man erhält, zunächst nach (§. 106. IV. und §. 110.) verfahrend, sogleich eine unendliche Menge von Resultaten, in so ferne der erste Summand jedesmal ganz willkührlich angenommen werden kann. Einige Uebung bringt es aber leicht dahin, jedesmal das einfachste Resultat sogleich zu erhalten. Man darf zu dem Ende nur die Glieder des Divisoren nehmen und sehen ob sich nicht zu ihnen beziehlich Glieder des Dividenden auffinden lassen, so daß letztere beziehlich durch erstere dividirt, wenigstens einerley Buchstaben-Resultat geben. Findet sich solches, so dividirt man eines dieser Glieder des Dividenden durch das beziehliche Glied des Divisors und nimmt diesen Quotienten als ersten Summanden (§. 106. IV.) an.

Obige Aufgabe kann diesem nach, und nach (§. 110.) unter folgendes Schema gebracht werden:

Divisor	Dividend	Quot.
$4c + 2a + d - 3b$	$-10a^2 + 11ab + 6b^2 - 5ad - 38bc - 2bd + 40c^2 + 10cd$	$-5a$
Div. $\times -5a =$	$-20ac - 10a^2 - 5ad + 15ab$	$+10c$
Differ. (§. 106. II.) $=$	$20ac - 4ab + 6b^2 - 38bc - 2bd + 40c^2 + 10cd$	$-2b$
Divisor $\times 10c =$	$40c^2 + 20ac + 10cd - 30bc$	
Differenz $=$	$-4ab + 6b^2 - 8bc - 2bd$	
Divisor $\times -2b =$	$-8bc - 4ab - 2bd + 6b^2$	
	Differenz $=$ Null.	

Der gesuchte einfachste algebraische Quotient der beyden gegebenen algebraischen Summen ist daher

$$-5a - 2b + 10c.$$

Anmerkung. Man erleichtert sich das Operiren mit solchen algebraischen Summen sowohl als mit andern solchen Ausdrücken sehr, wenn man überall, wo es erlaubt ist, die einzelnen Theile des Ausdrucks so ordnet, daß die Buchstaben alle einzeln so viel wie nur immer möglich ist, in der Ordnung des Alphabets auf einander folgen. — Daher ist dieses Ordnen eine wohl zu beobachtende Regel.

35.

Der Quotient zweyer algebraischen Summen wird dadurch zuweilen viel einfacher, daß man den Dividenden und den Divisor in Produkte verwandelt. Z. B. statt des Quotienten $\frac{a^2 + 2ab + b^2}{a^2 - b^2}$ hat man

$$\frac{(a + b)^2}{(a - b)(a + b)}$$

folglich auch $\frac{a + b}{a - b}$.

36.

Soll eine algebraische Summe, deren Glieder alle oder zum Theil Quotienten sind, in einen Quotienten verwandelt werden, so kann man ebenfalls auf eine der in (n. 5. sqq.) gezeigte ähnliche Art verfahren, in so ferne die dort angewandten Sätze der Theorie gerade so auch hier angewandt werden können.

Sey z. B. die algebraische Summe

$$\frac{p}{4qx} - \frac{r}{8aq} + \frac{b}{3(a^2 - ax)} - \frac{t}{ax - x^2}$$

in einen Quotienten zu verwändeln. — Der Generaldivisor findet sich

$$24aqx(a-x)$$

und die Dividenden der einzelnen Quotienten sind beziehlich:

$$6ap(a-x),\quad 3rx(a-x),\quad 8bqx,\quad 24aqt$$

so wie die, den einzelnen gegebenen Gliedern gleichen Quotienten, beziehlich:

$$\frac{6ap(a-x)}{24aqx(a-x)},\ \frac{3rx(a-x)}{24aqx(a-x)},\ \frac{8bqx}{24aqx(a-x)},\ \frac{24agt}{24aqx(a-x)}$$

und der gesuchte Quotient

$$\frac{6ap(a-x) - 3rx(a-x) + 8bqx - 24aqt}{24aqx(a-x)}$$

37.

Auch erhält man, unter der Voraussetzung, daß man lauter absolute Wurzeln habe (§. 183.) gerade so wie in (n. n. 15. 16. 17.)

$$\sqrt{\frac{a}{x}} = \frac{\sqrt{ax}}{\sqrt{xx}} = \frac{\sqrt{ax}}{x}$$

$$\sqrt{\frac{ab}{x^2(a-x)}} = \sqrt{\frac{ab(a-x)}{x^2(a-x)^2}} = \frac{\sqrt{ab(a-x)}}{x(a-x)}$$

$$\sqrt[3]{\frac{x}{y}} = \frac{\sqrt[3]{xy^2}}{y}$$

$$\sqrt[3]{\frac{ab(a-x)}{x^2.y.(a+x)^2}} = \sqrt[3]{\frac{ab(a-x)(a+x)x.y^2}{x^3.y^3.(a+x)^3}} = \frac{\sqrt[3]{ab(a-x)(a+x)xy^2}}{xy(a+x)}$$

$$= \frac{\sqrt[3]{[abxy^2(a^2-x^2)]}}{xy(a+x)}$$

Endlich auch

$$\sqrt[n]{\frac{x}{y}} = \frac{\sqrt[n]{(xy^{n-1})}}{y}; \text{ u. s. w. f.}$$

38.

Multiplizirt man eine algebraische Summe mehreremale algebraisch mit sich selbst, so erhält man nach und nach ihre zweyte, dritte, vierte u. s. w. algebraische Potenz. Soll nun, unter der Voraussetzung, daß alle diese algebraischen Summen absoluten Zahlen gleich sind, aus einer dieser letztern algebraischen Summen, die erstere, welche beziehlich der zweyten, dritten, vierten u. s. w. Wurzel gleich ist, gefunden werden, so kann dies nur versuchweise geschehen.

Sey z. B., unter obiger Voraussetzung, die der Wurzel:

$$\sqrt{\left(9x^2 - 30ax - 3a^2x + 25a^2 + 5a^3 + \frac{a^4}{4}\right)}$$

gleiche algebraische Summe zu finden. — Unter den Gliedern des Radikanden finden sich $9x^2$, $25a^2$, $\frac{a^4}{4}$, welche vollständige Quadrate sind, deren Wurzeln beziehlich $3x$, $5a$ und $\frac{a^2}{2}$ sind. Eine aus diesen Gliedern zusammengesetzte algebraische Summe wird nun die gesuchte seyn; ob aber $3x + 5a - \frac{a^2}{2}$ oder

$3x - 5a + \frac{a^2}{2}$ oder $-3x + 5a + \frac{a^2}{2}$ oder $3x - 5a - \frac{a^2}{2}$ u. s. w. f. muß versuchweise entschieden werden.

Sollte, unter derselben Voraussetzung,*)

$$\sqrt[3]{(8x^6 + 48cx^5 + 60c^2x^4 - 80c^3x^3 - 90c^4x^2 + 108c^5x - 27c^6)}$$

in eine algebraische Summe verwandelt werden, so fände man im Radikanden die Glieder $8x^6$, $80c^3x^3$, $27c^6$, welche vollständige dritte Potenzen zu seyn scheinen. Die Ausdrücke $2x^2$, $4cx$, $3c^2$ sind daher wahrscheinlich Glieder der gesuchten algebraischen Summe. Ob aber $2x^2 - 4cx + 3c^2$ oder $-2x^2 - 4cx - 3c^2$ oder $-2x^2 + 4cx - 3c^2$ oder $2x^2 + 4cx - 3c^2$ u. s. w. f. diese selbst sey? müssen die Versuche lehren.

Man erleichtert sich diese Versuche, wenn man Glied um Glied der gesuchten algebraischen Summe zu entwickeln unternimmt, auf eine der (§. 163.) erwähnten ähnliche Art.

Die Arbeit bekommt dann folgende Gestalt:

*) Daß alle Radikanden absoluten Zahlen gleich sind.

Für das erste Beyspiel:

$$\begin{array}{l|l} \text{Radikand.} & \text{gesuchte algeb. Sum.} \\ 9x^2 - 30ax - 3a^2x + 25a^2 + 5a^3 + \frac{a^4}{4} & 3x - 5a - \frac{a^2}{2} \\ 9x^2 & \end{array}$$

$$\begin{array}{l|l} 6x & -30ax - 3a^2x + 25a^2 + 5a^3 + \frac{a^4}{4} \\ & -30ax \qquad\quad + 25a^2 \end{array}$$

$$\begin{array}{l|l} 6x - 10a & -3a^2x + 5a^3 + \frac{a^4}{4} \\ & -3a^2x + 5a^3 + \frac{a^4}{4} \\ & \quad - \quad - \quad - \end{array}$$

Man findet auf dieselbe Weise, wenn man $-3x$ als erstes Glied nimmt, auch

$$-3x + 5a + \frac{a^2}{2}.$$

Welche von beyden algebraischen Summen allen Forderungen der Aufgabe Genüge leiste, kann erst in jedem besondern Fall angegeben werden.

Für das zweyte Beyspiel erhält man:

$$\begin{array}{l|l} & 8x^6 + 48cx^5 + 60c^2x^4 - 80c^3x^3 - 90c^4x^2 + 108c^5x - 27c^6 \\ & 8x^6 \end{array}$$

$$\begin{array}{l|l} 12x^4 & 48cx^5 + 60c^2x^4 - 80c^3x^2 - 90c^4x^2 + 108c^5x - 27c^6 \\ & 48cx^5 + 96c^2x^4 + 64c^3x^3 \end{array}$$

$$\begin{array}{l|l} 12x^4 + 48cx^3 + 48c^2x^2 & -36c^2x^4 - 144c^3x^3 - 90c^4x^2 + 108c^5x - 27c^6 \\ & -36c^2x^4 - 144c^3x^3 - 144c^4x^2 \\ & \qquad + 54c^4x^2 + 108c^5x - 27c^6 \\ & \quad - \quad - \quad - \quad - \quad - \end{array}$$

so daß sich also $2x^2 + 4cx - 3c^2$ als die der gegebenen dritten Wurzel gleiche algebraische Summe findet.

39.

Enthält eine algebraische Summe Glieder, welche Wurzeln oder Produkte aus Wurzeln sind, so kann man zuweilen, unter obiger Voraussetzung,*) bedeutend einfachere setzen. — So z. B. erhält man

$$2\sqrt{8}-7\sqrt{18}+5\sqrt{72}-\sqrt{50}=8\sqrt{2}$$

und

$$\sqrt[3]{(54a^{m+6}b^3)}-\sqrt[3]{(16a^{m-3}b^6)}+\sqrt[3]{(2a^{4m+9})}+\sqrt[3]{(2c^3a^m)}$$

$$=(3a^2b-\frac{2b^2}{a}+a^{m+3}+c)\sqrt[3]{(2a^m)}$$

Diese Abkürzung solcher Ausdrücke besteht aber im wesentlichen darin, daß man die Radikanden in Produkte verwandelt, die alle einen gemeinschaftlichen Faktor haben, und in denen der andere Faktor so ist, daß aus ihm das Wurzelzeichen ganz wegfallen kann. Es ist nehmlich

$8=4.2$, folglich $\sqrt{8}=\sqrt{4.2}=\sqrt{4}.\sqrt{2}=2\sqrt{2}$
$18=9.2$, . . . $\sqrt{18}=\sqrt{9.2}=\sqrt{9}.\sqrt{2}=3\sqrt{2}$
$72=36.2$, . . . $\sqrt{72}=\sqrt{36.2}=\sqrt{36}.\sqrt{2}=6\sqrt{2}$
und $\sqrt{50}$ $=5\sqrt{2}$

Eben so ist:

$54a^{m+6}b^3=27a^6b^3.(2a^m)$ folglich

$\sqrt[3]{(54a^{m+6}b^3)}=3a^2b.\sqrt[3]{2a^m}$;

auch: $16a^{m-3}b^6=8a^{-3}b^6.(2a^m)$; also

$\sqrt[3]{(16a^{m-3}b^6)}=2a^{-1}b^2\sqrt[3]{2a^m}=\frac{2b^2}{a}\sqrt[3]{(2a^m)}$

u. s. w. f.

40.

Das Produkt zweyer oder mehrerer Wurzeln, deren Wurzel-Exponenten verschieden sind, aber noch

*) Daß alle Radikanden, so wie die Wurzeln selbst absoluten Zahlen gleich sind.

gemeinschaftliche Faktoren haben, kann zuweilen einfacher, als nach (§. 54. LVI. oder §. 55. n. 3.) in eine Wurzel verwandelt werden. — So wie man nehmlich, wegen $\frac{a}{b} = \frac{am}{bm}$, Brüche unter gleiche Benennung bringen kann, so kann man auch Wurzeln vermittelst des Satzes

$$\sqrt[m]{(a^n)} = \sqrt[mp]{(a^{np})} \text{ (§. 54.)}$$

in andere verwandeln, die ihnen beziehlich gleich sind aber einerlei Wurzel-Exponenten haben. Statt des Produkts:

$$\sqrt[3]{2} \cdot \sqrt[6]{\tfrac{1}{3}} \cdot \sqrt[8]{3}$$

erhält man dann:

$$\sqrt[24]{(2^8)} \cdot \sqrt[24]{(\tfrac{1}{3})^4} \cdot \sqrt[24]{(3^3)} \text{ oder}$$

$$\sqrt[24]{(2^8 \cdot (\tfrac{1}{3})^4 \cdot 3^3)} \text{ oder } \sqrt[24]{\left(\frac{2^8}{3}\right)} \text{ oder } \sqrt[24]{\tfrac{256}{3}}.$$

41.

Der Formel

$$\sqrt{A \pm \sqrt{B}} = \sqrt{\left(\frac{A + \sqrt{A^2 - B}}{2}\right)} \pm \sqrt{\left(\frac{A - \sqrt{A^2 - B}}{2}\right)}$$

(die nach (§. 51.) erwiesen wird (aber unter der Voraussetzung daß alle vorkommenden Radikanden absoluten Zahlen gleich sind) kann man sich oft mit Vortheil bedienen, um die Quadrat-Wurzel aus einer algebraischen Summe, deren Glieder selber wieder Wurzeln enthalten, in eine ähnliche algebraische Summe zu verwandeln. — Sie giebt z. B.:

$$\sqrt{7+4\sqrt{3}} = 2+\sqrt{3}$$

$$\sqrt{87-12\sqrt{42}} = 3\sqrt{7}-2\sqrt{6}$$

$$\sqrt{a^2+b+2a\sqrt{b}} = a+\sqrt{b}$$

$$\sqrt{b^2-ab+\frac{a^2}{4}+\sqrt{4ab^3-8a^2b^2+a^3b}}$$

$$= \sqrt{ab}+\sqrt{b^2-2ab+\frac{a^2}{4}}.$$

42.

Umgekehrt kann man auch gegebene Ausdrücke mit sich multipliziren und dann aus dem Quadrat wieder die zweyte Wurzel ausziehen, um einen dem gegebenen gleichen Ausdruck zu erhalten, der in manchen Fällen sehr einfach werden kann. So z. B. erhält man auf diese Weise statt

$$\sqrt{a+\sqrt{b}} \pm \sqrt{a-\sqrt{b}}$$

den Ausdruck $\sqrt{2a \pm 2\sqrt{a^2-b}}$.

Eben so statt:

$$\sqrt{\left(\frac{abf+c^2}{bc}+\sqrt{\frac{4af}{b}}\right)}+\sqrt{\left(\frac{abf+c^2}{bc}-\sqrt{\frac{4af}{b}}\right)}$$

erhält man den sehr einfachen Ausdruck

$$\sqrt{\frac{4af}{c}}$$

Anmerkung. Man muß aber bey allen diesen Verwandlungen mit Wurzeln ja nicht aus der Acht lassen, daß sie nur unter der Voraussetzung statt finden können, daß die Wurzeln wirklich eine Bedeutung haben, und daß sie hier zunächst nur unter der Voraussetzung aufgestellt sind, daß ihre Radikanden absoluten Zahlen gleich seyen.

Zahlenlehre.

Eilftes Kapitel.
Von den Gleichungen im Allgemeinen.

§. 228. Erklärung.

Die beyden Ausdrücke links und rechts des (=) Zeichens, heißen die Seiten der Gleichung. Sind diese Seiten algebraische Summen, so nennt man die Glieder derselben auch die Glieder der Gleichung, und wenn eine Gleichung operirt werden soll, so ist jedesmal gemeint, daß mit den beyden Seiten derselben die angegebene Operation vorgenommen werden soll.

§. 229. Erklärung.

Hat man eine Gleichung A so operirt, daß eine neue Gleichung B hervorgegangen ist, so heißt B eine aus der A abgeleitete Gleichung. Sie heißt aber insbesondere eine aus A algebraisch abgeleitete, wenn sie durch Anwendung des (§. 42. und §. 120.) erhalten wurde.

§. 230. Lehrsatz.

Aus einer Gleichung zwischen zwey algebraischen Summen erhält man jedesmal eine algebraisch abgeleitete Gleichung, wenn man auf irgend einer Seite beliebige Glieder wegläßt, und diese mit dem entgegengesetzten (+) oder (-) Zeichen auf die andere Seite schreibt, in beliebiger Ordnung.

Z. B. aus

$$a-b-c+d+p=-m+n+p-q-h$$

hat man:

$$a+p=b+c-d-m+n+p-q-h,$$

hieraus wieder:

$$a+p+h-c+m+q-p=b-d+n$$

und auch, wenn man sich noch Nullen als Glieder hinzudenkt,

$$a+p+h-c+m+q-p-b+d+n=0$$

endlich

$$a=-p-h+c-m-q+p+b-d-n$$

u. s. w. f.

Beweis ergiebt sich unmittelbar aus (§. §. 107. n. 1. und §. 106. II., so wie noch §. 24. IV.) in Verbindung mit (§. 229.)

§. 231. Zusatz.

Man erhält daher auch aus einer gegebenen Gleichung eine algebraisch abgeleitete, wenn man allen Gliedern der Gleichung das dem ihrigen entgegengesetzte (+) oder (—) Zeichen vorsetzt; z. B. aus

$$a-b-c=-p-q+d$$

wird $-a+b+c=+p+q-d$.

§. 232. Lehrsatz.

Man erhält aus einer gegebenen Gleichung unmittelbar eine algebraisch abgeleitete, wenn man jedes Glied der gegebenen Gleichung mit einem und demselben Ausdruck (oder mit 2 gleichen Ausdrücken) multiplizirt oder dividirt, die Produkte oder die Quotienten aber beziehlich mit denselben (+) oder (—) Zeichen mit einander verbindet, durch welche die Glieder der gegebenen Gleichung selbst mit einander verbunden sind. — Z. B. aus

$$a - b + c + d - f = - p - q + m - n$$

erhält man:

$$\frac{a}{x} - \frac{b}{x} + \frac{c}{x} + \frac{d}{x} - \frac{f}{x} = - \frac{p}{x} - \frac{q}{x} + \frac{m}{x} - \frac{n}{x}$$

und:

$$ax - bx + cx + dx - fx = - px - qx + mx - nx$$

Beweis folgt aus (§. 229.) in Verbindung mit (§. §. 100 u. 101.)

Bemerkung.

Setzt man in einer Gleichung z. B.

$$a \cdot \frac{bc}{a+b} = b \cdot \left(c - \frac{bc}{a+b}\right),$$

deren Richtigkeit auf die gewöhnliche Art (§. 39.) nachgewiesen werden kann, statt eines der vorkommenden Ausdrücke z. B. statt $\frac{bc}{a+b}$ einen neuen Buchstaben z. B. x, so erhält man die Gleichung

$$ax = b\,(c - x)$$

in welcher x den Ausdruck $\frac{bc}{a+b}$, oder einen ihm gleichen, repräsentirt.

§. 233. Erklärung.

Jede Gleichung, welche nur unter der Voraussetzung statt findet, daß einer der vorkommenden Buchstaben z. B. x einen bestimmten aber nicht gegebenen

Ausdruck repräsentirt, nenne man eine Bestimmungsgleichung in Bezug auf diesen Buchstaben x, und dieser Buchstabe x selbst heiße der Unbekannte (Ausdruck) oder die Unbekannte (Zahl).

Dasselbe soll auch noch für die Gleichungen gelten in denen vorausgesetzt wird, daß mehrere der vorkommenden Buchstaben bestimmte und nicht gegebene Ausdrücke repräsentiren.

Erstere Bestimmungsgleichung heißt dann eine Gleichung mit einer Unbekannten; während die letztern Gleichungen, Gleichungen mit zwey, drey rc. oder mehreren Unbekannten genannt werden.

Jede andere der Gleichungen mag dagegen eine identische Gleichung heißen.

Der Ausdruck, welcher in einer Bestimmungs-Gleichung statt der Unbekannten z. B. x gesetzt, diese zur identischen Gleichung macht, (also der Ausdruck den x in der gegebenen Bestimmungs-Gleichung repräsentirt) heißt der Werth der Unbekannten; und ich sage: die Unbekannte habe in der gegebenen Gleichung nur einen Werth oder sie habe mehrere Werthe, je nachdem die Ausdrücke, welche statt x gesetzt, die gegebene Bestimmungsgleichung zu einer identischen machen, alle einander gleich oder zum Theil von einander verschieden (d. h. einander nicht gleich) sind.

Erläuterung. Z. B. die Bestimmungs-Gleichung:

$$b - x = a - \frac{ab}{x}$$

machen die Ausdrücke b und — a statt x gesetzt, zur identischen; der erste giebt:

$$b - b = a - \frac{ab}{b}$$

der zweyte dagegen:

$$b - (-a) = a - \frac{ab}{(-a)};$$

beyde Gleichungen sind identisch. Weil aber der erste Werth b dem andern Werth — a nicht gleich ist, so hat hier die Unbekannte x wenigstens zwey Werthe.

§. 234. Lehrsatz.

Der Werth der Unbekannten x, oder die Werthe der Unbekannten x, y, z, etc., welche statt x oder statt x, y, z, etc. gesetzt, die Gleichung zur identischen machen, machen auch jede aus der gegebenen abgeleitete identisch, wenn sie statt der Unbekannten gesetzt werden.

Beweis. Denn man stelle sich vor, daß in der gegebenen Gleichung statt x, y, z, etc. ihre Werthe, aber in Klammern eingeschlossen, wirklich gesetzt, und dann aus dieser identischen Gleichung die übrigen abgeleitet wären; so unterscheiden sich diese letztern, von den erwähnten abgeleiteten Gleichungen, nur dadurch, daß statt x, y, z etc. ihre in Klammern eingeschlossenen Werthe stehen. Da nun diese letztern identisch seyn müssen (so lange nur nie durch Null dividirt wird §. 120.), so werden es auch die in Rede stehenden abgeleiteten Gleichungen, wenn man statt x, y, z, etc. ihre Werthe setzt, (weil sie dann in diese letztern übergehen).

Beyspiel. Man habe die Gleichung

$$ma - \frac{mx}{c} - m^2 = x$$

und erhält daraus:

$$mac - mx - m^2c = cx$$

dann: $$mac - m^2c = mx + cx$$

$$mac - m^2c = (m + c)x$$

endlich $$\frac{mac - m^2c}{m + c} = x.$$

Dieser letztern Gleichung leistet ohnstreitig der Werth $\frac{mac - m^2c}{m + c}$ statt x gesetzt, ein Genüge (denn er giebt die identische Gleichung $\frac{mac - m^2c}{m + c} = \frac{mac - m^2c}{m + c}$), folglich leistet derselbe Werth für x gesetzt auch allen vorhergehenden, und also auch der erst gegebenen ein Genüge; in so ferne nehmlich, wie man leicht sieht, auch alle vorhergehenden Gleichungen, als aus der letzten Gleichung abgeleitet, angesehen werden können und müssen. Setzt man daher diesen Werth wirklich statt x, so wird die daraus hervorgehende Gleichung

$$ma - \frac{m \cdot \frac{mac + m^2c}{m + c}}{c} - m^2 = \frac{mac - m^2c}{m + c}$$

nothwendig identisch seyn.

Anmerkung. Hat man die Gleichung

$$(x - a)(x - b) = 0$$

und dividirt man durch x — b, so erhält man die algebraisch abgeleitete Gleichung

$$x - a = 0.$$

Der erstern leistet der Werth b für x ein Genüge, der letztern dagegen nicht; und so scheint also dieses Beyspiel dem Lehrsatz selbst zu widersprechen.

Beachtet man aber gehörig die Bedingung, daß man nie durch Null dividiren dürfe, so folgt, weil man oben durch $x - b$ dividirt hat, daß die entstandene Gleichung $x - a = 0$, nur unter der Voraussetzung eine aus der gegebenen $(x - a)(x - b) = 0$, abgeleitete ist, daß der Divisor $x - b$ nicht Null sey, daß also x nicht den Werth b vorstelle. — Sobald man dahero b als den Werth von x ansieht, so ist $x - a = 0$ keine abgeleitete Gleichung (weil sie erhalten wurde dadurch, daß mit Null dividirt worden ist, was nach (§. 120.) nicht erlaubt ist), folglich auch nicht zu verwundern, wenn dieser Werth b ihr nicht Genüge leistet.

§. 235. Erklärung.

Eine gegebene Bestimmungsgleichung nenne man in Bezug auf ihren Unbekannten x aufgelößt, wenn man aus ihr eine abgeleitete Gleichung von der Form

$$x = A$$

gefunden hat, wo A nicht mehr x, wohl aber die übrigen Buchstaben der gegebenen Bestimmungsgleichung enthalten kann.

Diese letztere Gleichung nenne ich die Auflösung.

Sind unter allen möglichen, aus einer gegebenen Gleichung abgeleiteten von der Form

$$x = A,\ x = B,\ x = C, \text{ etc.} \ldots$$

die Ausdrücke A, B, C, etc, alle einander gleich, so sagt man: die gegebene Bestimmungsgleichung habe nur eine Auflösung, in Bezug auf ihre Unbekannte x; sind dagegen in diesen, aus einer und derselben Gleichung abgeleiteten die Ausdrücke A, B, C, etc. zum Theil oder alle verschieden (d. h. einander nicht gleich), so sagt man: die gegebene Gleichung habe zwey, drey und mehr Auflösungen.

Erläuterung. Von der Gleichung

$$ma - \frac{mx}{c} - m^2 = x$$

ist diese:

$$x = \frac{mac - cm^2}{c + m}$$

die Auflösung. — Man würde auch als Auflösung finden die Gleichung:

$$x = \frac{acmp - cm^2p}{cp + mp};$$

allein diese letztere ist von der erstern nicht verschieden, weil beyde Ausdrücke zur rechten einander gleich sind. — —

Aus der Gleichung:

$$(x - a)(x - b)(x - c) = 0$$

ergeben sich, wenn man abwechselnd durch

$$(x - b)(x - c), \quad (x - a)(x - c), \quad (x - a)(x - b)$$

dividirt, die drey Auflösungen

$$x - a = 0, \quad x - b = 0, \quad x - c = 0.$$

Jede dieser Auflösungen findet nehmlich, wegen der obigen Divisoren, nur unter der Bedingung statt, daß die übrigen beyden nicht statt finden.

Hätte man nicht die ausdrückliche Bedingung, daß von den beyden Gleichungen $x - a = 0$ und $x - b = 0$, eine jede nur dann statt findet, wenn die andere nicht; — fänden sie vielmehr beyde mit einander (zu gleicher Zeit) statt, so hätte man zugleich

$$x = a \text{ und } x = b$$

aber auch dann mit Nothwendigkeit

$$a = b$$

und beyde Auflösungen machten nur eine einzige.

§. 236. Zusatz.

Hat man die Auflösung

$$x = A$$

so ist klar, daß sie identisch wird, wenn man A statt x schreibt, weil sie dann

$$A = A$$

giebt; folglich wird auch die gegebene Bestimmungsgleichung, in so ferne sie als aus $x = A$ abgeleitet anzusehen ist, wenn man A statt x setzt nothwendig identisch (§. 234.); und man erhält also durch das Auflösen der Gleichungen die Werthe der Unbekannten in den gegebenen Bestimmungsgleichungen; d. h. diejenigen Ausdrücke, welche die Unbekannten in den gegebenen Bestimmungsgleichungen repräsentiren.

§. 237. Erklärung.

Eine Anzahl n von Gleichungen heißt in Bezug auf n Unbekannte x, y, z, etc. (von denen in jeder der Gleichungen alle oder einige oder auch nur ein einziger vorkommen kann) aufgelößt, wenn man aus ihnen n neue Gleichungen von der Form

$$x = A, \quad y = B, \quad z = C, \text{ etc.}$$

abgeleitet hat, in denen die Ausdrücke A, B, C, etc. keinen der Unbekannten x, y, z, etc. mehr enthalten, während diese Ausdrücke in die n Gleichungen statt der Unbekannten x, y, z, etc. gesetzt, alle zu identischen machen.

Findet man außer diesen n Gleichungen

$$x = A, \quad y = B, \quad z = C, \text{ etc.}$$

noch n neue Gleichungen von derselben Form

$$x = A', \quad y = B', \quad z = C', \text{ etc.}$$

dann noch:

$$x = A'', \quad y = B'', \quad z = C'', \text{ etc}$$

u. s. w. f.; so daß die Werthe A', B', C', etc. in Verbindung die n Gleichungen ebenfalls alle identisch machen, während dasselbe von den Werthen A'', B'', C'' etc. in Verbindung gilt, u. s. w. f.; so sagt man: die gegebenen n Gleichungen hätten eine Auflösung nur, oder sie hätten deren mehrere, je nachdem alle diese Werthe für x, y, z, etc. beziehlich einander gleich sind, oder nicht alle einander gleich sind.

Eine Anzahl von n solchen Gleichungen wie die gegebenen heißt in Bezug auf die n Unbekannten vollständig aufgelößt wenn alle möglichen zusammengehörigen Werthe der Unbekannten x, y, z, etc.

nehmlich	A,	B,	C,	etc.
dann auch	A',	B',	C',	etc.
ferner	A'',	B'',	C'',	etc.

u. s. w. f.

aufgefunden sind, welche den gegebenen n Gleichungen ein Genüge leisten. — Solche zusammengehörige Werthe

wie	A,	B,	C,	etc.
oder	A',	B',	C',	etc.

u. s. w. f.

nennt man dann Systeme der Werthe, und die n Gleichungen, sagt man, haben p Auflösungen, wenn p verschiedene Systeme von Werthen für die Unbekannten x, y, z, etc. (nicht mehr und nicht weniger) möglich sind, welche einzeln den gegebenen Gleichungen ein Genüge leisten.

§. 238. Erklärung.

Sind in einer Bestimmungsgleichung die Unbekannten unter sich und mit Bekannten bloß durch die 4 ersten Operationen (Addition, Subtraktion, Multiplikation und Division) verbunden, oder kommen doch, wenn sie auch noch Potenzen und Wurzeln enthält, die Unbekannten nicht im Exponenten vor, so heiße die Gleichung eine algebraische, in jedem andern Fall eine transcendente.

§. 239. Erklärung.

Eine gegebene Gleichung heißt in Bezug auf einen ihrer Buchstaben z. B. z geordnet, wenn aus ihr eine algebraisch abgeleitete Gleichung gefunden wurde von der Form:

$$\pm A \pm Bz \pm Cz^2 \pm Dz^3 \pm \ldots = 0$$

wo A, B, C, etc. Nullen oder beliebige von z unabhängige Ausdrücke vorstellen.

§. 240. Aufgabe.

Jede beliebig gegebene algebraische Gleichung, welche den Unbekannten nicht in einer Wurzel enthält in Bezug auf den Unbekannten z zu ordnen.

Auflösung.

1) Da die Potenzen sogleich durch Produkte oder Quotienten, die sie bezeichnen, ersetzt werden können, so sind die Seiten der Gleichung entweder beliebige, von dem Unbekannten z aber ganz unabhängige Ausdrücke, für welche man sogleich, wenn man wollte, beliebige fremde Buchstaben setzen könnte, oder sie sind Produkte, Quotienten oder algebraische Summen, deren Glieder entwe-

der einfache Zahlzeichen, oder wiederum so eben benannte zusammengesetzte Ausdrücke sind.

2) Folglich erhält man algebraisch abgeleitete Gleichungen, wenn man die gegebene Gleichung mit einem der vorkommenden Divisoren multiplizirt, die entstehende Gleichung wiederum mit einem der Divisoren multiplizirt, und das Geschäft so lange fortsetzt, bis nach gehöriger Anwendung der Sätze (§. §. 30. 31. 40. 41. 37. 100. u. 101.) eine Gleichung ohne Quotienten zum Vorschein kommt. — Man sagt dann: es seyen nun die Quotienten (Brüche) weggeschaft.

3) Die Seiten der Gleichung sind daher jetzt noch Produkte oder algebraische Summen, deren Glieder entweder einfache Zahlzeichen oder Produkte oder selber wieder algebraische Summen seyn können. —

Wendet man daher (§. 106. I. II. u. III.) an, so erhält man nothwendig eine Gleichung, deren Seiten bloß noch algebraische Summen sind, von Gliedern, die entweder einfache Zahlzeichen, oder Produkte aus solchen einfachen Zahlzeichen seyn werden.

4) Dann bringe man die Glieder alle auf eine Seite, so daß die eine Seite, eine algebraische Summe die andere dagegen Null wird, nach (§. 230.).

5) Nun vereinige man die Glieder, welche z gar nicht enthalten, nach (§. 107. n. 1.) in ein Glied, dann diejenigen, welche z enthalten, nachher die welche z^2 enthalten, ferner die noch z^r enthalten

u. s. w. beziehlich in ein Glied und vereinige diese neuen Glieder nach (§. 107. n. 2. u. n. 3.) in eine der vorigen gleiche algebraische Summe.

6) Nach der Formel (§. 100.)

$$az^n - bz^n + cz^n - dz^n - pz^n = (a - b + c - d - p)z^n$$

kann man aber, wenn man die Vorsicht gebraucht, statt aller Zeichen von der Form z, z^2, z^3, etc. die ihnen gleichen Produkte $1 . z$, $1 . z^2$, $1 . z^3$, etc. zu schreiben, den einzelnen Gliedern dieser neuen algebraischen Summe die Form:

Bz, Cz^2, Dz^2, etc. geben,

wo B, C, D, etc. beliebige Zahlzeichen bedeuten (auch Nullen), die z nicht enthalten.

7) Folglich hat man nun eine algebraisch abgeleitete Gleichung von der Form

$$\pm A \pm Bz \pm Cz^2 \pm Dz^3 \pm \text{etc.} = 0$$

welches die geordnete ist.

Anmerkung. Hier in der Lehre der Bestimmungsgleichungen ist man gewohnt, da, wo Quotienten vorkommen, solche öfter Brüche zu nennen. Ein Bruch ist aber von einem Quotienten wesentlich verschieden, und dieser Unterschied jedesmal wohl zu beachten. Geschieht indeß dies letztere gehörig, so schadet es wohl auch nichts, wenn selbst wir in der Folge uns die so sehr gewöhnliche Verwechslung der Namen erlauben, wenn wir nur nicht dabey vergessen, daß mit dieser Namensverwechselung die Begriffe selbst keinesweges als verwechselt angesehen werden dürfen.

§. 241. Zusatz.

Jede algebraische Gleichung in der keine andere zusammengesetzten Ausdrücke vorkommen, als Produkte, Quotienten, algebraische Summen oder Differenz-Potenzen (§. 125.), läßt sich nach jedem beliebigen ihrer

Unbekannten ordnen, wie mit Nothwendigkeit aus (§. 240.) hervorgeht.

Auch darf die Gleichung noch Wurzeln und Logarithmen enthalten, wenn solche nur eine Bedeutung haben, und von dem Unbekannten z ganz unabhängig sind.

§. 242. Zusatz.

In besondern Fällen kann man bey dem Ordnen der Gleichungen manche und bedeutende Abkürzung anbringen. Im wesentlichen bestehen sie in folgendem:

1) Um die Brüche wegzuschaffen kann man, statt nach und nach mit den einzelnen Nennern zu multiplizieren, auf einmal mit dem General-Divisor (General-Nenner) multiplizieren und es werden alle Quotienten auf einmal wegfallen.

2) Vor dem Wegschaffen der Quotienten kann man zuweilen mit Vortheil erst Glieder der Gleichung von jeder Seite auf die andere bringen, und dabey so viel wie möglich mehrere Glieder in ein einz'ges vereinigen (§. 167.).

3) Während des Ordnens selbst muß man beständig darauf sehen, daß bey den vorzunehmenden Operationen von den Sätzen des ersten Kapitels jedesmal sogleich gerade diejenigen angewandt werden, welche entweder die einfachsten Resultate liefern oder doch diejenigen, welche dem im besondern gerade vorhabenden Zweck, am meisten entsprechen.

Anmerkung.

Würden B, C, D, etc. alle zugleich Null, so daß die nach z geordnete Gleichung bloß $\pm A = 0$ wird

d. h. den Buchstaben z gar nicht mehr enthielte, so wäre die Gleichung in Bezug auf z keine Bestimmungsgleichung, weil dann z jeden beliebigen Werth haben kann. — Dieselbe Gleichung kann aber dann doch eine Bestimmungsgleichung seyn, aber in Bezug auf einen andern Buchstaben, der als Unbekannter betrachtet wird.

Wird z. B. die Gleichung

$$a - \frac{bx}{bc} + d - m = \frac{d+x}{m} + \frac{m-1}{m} d$$

nach d geordnet, so erhält man nach Wegschaffung der Quotienten

$$acm - mx + cdm - cm^2 = cd + cx + cdm - cd$$

oder

$$(acm - mx + cm^2 - cx) + (cm - c - cm + c) d = 0$$

oder bloß $acm - mx - cm^2 - cx = 0$

wo der Buchstabe d ganz weggefallen ist. Diese Gleichung ist also in Bezug auf d keine Bestimmungsgleichung, wohl aber z. B. in Bezug auf x, oder auch in Bezug auf m, oder in Bezug auf c, oder auch in Bezug auf a.

§. 243. Erklärung.

Alle nach dem Unbekannten z geordneten algebraischen Gleichungen müssen daher in einer von folgenden Formen enthalten seyn:

1) $z \pm \alpha = 0$

2) $z^2 \pm \alpha z \pm \beta = 0$

3) $z^3 \pm \alpha z^2 \pm \beta z \pm \gamma = 0$

4) $z^4 \pm \alpha z^3 \pm \beta z^2 \pm \gamma z \pm \delta = 0$

5) $z^5 \pm \alpha z^4 \pm \beta z^3 \pm \gamma z^2 \pm \delta z \pm \varepsilon = 0$

u. s. w. f.

und allgemein

6) $z^n \pm \alpha z^{n-1} \pm \beta z^{n-2} \pm \ldots \pm \omega = 0$

Die Gleichungen von der Form (n. 1.) heißen einfache Gleichungen, die von den übrigen Formen dagegen höhere Gleichungen, und zwar insbesondere quadratische, cubische oder biquadratische, je nachdem sie die Form (n. 2.) oder (n. 3.) oder (n. 4.) haben. Außerdem nennt man sie auch Gleichungen vom ersten, zweyten, dritten, vierten, fünften und überhaupt vom nten Grade, je nachdem sie zu der Form (1, 2, 3, 4, 5, oder 6.) gehören; alles in Bezug auf z.

Die Buchstaben α, β, γ, δ, etc. heißen dabey die Koefficienten der gegebenen höhern Gleichung; und sie selbst heißt eine numerische, wenn diese Koefficienten alle bloße Ziffern-Ausdrücke sind, oder doch als solche gedacht werden, dagegen eine literalische, sobald irgend einer der Koefficienten als ein allgemeines Zahlzeichen betrachtet wird.

Ferner sind die höhern Gleichungen reine, wenn sie auf die Form

$$z^m \pm A = 0,$$

dreygliedrige, wenn sie auf die Form

$$z^{2m} \pm A z^m \pm B = 0,$$

und reciproque, wenn sie auf die Form

$$z^m + Az^{m-1} + Bz^{m-2} + Cz^{m-3} + \ldots + Cz^3 + Bz^2 + Az + 1 = 0$$

gebracht werden können.

Jede höhere Gleichung deren zweytes Glied fehlt (d. h. deren erster Koefficient der Null gleich ist), welche also die Form

$$x^m + Bx^{m-2} + Cx^{m-3} + \ldots + Sx^2 + Tx + U = 0$$

heißt eine reducirte; jede andere, in welcher kein Glied fehlend gedacht wird, eine vollständige.

Jede nicht reine höhere Gleichung nennt man auch eine unreine.

§. 244. Erklärung.

Eine algebraische Gleichung heißt in Bezug auf zwey ihrer Unbekannten x und y geordnet, wenn aus ihr eine Gleichung abgeleitet ist (algebraisch) von der Form:

$$0 = \left\{ \begin{array}{l} \pm A \pm (Bx \pm Cy) \pm (Dx^2 \pm Exy \pm Fy^2) \\ \quad \pm (Gx^3 \pm Hx^2y \pm Kxy^2 \pm My^3) \pm \text{etc.} \end{array} \right\}$$

§. 245. Zusatz.

Jede algebraische Gleichung, welche die Unbekannten nicht unter dem Wurzelzeichen enthält, läßt sich jedesmal in Bezug auf zwey ihrer Unbekannten x u. y ordnen (§. 240.). — Fällt bey dem Ordnen einer der Buchstaben x oder y ganz weg, so ist dies ein Zeichen, daß solcher kein Unbekannter der Gleichung gewesen seyn konnte, weil er jeden möglichen Werth haben kann.

§. 246. Erklärung.

Alle algebraischen nach x und nach y geordneten Gleichungen haben daher immer eine von folgenden Formen:

1) $a + bx + cy = 0$

2) $a + bx + cy + dx^2 + fxy + gy^2 = 0$

3) $a + bx + cy + dx^2 + fxy + gy^2 + hx^3 + kx^2y + lxy^2 + my^3 = 0$

u. s. w. f., wo die Koefficienten a, b, c, etc. bis auf

einen der letztern Glieder von der höchsten Dimension, auch Null seyn können.

Diese Gleichungen heißen dann beziehlich Gleichungen der ersten, zweyten, dritten, u. s. w. Ordnung oder Dimension.

Anmerkung. Was hier von den Gleichungen mit zwey Unbekannten gesagt ist, läßt sich leicht auf die mit drey und beliebig viel Unbekannten ausdehnen.

§. 247. Zusatz.

Vereinigt man in einer geordneten Gleichung mit 2 oder mehr Unbekannten von der mten Ordnung, die Glieder, die zu einer Dimension gehören, jedesmal in ein Glied, so erhält man eine Gleichung, die auf der einen Seite m + 1 Glieder hat, welche aber zum Theil Null werden können. Das Glied der höchsten Dimension kann dagegen nie Null werden, so lange die gegebene Gleichung eine Bestimmungsgleichung seyn soll, von dieser Ordnung.

Bemerkung.

Hat man zwey oder mehr Gleichungen, und werden die übrigen nicht identisch, wenn man in sie statt eines der Unbekannten, den durch Auflösung der ersten dafür erhaltenen Werth setzt, so sind diese Gleichungen nicht aus einander abgeleitete.

§. 248. Erklärung.

Sind zwey oder mehr Gleichungen nicht aus einander abgeleitete, dagegen unter der Bedingung gegeben, daß die, allen Gleichungen gemeinschaftlichen Buchstaben einerlei Ausdrücke vorstellen (d. h. ganz als dieselben betrachtet werden), so nenne man sie von einander unabhängige Gleichungen.

§. 249. Erklärung.

Ein Unbekannter z ist aus n von einander unabhängigen Gleichungen eliminirt oder weggeschaft, wenn man n — 1 Gleichungen abgeleitet hat, welche den Buchstaben z nicht mehr enthalten, und welchen genau dieselben Systeme von Werthen für die übrigen Unbekannten ein Genüge leisten, die den gegebenen n Gleichungen genügen (d. h. welche die gegebenen Gleichungen zu identischen machen). — Die entstehenden neuen Gleichungen heißen dann die Eliminationsgleichungen.

Allgemein sagt man: m Unbekannte sind aus n von einander unabhängigen Gleichungen eliminirt oder weggeschaft, wenn man aus den gegebenen Gleichungen n — m neue von einander unabhängige Gleichungen gefunden hat, welche keinen dieser m Unbekannten mehr enthalten, und welchen noch genau durch dieselben Systeme von Werthen der übrigen Unbekannten genügt wird, die in Verbindung mit den Werthen der eliminirten Unbekannten den gegebenen Gleichungen ein Genüge leisten. — Daß dabey $n > m$ seyn muß, versteht sich von selbst.

§. 250. Zusatz.

Das einfachste Mittel einen Unbekannten z aus n gegebenen Gleichungen zu elimiren, besteht darin, daß man eine dieser Gleichungen in Bezug auf diesen Buchstaben z auflößt (wenn dieses nehmlich möglich ist). Diese Gleichung giebt nun für z eine oder mehrere Auflösungen.

1) Giebt diese erste Gleichung für z nur eine Auflösung, so giebt dieser Werth von z in die übrigen (n — 1) Gleichungen substituirt, die gesuchten (n — 1) Eliminationsgleichungen.

2) Giebt aber diese erste Gleichung für z mehrere etwa p verschiedene Werthe, so setze man nach und nach jeden dieser p Werthe in die übrigen n — 1 Gleichungen statt z, und erhält p Systeme von Gleichungen, die alle den Unbekannten z nicht mehr enthalten. Wie man aus diesen p Systemen die (n — 1) Eliminationsgleichungen erhält, muß dann einer besondern Untersuchung noch vorbehalten bleiben.

Gab nehmlich die erste Gleichung p Auflösungen, so sind diese p Auflösungen eben so viele aus der ersten abgeleitete Gleichungen, von denen jede nur unter der Voraussetzung statt findet, daß keine der übrigen mit ihr zugleich statt hat. Giebt es nun k Systeme von Werthen aller Unbekannten, welche allen gegebenen Gleichungen ein Genüge leisten, so leisten dieselben Systeme von Werthen zwar auch der ersten der gegebenen Gleichungen ein Genüge, aber nicht jedes System nothwendig jeder der p aus den ersten abgeleiten Gleichungen. Im Gegentheile werden sich die k Systeme von Werthen, in p Parthien zertheilen müssen, so daß jede Parthie nur einer der p Auflösungen und dann keiner der übrigen genügt.*)

*) Würde nehmlich irgend eines der k Systeme von Werthen zweyer der p Auflösungen zugleich genügen, so fänden ja beyde Auflösungen zugleich statt, was nicht möglich ist.

Setzt man nun einen der Werthe von z (d. h. eine der p Auflösungen) in die übrigen Gleichungen, so werden den entstehenden n — 1 Gleichungen, von den k Systemen von Werthen nur diejenigen genügen, welche der gebrauchten Auflösung genügt haben, die übrigen aber nicht. Dasselbe gilt von jeder andern Auflösung welche statt z in die n — 1 übrigen Gleichungen gesetzt wird. Die obigen p Systeme von Gleichungen, die alle den Unbekannten z nicht mehr enthalten sind also von der Art, daß jedem derselben eine Parthie der k Systeme von Werthen der Unbekannten genügen, während kein zweytes System der Gleichungen durch dasselbe System von Werthen identisch wird. Keines dieser p Systeme von (n — 1) Gleichungen enthält also die Eliminationsgleichungen, in so ferne diesen, alle k Systeme der Werthe der Unbekannten genügen müssen; nach der (§. 249.) gegebenen Definition. Man muß daher aus diesen p Systemen von (n — 1) Gleichungen die (n — 1) Eliminationsgleichungen erst ableiten.

Da aber, wenn der Gleichung A = 0 gewisse Werthe des Unbekannten x genügen, während die Gleichung B = 0 durch andere Werthe derselben Unbekannten x genügt wird, dann nothwendig die Gleichung AB = 0, durch beyde Gattungen der Werthe von x identisch werden muß, so erhellet, daß man aus den p Systemen von Gleichungen, von denen (Systemen) jedes aus (n — 1) Gleichungen besteht, die z nicht mehr enthalten, die gesuchten Eliminitations-gleichungen erhalten muß, wenn man allen p (n — 1)

Glei-

Gleichungen die Form A = o giebt, und dann beziehlich die p verschiedenen aus einer und derselben der gegebenen Gleichungen, durch Substitution der p verschiedenen Werthe von z hervorgegangenen Gleichungen mit einander multiplizirt. Dadurch gehen aus den p Systemen von Gleichungen, in so ferne jedes System aus n — 1 Gleichungen besteht, gerade (n — 1) Gleichungen hervor, nicht mehr und nicht weniger, und diese sind die gesuchten Eliminationsgleichungen.

Dies gilt natürlich, welche von den n Gleichungen als die erste genommen werden mag.

§. 251. Zusatz.

Ist man aber im Stande, einen beliebigen Unbekannten aus beliebig viel beliebiger Gleichungen zu eliminiren, so kann man sogleich auch beliebig viel der Unbekannten eliminiren, weil man nur aus den (n — 1) Eliminationsgleichungen auf dieselbe Art einen zweyten beliebigen Buchstaben, aus den daraus hervorgehenden (n — 2) Gleichungen einen dritten u. s. w. f. wegschaffen darf. — Nur muß die Zahl der wegzuschaffenden Unbekannten wenigstens um 1 kleiner seyn als die Zahl der Gleichungen.

Hätte man nun n Gleichungen und eben so viele Unbekannte, so könnte man n — 1 beliebige der Unbekannten eliminiren und erhielte eine Eliminationsgleichung, die nur noch einen der Unbekannten enthielte, und welcher durch so viele Werthe dieses Unbekannten genügt wird, als verschiedene Systeme von Werthen den gegebenen n Gleichungen genügten.

§. 252.

Kann man daher aus je n Gleichungen einen Unbekannten eliminiren, so kann man auch n Gleichungen in Bezug auf n Unbekannte auflösen und zwar vollständig. Man eliminirt nehmlich nach und nach n—1 der Unbekannten, und erhält nach und nach:

	n—1 Gleichungen mit		n—1 Unbekannten,	
	(n—2)	. . . . . .	(n—2)	. . . .
	(n—3)	. . . . . .	(n—3)	. . . .
	⋮			
	3	. . . .	3	. . . . .
dann	2	. . . .	2	. . . . .
endlich	1	Gleichung mit	1	Unbekannten.

Lößt man diese letzte Gleichung, welche den Unbekannten x enthalten mag, nach x vollständig auf, und setzt man nachher einen dieser Werthe von x in die 2 vorhergehenden Gleichungen statt x, so erhält man zwey Gleichungen, die bloß noch y enthalten, und welche für die, den gegebenen Gleichungen zukommenden Werthe von y, beyde zugleich identisch seyn müssen. Lößt man daher die eine dieser Gleichungen nach y auf, und erhält man mehrere Werthe von y, so muß man nur diejenigen für die gesuchten nehmen, welche die zweyte Gleichung in y zugleich identisch machen.

Setzt man nachher zwey zusammengehörige Werthe von x und von y in die 3 vorhergehenden Gleichungen statt x und statt y, so erhält man 3 neue Gleichungen, die bloß noch den Unbekannten z enthalten, und welche für die, den gegebenen Gleichungen zukommenden Werthe von z, alle 3 zugleich identisch werden müssen. Wird daher die eine davon nach z aufgelößt, und giebt sie für z mehrere Werthe, so muß man nur diejenigen davon für die gesuchten halten, welche auch die beyden übrigen Gleichungen mit identisch machen.

So kann man fortfahren bis man endlich zu den n letzten Gleichungen gelangt, welche alle n Unbekannten enthalten. In ihnen setzt man (n — 1) zusammengehörige Werthe der bereits aus den vorhergehenden Gleichungen entwickelten Unbekannten, erhält n Gleichungen, welche alle nur noch einen und denselben Unbekannten v allein enthalten, lößt eine dieser Gleichungen nach v auf, und nimmt von den gefundenen Auflösungen für dieses v diejenigen, welche allen n Gleichungen zugleich Genüge leisten.

Verfährt man auf diese Weise, so erhält man nothwendig alle Auflösungen, welche die gegebenen Gleichungen zulassen, wenn man nur, was oben mit einem der Werthe von x geschah, mit jedem derselben vornimmt, nachher jeden Werth von x mit denen zu ihm gefundenen Werthen von y dergestalt vereinigt, daß jeder Werth von x so viele Systeme von Werthen für x und y giebt, als zu diesem Werthe von x verschiedene Werthe von y gefunden werden; wenn man ferner jedes solche System der Werthe von x und y mit jedem der für z zu diesem System von Werthen der x und y gefundenen Werthe auf dieselbe Art verbindet, und so immer zu operiren fortfährt.

Anmerkung. Hinsichtlich der wirklichen Ausführung dieses Verfahrens, um n Gleichungen nach n Unbekannten aufzulösen, muß man bemerken, daß solches unter der Voraussetzung statt hat, daß jede Gleichung sich nach jedem ihrer Unbekannten wirklich auflösen lasse, und daß man die Auflösungen anzugeben im Stande sey. — Leider ist aber diese Voraussetzung, wie wir später sehen werden, nur sehr beschränkt zugelassen, und daher die hier in der Theorie sich so gut ausnehmende Auflösung von n Gleichungen nach n Unbekannten, in der Praxis mit unendlichen Schwierigkeiten verknüpft.

Die hier gegebene allgemeine Theorie mag daher bloß dazu dienen, eine Uebersicht zu erleichtern und die wahre Natur und Beschaffenheit der Bestimmungsgleichungen an das Licht treten zu lassen. Uebrigens wollen wir von diesen allgemeinen Betrachtungen zu den besondern Gattungen von Gleichungen übergehen, und die Elimination so wie die Auflösung der Gleichungen für diese besondern Fälle versuchen.

Zahlenlehre.

Zwölftes Kapitel.
Von den einfachen Gleichungen.

§. 253. Aufgabe.

Die in Bezug auf z geordnete einfache Gleichung.

$$\pm A + Bz = 0$$

nach dem Unbekannten z aufzulösen.

Auflösung.

1) Man erhält zunächst nach (§. 230.)

$$Bz = \mp A$$

2) Dann nach (§. 37. n. 2.), unter der Voraussetzung, daß B nicht 0 ist (§. 120.)

$$z = \frac{\mp A}{B} \text{ oder } z = \mp \frac{A}{B}$$

3) Ist aber B = 0, so geht die gegebene Gleichung in

$$\pm A = 0$$

über und ist nach z keine Bestimmungsgleichung mehr, ihre Auflösung nach z also auch nicht mehr zu verlangen.

§. 254. Zusatz.

Jede Gleichung welche nach z geordnet, die Form einer einfachen hat, ist jedesmal nach z aufzulösen, wenn sie nur z wirklich enthält.

§. 255. Zusatz.

Jede einfache Gleichung

$$\pm A + Bz = 0$$

hat aber auch nur eine Auflösung; der Unbekannte z also nur einen Werth. — Denn es sey α ein beliebiger Werth, welcher der Gleichung

$$\pm A + Bz = 0$$

statt z gesetzt, ein Genüge leistet, so ist

$$\pm A + B\alpha = 0$$

nothwendig identisch, also nothwendig

$$\alpha = \mp \frac{A}{B}$$

identisch, mithin der Werth α von dem Werth $\frac{\mp A}{B}$ nicht verschieden (§. 235.).

Bemerkung.

Ist B = o, so geht die Gleichung

$$Bz \pm A = 0$$

über in

$$\pm A = 0$$

und es finden dann zwey Fälle statt

1) entweder es wird A als ein solcher Ziffernwerth gedacht, der wirklich der Null gleich ist, und dann ist die Gleichung $\pm A = 0$ eine identische oder doch als identisch gedacht; oder
2) es wird A als ein solcher Zifferwerth gedacht, daß $\mp A = p$ und p nicht Null ist; und dann drückt die Gleichung $\mp A = 0$ einen Widerspruch

aus, in so ferne sie selbst, als Gleichung, gar nicht existirt.

Betrachtet man nun die Auflösung $z = \frac{\mp A}{B}$ und wendet sie für den Fall noch an, für welchen sie nicht gilt (§. 120.), nehmlich wenn B = o, so erhält man:

im ersten Falle $z = \frac{o}{o}$

im zweyten dagegen $z = \frac{p}{o}$, wo p nicht Null ist.

So oft also B = o ist, so oft ist die gegebene Gleichung $Bz \pm A = o$ zur Bestimmung von z nicht mehr tauglich, und ist dann noch

1) A = o, so ist die Gleichung identisch und der allgemeine Werth für z giebt dann $z = \frac{o}{o}$ (wenn er für diesen Fall noch angewendet würde, was aber nicht erlaubt ist); — oder es ist

2) A nicht Null, und die Gleichung

$$Bz \pm A = o$$

enthält dann einen Widerspruch, und der allgemeine Werth von z giebt, im Falle dieses Widerspruchs, $z = \frac{p}{o}$, wo p nicht o ist (wenn dieser allgemeine Werth für diesen Fall noch angewendet werden sollte, was aber nach (§. 120.) nicht erlaubt ist).

Es fragt sich nun aber auch, ob umgekehrt, wenn

$$\frac{P}{Q}$$

ein allgemeiner Werth von z ist, welcher der einfachen Gleichung

$$bz - a = o$$

genügt, und wenn in einem besondern Fall der Divisor Q = o würde, so daß der allgemeine Werth $\frac{P}{Q}$ die Form

$$\frac{o}{o} \text{ oder } \frac{p}{o} \text{ (wo p nicht Null)}$$

bekäme, ob — sage ich — umgekehrt

1) im ersten Falle der Werth $\frac{o}{o}$ jedesmal anzeige, daß die Gleichung

$$bz - a = o$$

zur Bestimmung von z nicht tauge, und identisch sey; — und ob

2) im zweyten Fall der Werth $\frac{p}{o}$ (den man aus dem allgemeinen Werth $\frac{P}{Q}$ dadurch erhielt, daß man ihn auf den Fall anwendet, wo Q = o wird) jedesmal anzeige, daß die Gleichung

$$bz - a = o$$

nicht nur zur Bestimmung von z nicht tauge, sondern daß sie auch einen Widerspruch enthalte und daher gar nicht existire.

Daher noch folgende Untersuchungen.

§. 256. Lehrsatz.

Leistet ein allgemeiner Werth

$$\frac{P}{Q}$$

der Gleichung

$$bz - a = o$$

für z gesetzt, ein Genüge, so giebt es allemal einen Ausdruck R, so daß

$$P = aR \text{ und } Q = bR.$$

Beweis. Denn da $\frac{P}{Q}$ der Gleichung $bz - a = o$ genügt, so ist die Gleichung

1) $\frac{P}{Q} = \frac{a}{b}$ und daher auch diese

2) $Pb = Qa$ nothwendig identisch.

Weil aber zwey Produkte Pb und Qa, im allgemeinen, nur dann identisch seyn können, wenn sie aus denselben Faktoren bestehen, so muß Q entweder $= b$ seyn, oder doch den Faktor b enthalten, d. h. es muß $Q = b . R$ seyn, (welches auch für den ersten Fall noch gilt, in so ferne $R = 1$ seyn kann). Ist aber $Q = bR$, so giebt die Gleichung 2) sogleich $P = aR$; und der Lehrsatz erwiesen.

§. 257. Zusatz.

Wird daher $Q = o$, so sind zwey Fälle möglich. Da nehmlich dann $bR = o$ ist, so kann

1) $b = o$ aber auch

2) $R = o$ seyn.

I. Wird also der Ausdruck $\frac{P}{Q}$ in einem besondern Falle $\frac{o}{o}$, so daß $Q = o$ und auch $P = o$, so ist entweder

1) $R = o$ oder

2) R nicht der Null gleich.

Ist nun $R = o$, so können a und b noch ganz willkührlich seyn, und man muß daher den allgemeinen Ausdruck $\frac{P}{Q}$ jedesmal erst durch den gemeinschaftlichen Faktor R aufheben (Zähler und Nenner durch R dividiren) um statt $\frac{P}{Q}$ den ihm gleichen Ausdruck $\frac{a}{b}$ zu erhalten. Ist nun in diesem Ausdruck weder b noch a der Null gleich, so ist der Ausdruck $\frac{a}{b}$ der wahre Werth des allgemeinen Ausdrucks $\frac{P}{Q}$ für diesen Fall (wo er die Form $\frac{o}{o}$ bekommt). Ist aber dann $b = o$ und auch $a = o$, so ist die gegebene Gleichung $bz - a = o$ identisch, und dient nicht mehr zur Bestimmung von z. Ist endlich $b = o$ und a nicht der Null gleich, so enthält die Gleichung $bz - a = o$ noch überdies einen Widerspruch, d. h. sie existirt (als Gleichung) gar nicht mehr. — Alles dieses kann bey dem Fall statt finden, in welchem der allgemeine Werth $\frac{P}{Q}$, wegen des zu Null gewordenen, dem P und dem Q gemeinschaftlichen Faktors R die Form $\frac{o}{o}$ bekommen hat.

Wird aber, im Falle $P = o$, und $Q = o$ wird, dieser gemeinschaftliche Faktor R nicht der Null gleich, so ist dann nothwendig

$$a = o \quad \text{und} \quad b = o;$$

und die Gleichung

$$bz - a = o$$

in diesem Falle also nothwendig identisch und zur Bestimmung von z nicht mehr tauglich.

II. Wird endlich der allgemeine Ausdruck

$$\frac{P}{Q}$$

in einem besondern Falle $\frac{p}{o}$, wo p nicht Null ist, so daß also Q = o, aber nicht P der Null gleich wird, so kann R nicht der Null gleich seyn, und es ist daher nothwendig

b = o, während a nicht der Null gleich ist. Weil aber b = o und a nicht = o ist, so enthält die Gleichung

$$bz - a = o$$

in diesem Falle einen Widerspruch, d. h. sie existirt gar nicht mehr (als Gleichung).

§. 258. Zusatz.

Aus dem vorhergehenden Zusatz geht also hervor:

1) Giebt ein allgemeiner Werth von z, nehmlich

$$\frac{P}{Q}$$

welcher der Gleichung

$$bz - a = o$$

ein Genüge leistet, in einem besondern Fall die Form

$$\frac{o}{o}$$

so muß man erst alle gemeinschaftlichen Faktoren von P und Q aufsuchen, dann P und Q durch das Produkt R aller dieser gemeinschaftlichen Faktoren dividiren, um aus $\frac{P}{Q}$ den (noch allgemeinen) Ausdruck $\frac{p}{q}$ für z zu erhalten. Haben nun p und q nicht mehr gemeinschaftliche Faktoren, so untersuche man, was p und q in dem vorliegenden Fall werden. Giebt der Quotient $\frac{p}{q}$ die Form $\frac{o}{o}$, so zeigt dies dann an, daß die gegebene Gleichung zur Bestimmung von z für diesen Fall nicht mehr taugt, daß sie aber doch richtig ist (d. h. keinen Widerspruch enthält). Giebt aber der Quotient $\frac{p}{q}$ die Form

$$\frac{p}{o}$$

so zeigt dies an, daß sich die gegebene Gleichung $bz - a = o$ geradezu widerspricht. Und ist q gar nicht der Null gleich, so bleibt die Gleichung $bz - a = o$ eine Bestimmungsgleichung für z, und giebt die Auflösung

$$z = \frac{p}{q}$$

auch noch für diesen besondern Fall (in welchem $P = o$ und auch $Q = o$ wurde).

2) Giebt aber ein allgemeiner Werth von z

$$\frac{P}{Q}$$

welcher der Gleichung

$$bz - a = o$$

genügt, in einem besondern Fall die Form

$$\frac{p}{o} \text{ wo p nicht Null ist,}$$

so zeigt dies allemal und unbedingt an, daß die Gleichung

$$bz - a = o$$

nicht nur zur Bestimmung von z nicht mehr tauglich sey, sondern sogar als Gleichung gar nicht mehr existire (d. h. einen Widerspruch enthalte); in diesem besondern Fall.

Anmerkung. Da, wenn R nicht Null wird in einem besondern Fall, das Null werden von p und q und das von P und Q zugleich statt finden muß, so kann man auch in diesem besondern Fall sogleich aus

$$\frac{P}{Q}$$

auf die Beschaffenheit von $\frac{p}{q}$ schließen, wenn man sich nur überzeugt, daß in diesem Falle keiner der dem P und dem Q gemeinschaftlichen Faktoren der Null gleich geworden ist.

§. 259. Erklärung.

Jeden Quotienten von der Form

$$\frac{b}{o}$$

dessen Divisor o, dessen Dividend b aber nicht Null ist, bezeichne ich durch das Zeichen

$$\infty$$

und nenne dieses Zeichen, das Zeichen der Unverträglichkeit.

Gewöhnlich nennt man es das Zeichen des Unendlichen. Man kann diese Benennung, wenn man will, beybehalten, aber darf dann ja nichts anders dabey denken, als das, was hier (in dieser Erklärung) durch das Zeichen bezeichnet wird, d. h. nichts weiter als einen Quotienten, dessen Divisor = o, dessen Dividend aber nicht o ist.

Anmerkung. Wird also der allgemeine Werth der Unbekannten z in einem besondern Fall = ∞, so zeigt dies nichts weiter an, als daß die Gleichung welche für z die Auflösung gab, in diesem besondern Fall

1) nicht bloß zur Bestimmung von z nicht tauglich sey, sondern auch

2) einen Widerspruch enthalte, also anzeige daß die Voraussetzung, unter welcher man die Gleichung erhielt, für diesen besondern Fall gar nicht statt habe

§. 260. Aufgabe.

Aus den beyden einfachen und von einander unabhängigen Gleichungen

$$ax + by = c \text{ und } mx + py = q$$

den, beyden gemeinschaftlichen Buchstaben y zu eliminiren.

Auflösung. I.

1) Man löse eine der Gleichungen z. B. die erste in Bezug auf y auf, giebt

$$y = \frac{c - ax}{b}$$

2) Diesen Ausdruck $\frac{c - ax}{b}$ setze man statt y in die zweyte Gleichung, und erhält:

$$mx + p \cdot \frac{c - ax}{b} = q$$

welches die gesuchte Eliminationsgleichung ist. (§. §. 249. 250.).

Auflösung. II.

1) Man löse beyde gegebene Gleichungen in Bezug auf y auf und erhält:

$$y = \frac{c - ax}{b} \text{ und } y = \frac{q - mx}{p}$$

2) Beyde Werthe von y verbinde man durch das (=) Zeichen, so hat man

$$\frac{c - ax}{b} = \frac{q - mx}{p}$$

welches die gesuchte Eliminationsgleichung ist.

Auflösung. III.

1) Man betrachte die Koefficienten b und p von y als zwey Nenner und suche ihren General-Nenner (hier bp).

2) Man dividire den General-Nenner durch die Koefficienten b und p und multiplizire die gegebenen Gleichungen beziehlich mit den erhaltenen Quotienten (hier p und b); dies giebt

$$apx + bpy = cp \text{ und } bmx + bpy = bq'$$

3) Diese beyden Gleichungen addire oder subtrahire man von einander, je nachdem das eine oder das andere den Buchstaben y wegfallen macht und erhält so die Gleichung

$$apx - bmx = cp - bq,$$

welches die gesuchte Eliminations-Gleichung ist.

Anmerkung. Betrachtet man die drei in den verschiedenen Auflösungen erhaltenen Resultate, so findet man leicht, daß alle dreie aus einander algebraisch abgeleitete Gleichungen sind, daher mit einander übereinstimmen.

§. 261. Aufgabe.

Aus den drei Gleichungen

$$ax + by + cz = d$$
$$fx + gy + hz = k$$
$$mx + ny + pz = q$$

einen der Buchstaben z. B. z zu eliminiren.

Auflösung. I.

1) Man löse eine der Gleichungen in Bezug auf z auf, z. B. die erste giebt

$$z = \frac{d - ax - by}{c}$$

2) Man setze diesen Werth für z in die beyden übrigen Gleichungen, so erhält man

$$fx + gy + h \cdot \frac{d - ax - by}{c} = k \text{ und}$$

$$mx + ny + p \cdot \frac{d - ax - by}{c} = q$$

welches die beyden gesuchten Eliminations-Gleichungen sind.

Auflösung. II.

1) Man löse alle drei Gleichungen in Bezug auf z auf, und erhält:

$$z = \frac{d - ax - by}{c},\ z = \frac{k - fx - gy}{h},\ \text{und } z = \frac{q - mx - ny}{p}$$

2) Diese Werthe von z verbinde man paarweise durch das Gleichheitszeichen und erhält 3 Gleichungen, von denen je zwey beliebige genommen z. B.

$$\frac{d - ax - by}{c} = \frac{k - fx - gy}{h} \text{ und } \frac{d - ax - by}{c} = \frac{q - mx - ny}{p}$$

der Aufgabe entsprechen. (§. 249. 250.).

Auflösung. III.

1) Man betrachte die drei Koefficienten von y, nehmlich c, h und p als Divisoren und finde für sie den General-Nenner (hier chp).

2) Man dividire mit jedem dieser Koefficienten in diesen General-Nenner und multiplizire mit den sich ergebenden Quotienten (hier hp, cp und ch) beziehlich die gegebenen Gleichungen; dies giebt

$$ahpx + bhpy + chpz = dhp$$
$$cfpx + cgpy + chpz = ckp$$
$$chmx + chny + chpz = chq$$

3) Diese Gleichungen addire man paarweise zu einander, oder subtrahire sie, je nachdem durch das eine oder das andere die z wegfallen, und erhält sonach drei Gleichungen, von denen zwey beliebige z. B.

$$(ahp - cfp)\,x + (bhp - cgp)\,y = dhp - ckp$$

und

und $(ahp - chm) x + (bhp - chn) y = dhp - ckq$ die verlangten Gleichungen sind.

Auflösung IV.

1) Man eliminire z aus der ersten und zweyten Gleichung (nach §. 260.) und erhält:

$$(ah - cf) x + (bh - cg) y = dh - ck$$

2) Man eliminire auch z aus der ersten und dritten Gleichung, und hat:

$$(ap - cm) x + (bp - cn) y = dp - cq$$

und diese zwey Gleichungen sind die gesuchten.

§. 262. Zusatz.

Aus den zwey Gleichungen, welche man hier jedesmal erhält, kann man nachher noch einen der Buchstaben z. B. y eliminiren und erhält dann eine Eliminationsgleichung, welche weder y noch z enthält.

§. 263. Aufgabe.

Aus den vier Gleichungen:

$$ax + by + cz + dv = p$$
$$a'x + b'y + c'z + d'v = p'$$
$$a''x + b''y + c''z + d''v = p''$$
$$a'''x + b'''y + c'''z + d'''v = p'''$$

einen der Buchstaben z. B. v zu eliminiren.

Auflösungen I. II. III. IV.

sind ganz denen (§. §. 260. u. 261.) analog.

§. 264. Zusatz.

Jedesmal erhält man 3 Gleichungen, welche v nicht mehr enthalten und aus denen dann noch nach (§. §. 260. 261.) zwey andere Buchstaben z. B. y und z eliminirt werden können, so daß man zuletzt eine Gleichung hat, welche weder y noch z noch v enthält.

§. 265. Zusatz.

Aus den vorhergehenden Paragraphen erhellet zur Genüge, wie man verfahren müsse, um aus n einfachen Gleichungen einen der allen gemeinschaftlichen Unbekannten zu eliminiren, wie groß auch die Zahl n seyn mag.

Dabey kann man noch bemerken, daß die in den (§. §. 260 u. 261.) angewandte Eliminations-Methoden beziehlich: I. die Substitutions-Methode, II. die Kombinations-Methode und III. die Additions- und Subtraktions- (oder auch die englische) Methode genannt werden.

§. 266. Aufgabe.

Die beyden von einander unabhängigen und einfachen Gleichungen

$$ax + by = c, \quad mx + py = q$$

in Bezug auf die beyden Unbekanten x und y aufzulösen.

Auflösung. I.

1) Man eliminire eine jede der beyden Unbekannten x und y und erhält z. B.,

$$(ap - bm)\,x = cp - bq$$
$$(ap - bm)\,y = aq - cm$$

2) Jede dieser beyden Eliminations-Gleichungen löse man in Bezug auf die Unbekannte auf, die noch in ihr vorkommt; man findet

$$x = \frac{cp - bq}{cp - bm} \text{ und } y = \frac{aq - cm}{ap - bm}$$

und dieses sind die gesuchten Auflösungen.

Auflösung. II.

1) Man eliminire nur einen der Buchstaben z. B. y, und löse die Eliminations-Gleichung

$$(ap - bm)\, x = cp - bq$$

in Bezug auf die andere Unbekannte x auf; dies giebt:

$$x = \frac{cp - bq}{ap - bm}$$

2) Man setze diesen Werth für x in irgend eine der Gleichungen die noch y enthält, und löse nachher diese in Bezug auf y. auf; so hat man

$$y = \frac{aq - cm}{ap - bm};$$

diese beyden Werthe von x und von y sind nun die gesuchten.

Auflösung. III.

1) Man multiplizire die zweyte Gleichung mit einem fremden Buchstaben α und addire die entstehende zu der ersten; und erhält

$$(a + m\alpha)\, x + (b + p\alpha)\, y = c + q\alpha$$

2) Setzt man nun $b + p\alpha = 0$, so wird $\alpha = -\frac{b}{p}$

und $(a + m\alpha)\, x = c + q\alpha$ oder

$$x = \frac{c + q\alpha}{a + m\alpha}$$

wo α den Werth $-\frac{b}{p}$ repräsentirt.

3) Setzt man dagegen $a + m\alpha = 0$, also

$$\alpha = -\frac{a}{m}$$

so wird $y = \frac{c + q\alpha}{b + p\alpha}$, wo α den Werth $-\frac{a}{m}$ repräsentirt. — Man hat daher

$$x = \frac{c + q\alpha}{a + m\alpha} = \frac{c + q\left(-\frac{b}{p}\right)}{a + m.\left(-\frac{b}{p}\right)} = \frac{cp - bq}{ap - bm} \quad \text{und}$$

$$y = \frac{c + q\alpha}{b + p\alpha} = \frac{c + q\cdot\left(-\frac{a}{m}\right)}{b + p\cdot\left(-\frac{a}{m}\right)} = \frac{cm - aq}{bm - ap} = \frac{aq - cm}{ap - bm}$$

§. 267. Zusatz.

Ist $b = o$, so ist die erste der gegebenen Gleichungen $ax = c$ und $x = \frac{c}{a}$; dieser Werth von x in die zweyte gesetzt giebt dann sogleich y. — Aehnliches findet statt, wenn irgend einer der 4 Buchstaben a, b, m, oder p, Null wird.

§. 268. Zusatz.

Ist $b = o$ und zugleich $m = o$, so sind die beyden gegebenen Gleichungen jetzt

$ax = c$ und $pv = q$ dahero sogleich

$$x = \frac{c}{a} \text{ und } y = \frac{q}{p}$$

ohne daß vorher eine Elimination nöthig wäre.

Dasselbe findet statt, wenn $a = o$ und zugleich $p = o$ ist.

§. 269. Zusatz.

Die beyden Gleichungen

$$ax + by = c \text{ und } mx + py = q$$

haben daher allemal eine Auflösung (wenn nur nicht $ap - bm = o$ ist, in welchem Falle die allgemeine Auflösung nicht mehr gilt (§. 120.)); und zugleich auch immer nur eine einzige Auflösung. Denn es sey die (§. 266.) gefundene, dargestellt durch

$$x = A \text{ und } y = B$$

Wäre nun auch noch gefunden

$$x = M \text{ und } y = N$$

so würden alle 4 Gleichungen ohne Einschränkung zugleich statt finden, und es müßte dann, wegen $x = A$ und $x = M$, auch $A = M$, und dann eben so $B = N$ folgern, weshalb die zweyte Auflösung von der ersten nicht verschieden seyn könnte.

Nur darf nicht $ap - bm = o$ seyn.

§. 270. Zusatz.

Ist der Nenner $ap - bm$, in den Auflösungen (§. 266.)

$$x = \frac{cp - bq}{ap - bm} \text{ und } y = \frac{cm - aq}{bm - ap}$$

in einem besondern Falle der Null gleich, so ist entweder keiner der Zähler $cp - bq$ u. $cm - aq$ der Null gleich oder alle beyde zugleich. — Denn die Gleichung $ap - bm = o$ giebt $m = \frac{ap}{b}$ und dies in den zweyten Zähler $cm - aq$ gesetzt giebt solchen $= \frac{cap}{b} - aq$ oder $= \frac{a}{b}(cp - bq)$; woraus die Behauptung hervargeht, wenn man diesen Zähler mit dem ersten $cp - bq$ vergleicht.

§. 271. Zusatz.

Ist aber der Nenner in einem besondern Fall wirklich der Null gleich, also wirklich

$$ap - bm = o,$$

so gelten vorstehende Auflösungen auf keinen Fall, weil

sie nach (§. 120.) ausdrücklich nur unter der Bedingung statt finden, daß der Nenner $ap - bm$ nicht Null ist. — Es muß also dieser Fall noch besonders untersucht werden.

Ist aber $ap - bm = 0$, so giebt dies $p = \frac{bm}{a}$ und die beyden gegebenen Gleichungen

$$ax + by = c \text{ und } mx + py = q$$

werden nun

$$ax + by = c \text{ und } mx + \frac{bm}{a} y = q$$

oder

$$amx + bmy = cm \text{ und } amx + bmy = aq$$

Betrachtet man nun diese beyden Gleichungen für diesen Fall, so findet man, daß sie nicht von einander verschieden sind, wenn $cm = aq$, oder daß sie sich widersprechen, wenn cm nicht $= aq$ ist.

Sind daher die beyden gegebenen Gleichungen

$$ax + by = c \text{ und } mx + py = q$$

in einem besondern Fall nicht mehr von einander unabhängige sondern aus einander abgeleitete, so haben ihre allgemeinen Auflösungen nicht mehr Gültigkeit, und geben, wenn man sie dennoch statt finden lassen will, sowohl für x als auch für y die Form $\frac{0}{0}$.

Sind dagegen die beyden gegebenen Gleichungen

$$ax + by = c \text{ und } mx + py = q$$

in einem besondern Fall so, daß sie sich geradezu widersprechen, also nie beyde zugleich statt finden können, so gelten ihre allgemeinen Auflösungen

$$x = \frac{cp - bq}{ap - bm} \text{ und } y = \frac{aq - cm}{ap - bm}$$

natürlich auch nicht mehr, und wenn man diese Auflösungen dennoch statt finden lassen will, so geben sie sowohl für x als auch für y die Form ∞, (d. h. $\frac{p'}{o}$, wo p' nicht Null ist).

§. 272. Zusatz.

Es fragt sich aber noch, ob diese Sätze auch umgekehrt gelten; d. h. 1) ob, wenn eine allgemeine Auflösung $x = \frac{P}{Q}$ in einem besondern Fall $\frac{o}{o}$ wird, dies allemal anzeige daß die beyden gegebenen Gleichungen, zu denen die allgemeine Auflösung $x = \frac{P}{Q}$ gehört, nicht von einander unabhängig, sondern aus einander abgeleitete seyen; 2) ob, wenn dieselbe allgemeine Auflösung $x = \frac{P}{Q}$ in einem besondern Fall $x = \infty$ giebt, dies allemal anzeige, daß die beyden gegebenen Gleichungen, von denen $x = \frac{P}{Q}$ eine Auflösung ist, gar nicht zugleich neben einander bestehen können, in so ferne sie sich gerade zu widersprechen. —

Geht man aber zu (§. 258). zurück, so ergiebt sich:

I. Im Falle $x = \frac{o}{o}$ wird, muß man erst in dem allgemeinen Ausdruck.

$$\frac{P}{Q}$$

Zähler und Nenner durch das Produkt aller, beyden gemeinschaftlichen Factoren, dividiren. Erhält man dann $\frac{p}{q}$ für x, so ist dieses entweder 1) $\frac{o'}{o}$ oder

2) $\frac{p}{o}$ oder 3) es ist q gar nicht Null. Im ersten Fall ist die Eliminationsgleichung, welche diesen Werth von x giebt, nothwendig identisch, daher die beyden gegebenen Gleichungen

$$ax + by = c, \quad mx + py = q$$

nicht von einander unabhängige. Im zweiten Fall enthält die Eliminationsgleichung, welche diesen Werth von x giebt, einen Widerspruch und es widersprechen sich daher auch dann die beyden gegebenen Gleichungen

$$ax + by = c, \quad mx + py = q$$

Im dritten Fall hat x einen bestimmten Werth.

II. Im Falle aber der allgemeine Werth $\frac{P}{Q}$ in einem besondern Fall die Form ∞ bekommt, d. h. wenn $Q = o$ aber nicht $P = o$ wird, so enthält die Eliminationsgleichung offenbar einen Widerspruch, und es widersprechen sich daher dann auch die beyden gegebenen Gleichungen

$$ax + by = c \text{ u. } mx + py = q$$

offenbar.

§. 273. Aufgabe.

Die drei gegebenen einfachen Gleichungen

$$ax + by + cz = d$$
$$fx + gy + hz = k$$
$$mx + ny + pz = q$$

nach x, y u. z aufzulösen.

Auflösung. I.

1) Man eliminire einen jeden der 3 Unbekannten x, y u. z und ordne die jedesmaligen Eliminationsgleichungen nach den beyden andern Unbekannten.

2) Diese Paare von Eliminationsgleichungen löse man in Bezug auf ihre zwei Unbekannten auf, so hat man die gesuchten Auflösungen; und zwar eine jede doppelt.

Auflösung. II.

1) Man eliminire nur einen der drei Buchstaben z. B. z, und ordne die Eliminationsgleichungen nach x und y; sie werden

$$(ah - cf)\,x + (bh - cg)\,y = dh - ck$$
$$(ap - cm)\,x + (bp - cn)\,y = dp - cq$$

2) Diese beyden Gleichungen löse man nach x und y auf, (§. 266), und erhält

$$x = \frac{ckn + bhq + dgp - bkp - dhn - cgq}{cfn + bhm + agp - bfp - ahn - cgm}$$

$$y = \frac{cfq + akp + dhm - ahq - dfp - cmk}{cfn + bhm + agp - bfp - ahn - cgm}$$

3) Diese Werthe setze man statt x und statt y in irgend eine der Gleichungen, die auch noch z enthält, und löse nachher diese nach z auf, und man wird haben

$$z = \frac{dfn + agq + bkm - dgm - akn - bfq}{cfn + bhm + agp - bfp - ahn - cgm}$$

Auflösung III.

1) Man multiplizire die zweite Gleichung mit α, die dritte mit β, addire die beyden entstehenden und die erste zusammen, so hat man:

$$(a + f\alpha + m\beta)\,x + (b + g\alpha + n\beta)\,y + (c + h\alpha + p\beta)\,z = d + k\alpha + q\beta$$

2) Man setze nun je zwey dieser drei Köfficienten von x, y und z, = o bestimme daraus α und β (nach §. 266.) und hat dann

$$x = \frac{d + k\alpha + q\beta}{a + f\alpha + m\beta}, \text{ wo } \left\{ \begin{matrix} b + g\alpha + n\beta = 0 \text{ und} \\ c + h\alpha + p\beta = 0 \end{matrix} \right\}$$

$$y = \frac{d + k\alpha + q\beta}{b + g\alpha + n\beta}, \text{ wo } \left\{ \begin{matrix} a + f\alpha + m\beta = 0 \text{ und} \\ c + h\alpha + p\beta = 0 \end{matrix} \right\}$$

$$z = \frac{d + k\alpha + q\beta}{c + h\alpha + p\beta}, \text{ wo } \left\{ \begin{matrix} a + f\alpha + m\beta = 0 \text{ und} \\ b + g\alpha + n\beta = 0 \end{matrix} \right\}$$

wo α u. β in diesen 3 Ausdrücken immer andere Werthe repräsentiren, und zwar jedesmal diejenigen, welche aus den beyden andern Köfficienten, indem diese = 0 gesetzt werden, hervorgehen.

§. 274. Zusatz.

Sollten in einem besondern Falle einige der Buchstaben a, b, c, f, g, h, m, n, p, Null werden, so würde das Verfahren in so ferne eine kleine Aenderung leiden, als in einer oder in einigen der gegebenen Gleichungen einer oder einige der Unbekannten schon nicht mehr enthalten wären, also einige Eliminationen überflüssig würden.

Man hat daher bloß darauf zu sehen, daß keiner der Divisoren Null wird, und deshalb, so oft durch einen allgemeinen Ausdruck dividirt wird, die Bedingung (ausdrücklich oder stillschweigend) hinzuzufügen, daß solcher nicht Null sey. — Der besondere Fall selber, in welchem dieser Divisor Null ist, muß jedesmal noch besonders betrachtet werden.

§. 275. Zusatz.

Ist der Divisor in den Werthen von x, y u. z (in §. 273. II.) = 0, und einer der Dividenden dazu, so müssen auch die beyden andern Dividenden = 0 seyn (§. 270.), weil diese Werthe von x u. y aus den beyden Gleichungen (§. 273. II. 1.) hervorgegangen sind, und weil eben so z u. x oder z u. y aus ähnlichen zweien Gleichungen sich ergeben müssen. Ist daher einer der Dividenden, während der Divisor = 0 ist, nicht Null, so ist auch keiner der Dividenden = 0.

Die allgemeinen Auflösungen aus 3 Gleichungen mit 3 Unbekannten x, y und z, geben daher in dem besondern Fall, daß der Nenner = 0 wird,

$x = \frac{0}{0}$ und $y = \frac{0}{0}$ und auch $z = \frac{0}{0}$ zugleich, wenn man sich überzeugt hat, daß dieser Ausdruck $\frac{0}{0}$ nicht deshalb entstanden, weil ein dem Dividenden und dem Divisor gemeinschaftlicher Faktor = 0 wurde; oder sie geben $x = \infty$ und $y = \infty$ und auch $z = \infty$ zugleich.

Der erstere Fall zeigt an, daß die 3 gegebenen Gleichungen nicht alle von einander unabhängig sind, und daß daher entweder alle drei auseinander, oder doch je eine aus den beyden andern algebraisch abgeleitet sind, daß also alle 3 Gleichungen entweder in eine oder doch in zwey von einander-unabhängige zusammenfallen.

Der zweite Fall dagegen, in welchem

$$x = \infty,\ y = \infty \text{ und auch } z = \infty$$

wird, zeigt an, daß die 3 gegebenen Gleichungen für diesen besondern Fall, nie zugleich statt haben können, daher einen Widerspruch in sich enthalten.

§. 276. Zusatz.

Um aber zu wissen, ob im Falle die Werthe von x, y, z, $\frac{0}{0}$ werden, ohne daß dies einem dem Zähler und Nenner gemeinschaftlichen Faktor, der Null geworden ist, beygemessen werden kann, die drei (§. 273.) gegebenen Gleichungen in eine einzige oder in zwey von einander unabhängige zusammenfallen, betrachte man nur ein Paar der Eliminationsgleichungen z. B. die in (§. 273. II. 1.). Sind diese identisch (dies ist aber nur dann der Fall, wenn

$$ah - cf = 0, \quad bh - cg = 0 \text{ und } dh - ck = 0$$

so wie $ap - cm = 0, bp - cn = 0$ und $dp - cq = 0$) so sind alle drei (§. 273.) gegebenen Gleichungen auseinander algebraisch abgeleitete, und fallen deshalb in eine einzige zusammen. Sind diese Eliminationsgleichungen aber nicht identisch, sondern bloß auseinander abgeleitete, so fallen die Gleichungen (§. 273.) in zwey von einander unabhängige zusammen.

§. 277. Zusatz.

Sind aber alle 3 Gleichungen wirklich von einander unabhängig, und enthalten sie keinen Widerspruch, so ist allemal eine Auflösung möglich, aber auch nur eine einzige. (§. 269.)

Dies ist also immer der Fall, so oft der Divisor in den (§. 273. II.) aufgestellten Werthen, nicht Null wird.

§. 278. Aufgabe.

Die 4 einfachen Gleichungen

$$ax + by + cz + dv = p$$
$$a'x + b'y + c'z + d'v = p'$$
$$a''x + b''y + c''z + d''v = p''$$
$$a'''x + b'''y + c'''z + d'''v = p'''$$

nach den 4 Unbekannten x, y, z, und v aufzulösen.

Auflösung. I. II. III.

sind völlig wie die in (§. 273.).

Man erhält aber nach Auflösung III.

$$x = \frac{p + p'\alpha + p''\beta + p'''\gamma}{a + a'\alpha + a''\beta + a'''\gamma}$$

wo α, β und γ bestimmt sind durch die Gleichungen:

$$b + b'\alpha + b''\beta + b'''\gamma = 0$$
$$c + c'\alpha + c''\beta + c'''\gamma = 0$$
$$d + d'\alpha + d''\beta + d'''\gamma = 0$$

$$y = \frac{p + p'\alpha + p''\beta + p'''\gamma}{b + b'\alpha + b''\beta + b'''\gamma},$$ wo α, β, γ

bestimmt sind durch die Gleuchungen

$$a + a'\alpha + a''\beta + a'''\gamma = 0$$
$$c + c'\alpha + c''\beta + c'''\gamma = 0$$
$$d + d'\alpha + d''\beta + d'''\gamma = 0$$

$$z = \frac{p + p'\alpha + p''\beta + p'''\gamma}{c + c'\alpha + c''\beta + c'''\gamma},$$

wo α, β, γ, bestimmt sind durch die Gleichungen:

$$a + a'\alpha + a''\beta + a'''\gamma = 0$$
$$b + b'\alpha + b''\beta + b'''\gamma = 0$$
$$d + d'\alpha + d''\beta + d'''\gamma = 0$$

endlich

$$v = \frac{p + p'\alpha + p''\beta + p'''\gamma}{d + d'\alpha + d''\beta + d'''\gamma},$$

wo α, β, γ, bestimmt sind durch die Gleichungen

$$a + a'\alpha + a''\beta + a'''y = 0$$
$$b + b'\alpha + b''\beta + b'''\gamma = 0$$
$$c + c'\alpha + c''\beta + c'''\gamma = 0.$$

§. 279. Zusatz.

Wird einer dieser allgemeinen Werthe von x, y, z, v in einem besondern Falle $= \frac{0}{0}$ und hat man sich überzeugt, daß dieser Umstand nicht davon herrührt, daß einer der dem Zähler und Nenner gemeinschaftlichen Faktoren in diesem besondern Fall 0 wird, so werden sie alle $= \frac{0}{0}$. Wird aber einer derselben $= \infty$, so werden sie alle $= \infty$. (§. 275.)

Der Werth $\frac{0}{0}$ für x, y, z, oder v zeigt dann allemal an, daß die 4 gegebenen Gleichungen (§. 278.) nicht von einander unabhängig sind, und entweder in eine oder in zwey oder in drei zusammenfallen, je nachdem die drei durch Elimination von v (z. B.) entstehenden Eliminationsgleichungen, alle identisch werden, oder in eine oder in zwey von einander unabhängige zusammenfallen. (§. 276.)

Der Werth ∞, den die allgemeinen Ausdrücke für x, y, z, oder v in einem besondern Fall an die Hand geben, zeigt dagegen allemal an, daß die 4 Gleichungen in diesem besondern Fall nie zugleich statt haben können, sondern einen Widerspruch enhalten. (§. 272.)

§. 280. Zusatz.

Den Fall, in welchem der Divisor der (§. 278.) für x, y, z, v gefundenen allgemeinen Ausdrücke der Null gleich wird, ausgenommen, haben die 4 Gleichungen allemal eine, aber auch nur eine einzige Auflösung. (§. 269.)

§. 281. Zusatz.

Es ist übrigens nun sehr leicht einzusehen, wie man verfahren müsse, um überhaupt n einfache Gleichungen nach n Unbekannten aufzulösen. — Dabey folgt noch allemal

1) So lange der Divisor in den allgemeinen Ausdrücken nicht Null wird, so lange ist allemal eine Auflösung der Aufgabe möglich, aber auch nur eine einzige.

2) Wird aber in einem besondern Falle, der gedachte Divisor = o, so werden entweder alle allgemeinen Werthe der Unbekannten $= \frac{o}{o}$ wenn man sich bey einem derselben überzeugt hat, daß kein dem Zähler und Nenner gemeinschaftlicher und zu Null gewordener Faktor Ursache ist, oder alle werden $= \infty$

3) Werden diese Ausdrücke $= \frac{o}{o}$, so zeigt dies allemal an, daß die Gleichungen nicht alle von einander unabhängig sind, sondern in eine geringere Anzahl zusammenfallen.

4) Werden aber die allgemeinen Werthe in einem besondern Fall $= \infty$, so zeigt dies an, daß die n gegebenen Gleichungen einen Widerspruch enthalten, daher nie alle zu gleicher Zeit statt finden können.

§. 282. Zusatz.

Sind nur m einfache und wirkliche von einander unabhängige Gleichungen zwischen einer größern Zahl n von Unbekannten gegebenen, so kann man m von den n Unbekannten in die n — m übrigen ausdrücken. Diesen n — m übrigen, kann man nun ganz beliebige Werthe beylegen, und erhält jedesmal die zugehörigen Werthe der erstern m Unbekannten, so daß die angenommenen und die dazu gefundenen Werthe aller n Unbekannten, den gegebenen m Gleichungen ein Genüge leisten.

So oft also weniger Gleichungen gegeben sind, als Unbekannte, diese Gleichungen aber einfache sind und sich dabey nicht widersprechen, so oft kann man für die Unbekannten nach Willkühr eine beliebige unendliche Menge von Auflösungen entwickeln, die, in so ferne sie zusammengehörige sind, den gegebenen Gleichungen ein Genüge leisten.

Dasselbe gilt aber nicht bloß von den einfachen sondern auch von beliebigen algebraischen Gleichungen, so wie auch von den transcendenten, unter der Voraussetzung jedoch, daß die nöthigen Auflösungen wirklich entwickelt, oder doch als möglich gedacht werden können.

Beispiel. 1. Ist gegeben die Gleichung $ax + by = c$, zwischen den beyden Unbekannten x und y, so findet man z. B. $x = \frac{c - by}{a}$, wo y jeden beliebigen Werth repräsentirt. — Setzt man nun z. B. $y = \frac{a}{b}$ so wird $x = \frac{c - a}{a}$ und diese beyden Werthe von x und von y leisten der gegebenen Gleichung ein Genüge. — Hätte man statt y einen beliebigen andern Werth gesetzt, so würde man auch für x einen andern Werth erhalten, und beyde zusammengehörigen Werthe würden der Gleichung wiederum ein Genüge geleistet haben.

Beispiel. 2. Ist gegeben die Gleichung

$$ax + by + cz = d$$

zwischen den 3 Unbekannten x, y, z, so findet man

z. B.

z. B. $x = \frac{d - by - cz}{a}$, wo y und z jeden beliebigen Ausdruck repräsentiren.

Beispiel. 3. Wären dagegen gegeben die beyden Gleichungen

$ax + by + cz = d$ und $mx + ny + pz = q$

zwischen den 3 Unbekannten x, y und z, so würde man gefunden haben

$$y = \frac{(d - cz)m - (q - pz)a}{bm - an} \text{ und}$$

$$x = \frac{(q - pz)b - (d - cz)n}{bm - an}$$

oder

$$y = \frac{dm - aq + (ap - cm)z}{bm - an}$$

$$x = \frac{bq - dn + (cn - bp)z}{bm - an}$$

wo z jeden beliebigen Ausdruck repräsentirt.

Aehnliche Beyspiele lassen sich leicht für 4 und für beliebig viel Unbekannte, zwischen denen man eine geringere Anzahl von Gleichungen hat, aufstellen.

§. 283. Zusatz.

Führen daher allgemeine Auflösungen mehrerer Gleichungen mit eben so viel Unbekannten in einem besondern Fall zu der Form $\frac{0}{0}$, doch ohne daß diese Form von einem gemeinschaftlichen und zu Null gewordenen Faktor herrührt, so ist dies ein Zeichen, daß die gegebenen Gleichungen unendlich viele Auflösungen zulassen, in so ferne dann weniger von einander unabhängige Gleichungen gegeben sind, als Unbekannte.

§. 284.

Sind aber mehr Gleichungen gegeben als Unbekannte, z. B. n Gleichungen zwischen m Unbekannten wo $n > m$ ist, so kann man die m Unbekannten aus den n Gleichungen eliminiren und erhält dann $n - m$ Eliminationsgleichungen, die gar keinen Unbekannten sondern lauter gegebene Ausdrücke enthalten. Daher sind nur zwey Fälle denkbar, 1) entweder diese Gleichungen sind in der That alle identische, und dann folgt, daß die n Gleichungen nicht alle von einander unabhängig waren, sondern daß man eigentlich nur m oder eine geringere Zahl von einander wirklich unabhängiger Gleichungen hatte, mit eben so viel Unbekannten; oder 2) diese $n - m$ Eliminationsgleichungen widersprechen sich alle oder zum Theil gerade zu, und dies ist dann ein Beweis, daß diese n Gleichungen nicht zugleich mit einander bestehen können, daß also die Voraussetzung unter der sie entstanden sind, für diesen Fall nicht mehr Statt habe.

Im allgemeinen sind die $n - m$ Eliminationsgleichungen als die Bedingungen anzusehen, welche erfüllt seyn müssen, wenn die gegebenen n Gleichungen eine Bestimmung ihrer m Unbekannten zulassen sollen.

Anmerkung. Was aber von einfachen Gleichungen gesagt wurde, gilt mit den nöthigen Modifikationen von allen beliebigen algebraischen Gleichungen nicht minder, eben so wie von den transcendenten Gleichungen, jedoch unter der Voraussetzung, daß jede erforderliche Auflösung wirklich entwickelt, oder doch als möglich gedacht werden könne.

§. 285. Zusatz.

So oft daher n Gleichungen in Bezug auf n Unbekannte, einfache und wirklich von einander unabhängige Gleichungen sind, die sich auch nicht widersprechen, so oft haben diese n Unbekannten bestimmte Werthe. Hat man daher aus den gegebenen n Gleichungen durch beliebige Verbindung mit einander, n neue Gleichungen abgeleitet, die nach denselben n Unbekannten einfache und noch von einander unabhängige sind, so bezeichnen diese n Unbekannten noch immer dieselben Werthe, so daß diese letztern n Gleichungen in Bezug auf die Bestimmung der n Unbekannten, die ersten n gegebenen Gleichungen gänzlich ersetzen.

Es ist dies aber deshalb vorzüglich wichtig, weil man aus gegebenen Gleichungen, öfters andere ableiten kann, aus denen die Bestimmung der Werthe der Unbekannten weit einfacher und leichter hervorgeht, als gerade zu aus den gegebenen.

Beyspiel. Seyen gegeben die Gleichungen

$$\left.\begin{array}{l} ax + ay + az = f \\ bx + by + bv = g \\ cx + cz + cv = h \\ dy + dz + dv = k \end{array}\right\} A$$

und solche nach x, y, z, v, aufzulösen.

Man leite zuerst daraus ab

$$\left.\begin{array}{l} x + y + z = \frac{f}{a} \\ x + y + v = \frac{g}{b} \\ x + z + v = \frac{h}{c} \\ y + z + v = \frac{k}{d} \end{array}\right\} B$$

Nun addire man diese 4 Gleichungen und erhält

$$x + y + z + v = \frac{1}{3}\left(\frac{f}{a} + \frac{g}{b} + \frac{h}{c} + \frac{k}{d}\right) \quad (C)$$

Von dieser Gleichung C die Gleichungen B eine nach der andern subtrahirt, giebt:

$$v = \frac{1}{3}\left(-\frac{2f}{a} + \frac{g}{b} + \frac{h}{c} + \frac{k}{d}\right)$$

$$z = \frac{1}{3}\left(\frac{f}{a} - \frac{2g}{b} + \frac{h}{c} + \frac{k}{d}\right)$$

$$y = \frac{1}{3}\left(\frac{f}{a} + \frac{g}{b} - \frac{2h}{c} + \frac{k}{d}\right)$$

$$x = \frac{1}{3}\left(\frac{f}{a} + \frac{g}{b} + \frac{h}{c} - \frac{2k}{d}\right)$$

oder

$$y = \frac{-2bcdf + acdg + abdh + abck}{3abcd}$$

$$z = \frac{bcdf - 2acdg + abdh + abck}{3abcd}$$

$$y = \frac{bcdf + acdg - 2abdh + abck}{3abcd}$$

$$x = \frac{bcdf + acdg + abdh - 2abck}{3abcd}$$

welches die Auflösungen der gegebenen Gleichungen seyn müssen.

Zahlenlehre.

Dreizehntes Kapitel.

Von der Auflösung der quadratischen Gleichungen. Von den reellen und den imaginären Quadratwurzeln.

§. 286. Aufgabe.

Die reine quadratische Gleichung

$$x^2 = a$$

nach x aufzulösen.

Auflösung.

1) Unter der Voraussetzung, daß a eine absolute Zahl, setze man $(\sqrt{a})^2$ statt a, wo $\sqrt{a}$ eine absolute Zahl repräsentirt (§. 183.) und erhält

$$x^2 = (\sqrt{a})^2$$

oder $$x^2 - (\sqrt{a})^2 = 0.$$

2) Den Ausdruck links zerlege man nach der Formel

$$a^2 - b^2 = (a - b)(a + b)$$

und man erhält:

$$(x - \sqrt{a})(x + \sqrt{a}) = 0.$$

3) Ferner dividire man nun abwechselnd durch $x + \sqrt{a}$ und durch $x - \sqrt{a}$, und erhält

1) $x - \sqrt{a} = 0$ und 2) $x + \sqrt{a} = 0$

und zwar eine jede unter der Voraussetzung, daß die andere nicht statt findet (§. 120.).

4) Endlich erhält man hieraus:

1) $x = \sqrt{a}$ und 2) $x = - \sqrt{a}$;

so daß also die Gleichung $x^2 = a$ oder $x^2 - a = 0$, zwey Auflösungen hat, d. h. daß es zwey Werthe giebt, einen absoluten (oder positiven) α und noch einen negativen $-\alpha$, welche statt x gesetzt, die Gleichung $x^2 = a$ oder $x^2 - a = 0$ identisch machen.

§. 287. Zusatz.

Diese beyden Auflösungen finden statt, wenn a einer absoluten Zahl gleich ist. Ist aber

$$a = 0$$

so wird die gegebene Gleichung jetzt

$$x^2 = 0$$

durch $x = 0$ identisch,

welches die einzige Auflösung dieses Falles ist, wie man sich leicht überzeugen kann.

Ist endlich a einer negativen Zahl gleich, so leistet weder eine positive noch eine negative Zahl noch die Null der gegebenen Gleichung

$$x^2 = a$$

ein Genüge.

Bemerkung.

Wir sehen uns daher hier, wie oft schon früher bey andern Zahlzeichen, genöthigt den Begriff der Wurzel dergestalt zu erweitern, daß eine Allgemeinheit der dahin einschlagenden Untersuchungen möglich wird.

§. 288. Erklärung.

Man erweitere demnach den Begriff der Quadratwurzel oder der zweyten Wurzel dahin, daß man jedes Zeichen von der Form

$$\sqrt[2]{a} \text{ oder bloß } \sqrt{a}$$

darunter verstehe, in welchem a ganz willkührlich ist, und welches jeden Ausdruck repräsentirt, der mit 2 potenzirt, a giebt; oder jeden Ausdruck, welcher statt x gesetzt, der Gleichung

$$x^2 = a$$

ein Genüge leistet.

§. 289. Zusatz.

Ist also a eine absolute Zahl, so repräsentirt

$$\sqrt{a}$$

zwey verschiedene Ausdrücke, eine absolute Zahl α (oder $+\alpha$) und die negative Zahl $-\alpha$, welche beyde Werthe auch durch

$$+\sqrt{a} \text{ und } -\sqrt{a}$$

vorgestellt werden können, in so ferne man sich in diesen beyden letzten Ausdrücken unter $\sqrt{a}$ den absoluten Werth der Wurzel denkt.

§. 290. Zusatz.

Weil aber die $\sqrt{a}$ in einem besondern Fall (wenn nehmlich a eine absolute Zahl ist), der obigen Definition zu Folge, zwey Werthe repräsentirt, der allgemeinere Begriff aber jedesmal den besondern in sich enthalten muß, so folgt, daß man der gegebenen Erklärung (§. 188.) zu Folge, diese

$$\sqrt{a},$$

wenn a allgemein gedacht wird, (so daß dieses a eben so gut eine absolute Zahl seyn kann, als auch nicht) als ein Zeichen ansehen muß, welches zwey verschiedene Ausdrücke vorstellt, so daß, wenn der eine durch α vorgestellt würde, der zweyte $= -\alpha$ seyn müßte; so also, daß man diese beyden Werthe auch im allgemeinen durch

$$+\sqrt{a} \text{ und } -\sqrt{a}$$

vorstellen kann, indem man sich in diesen beyden letzten Ausdrücken, unter $\sqrt{a}$ einen und denselben bestimmten Werth dieser Wurzel denkt.

§. 291. Zusatz.

Weil aber $\sqrt{a}$, dem zu Folge, ein zweydeutiges Zeichen ist, d. h. ein Zeichen, welches, wo es steht, jedesmal einen von zwey verschiedenen Ausdrücken repräsentirt, welches aber den einen derselben eben so gut vorstellen kann, als den zweyten, so muß man sich bey dem Operiren mit solchen Quadrat-Wurzeln wohl vorsehen, und nicht eine Wurzel z. B. $\sqrt{a}$, wenn sie in einem Ausdruck, oder in einer Gleichung mehreremale vorkommt, auch als einen und denselben Ausdruck behandeln, bevor man sich nicht vorher überzeugt hat, daß dieselbe $\sqrt{a}$, so oft sie vorkommt, auch jedesmal eine und dieselbe Bedeutung habe, d. h. auch jedesmal einen und denselben ihrer beyden Werthe repräsentire.

Anmerkung. Dies ist die einzige Vorsicht, die sich unmittelbar aus der Natur dieser Quadrat-Wurzeln ergiebt, und welche jede Schwierigkeit hebt, die bey dem Arbeiten mit solchen Wurzeln im allgemeinen obwalten könnte. Man darf also nicht unbedingt setzen

$2\sqrt{a}$ statt $\sqrt{a} + \sqrt{a}$

nicht $(\sqrt{a})^2$ statt $\sqrt{a} \cdot \sqrt{a}$

nicht $(p \pm q)\sqrt{a}$ statt $p\sqrt{a} \pm q\sqrt{a}$

u. s. w. f.

auch nicht unbedingt aus $\sqrt{a} = \alpha$ und $\sqrt{a} = \beta$ schließen, daß auch $\alpha = \beta$; weil alles dieses voraussetzen würde, daß in jedem dieser Ausdrücke die zweymal vorkommende $\sqrt{a}$ jedesmal ein und derselbe Ausdruck sey, was nicht nothwendig der Fall seyn muß, in so ferne recht füglich die erste $\sqrt{a}$ den einen, die zweite $\sqrt{a}$ aber den zweyten ihrer Werthe repräsentiren kann.

§. 292. Zusatz.

Beherzigt man diesen Umstand gehörig, so ist es sehr leicht einzusehen, daß die (§. 49. u. §. 54.) aufgestellten Gleichungen für wirkliche Wurzeln, die (§. 185.) für absolute Wurzeln erweitert worden sind, auch noch für die hiesigen allgemeinen Quadrat-Wurzeln statt finden, wenn man nur nicht übersieht, daß es (zur Zeit noch) keine anderen Potenzen giebt, als solche deren Exponenten Differenzen ganzer Zahlen gleich sind, wenn man also auch nur solche Potenzen zuläßt.

Es ist daher

1) $(\sqrt{a})^2 = a$

2) $\sqrt{(a^2)} = a$

3) $\sqrt{ab} = \sqrt{a} \cdot \sqrt{b}$

4) $\sqrt{a:b} = \sqrt{a} : \sqrt{b}$

5) $\sqrt{(a^n)} = a^{n:2}$, wenn $n:2$ einer

Differenz ganzer Zahlen gleich ist

6) $\sqrt{(a^n)} = (\sqrt{a})^n$

wenn nur n einer Differenz ganzer Zahlen gleich ist;

7) $a\sqrt{b} = \sqrt{a^2 b}$

8) $(\sqrt{a}):b = \sqrt{a:b^2}$

9) $a:\sqrt{b} = \sqrt{a^2 : b}$

Die Richtigkeit dieser Formeln erhellet zunächst daraus, daß in einer jeden Gleichung eine Seite derselben eine Quadrat-Wurzel ist, während die andere Seite jedesmal die Eigenschaft hat, (wie man sich leicht überzeugen kann), daß solcher mit 2 potenzirt, den Radikanden der Quadrat-Wurzel giebt.

Anmerkung. Man muß aber, um keinen unrichtigen Begriff von der Gültigkeit dieser Formeln aufzufassen, wohl erwägen, was (§. 291.) von diesen Quadrat-Wurzeln gesagt ist. — Hat man daher z. B. die Gleichung

$$\sqrt{ab} = \sqrt{a} . \sqrt{b}$$

so giebt der Ausdruck rechts, mit 2 potenzirt, erst $(\sqrt{a}\sqrt{b})^2$ dann $(\sqrt{a})^2 (\sqrt{b})^2$, dann ab; d. h. welchen ihrer beyden Werthe $\sqrt{a}$ und $\sqrt{b}$ auch vorstellen mögen, so giebt das Produkt

$$\sqrt{a}\sqrt{b}$$

doch immer einen Ausdruck, der mit 2 potenzirt, ab giebt; so daß also das Produkt $\sqrt{a}\sqrt{b}$ doch nothwendig immer ein Werth der $\sqrt{ab}$ seyn muß. Die Gleichung

$$\sqrt{ab} = \sqrt{a}\sqrt{b}$$

lehrt daher bloß, daß einer der Werthe von $\sqrt{ab}$ gleich sey dem Produkt von einem der Werthe von $\sqrt{a}$ mit einem der Werthe von $\sqrt{b}$; dagegen lehrt sie nicht: daß jeder beliebige Werth von $\sqrt{ab}$ gleich sey, dem Produkt aus jedem beliebigen Werthe von $\sqrt{a}$, mit jedem beliebigen Werth von $\sqrt{b}$.

Dasselbe gilt von den übrigen Gleichungen des vorstehenden Paragraphen.

Betrachtet man dagegen die erste Gleichung

$$(\sqrt{a})^2 = a$$

so sieht man leicht, daß man in ihr statt $\sqrt{a}$ jeden beliebigen ihrer beyden Werthe gesetzt denken könne.

Dagegen drückt die zweite Gleichung

$$\sqrt{(a^2)} = a$$

bloß aus, daß a mit 2 potenzirt, a^2 giebt, daß also a ein Werth der Wurzel $\sqrt{(a^2)}$ ist. In dieser Gleichung

$\sqrt{a^2} = a$, so wie in der andern

$\sqrt{a^2} = -a$

repräsentirt daher jedesmal die $\sqrt{(a^2)}$ links nur einen, und zwar einen bestimmten ihrer beyden Werthe. Die Gleichung

$$\sqrt{(a^2)} = a$$

lehrt daher bloß, daß wenn man statt $\sqrt{(a^2)}$ einen ihrer Werthe setzt, und zwar denjenigen bestimmten, den sie gerade repräsentirt, so erhält man eine identische Gleichung.

§. 293. Zusatz.

Nach dieser Erweiterung des Begriffes der Quadratwurzel (des Zeichens $\sqrt{a}$) hat aber die reine quadratische Gleichung

$$x^2 = a \text{ oder } x^2 - a = 0$$

im allgemeinen jedesmal zwey Auflösungen, nehmlich

$$x = +\sqrt{a} \quad \text{und} \quad x = -\sqrt{a}$$

wo $\sqrt{a}$ in beyden letzten Gleichungen einen und denselben ihrer beyden Werthe repräsentirt, gleichgültig welchen, und wo eine jede dieser Gleichungen nur unter der Voraussetzung gilt, daß die andere nicht mit ihr zugleich statt habe. (§. 286.)

Ist aber der Radikand a der Null gleich, so finden diese Auflösungen nicht mehr statt. Man erhält aber in diesem Fall statt der gegebenen Gleichung diese andere

$$x^2 = 0,$$

welcher durch $x = 0$ genügt wird, und welche kein andrer Werth von x identisch machen kann. Weil nun jede der beyden allgemeinen Auflösungen

$$x = + \sqrt{a} \text{ und } x = - \sqrt{a}$$

in diesem Falle ebenfalls $x = 0$ geben, so können sie für diesen Fall beybehalten werden.

§. 294. Aufgabe.

Die unreine quadratische Gleichung

$$x^2 + ax = b$$

aufzulösen.

Auflösung.

1) Man dividire den Koeffizienten a durch 2 (giebt $\frac{1}{2}a$ oder $a:2$), quadrire dieses Resultat (giebt $\frac{1}{4}a^2$ oder $a^2:4$) und addire solches zu der gegebenen Gleichung, und man erhält

$$x^2 + ax + \tfrac{1}{4}a^2 = b + \tfrac{1}{4}a^2$$

oder $$x^2 + ax + \tfrac{1}{4}a^2 = \frac{4b + a^2}{4}$$

oder $$(x + \tfrac{1}{2}a)^2 = \frac{4b + a^2}{4}$$

2) Diese in Bezug auf $x + \frac{1}{2}a$, als die Unbekannte, reine quadratische Gleichung giebt aber (§. 293.)

$$x + \tfrac{1}{2}a = \sqrt{\left(\frac{4b + a^2}{4}\right)} \text{ und } x + \tfrac{1}{2}a = -\sqrt{\left(\frac{4b + a^2}{4}\right)}$$

wo die Wurzel $\sqrt{\left(\frac{4b + a^2}{4}\right)}$ jedesmal denselben, übrigens beliebigen ihrer beyden Werthe repräsentirt, und wo jede Gleichung nur unter der Voraussetzung gilt, daß die andere nicht mit ihr zugleich statt habe.

3) Hieraus erhält man aber:

$$x = -\frac{1}{2}a + \sqrt{\left(\frac{4b + a^2}{4}\right)} \text{ und } x = -\frac{1}{2}a - \sqrt{\left(\frac{4b + a^2}{4}\right)}$$

oder auch, nach (§. 292. n. 4.):

$$x = \frac{-a + \sqrt{4b + a^2}}{2} \text{ und } x = \frac{-a - \sqrt{4b + a^2}}{2},$$

immer unter der Voraussetzung, daß jede nur dann statt findet, wenn die andere nicht; und daß die vorkommende $\sqrt{4b + a^2}$ jedesmal einen und denselben, übrigens beliebigen ihrer Werthe repräsentire.

Anmerkung. Beyde von einander verschiedene Werthe, welche durch die Auflösung einer solchen quadratischen Gleichung für die Unbekannte x erhalten werden, pflegt man auch gewöhnlich in die eine folgende Formel zu bringen, nehmlich:

$$x = -\frac{1}{2}a \pm \sqrt{\left(\frac{4b + a^2}{4}\right)} \text{ oder } x = \frac{-a \pm \sqrt{(4b + a^2)}}{2}$$

§. 295. Zusatz.

Hätte man statt der obigen Gleichung

$$x^2 + ax = b$$

diese andere $x^2 - ax = b$

gehabt, so würde man auf demselben Wege erhalten haben:

$$1)\ x = \frac{+a + \sqrt{4b + a^2}}{2} \text{ und } 2)\ x = \frac{+a - \sqrt{4b + a^2}}{2}$$

so daß also die Gleichungen

$$x^2 \pm ax = b$$

zu Auflösungen giebt

$$1)\ x = \frac{\mp a + \sqrt{4b + a^2}}{2} \text{ und } 2)\ x = \frac{\mp a - \sqrt{4b + a^2}}{2}$$

§. 296. Zusatz.

Jede quadratische Gleichung

$$ax^2 + bx + c = 0$$

wo a u. b u. c Null oder beliebige Zahlzeichen seyn können, wenn nur a nicht Null ist, (denn in diesem Falle wäre sie nicht mehr quadratisch), läßt sich daher leicht auflösen, weil sie durch Division mit dem Koeffizienten von x^2 leicht auf eine der vorhergehenden Formen gebracht werden kann.

Dabey hat jede quadratische Gleichung jedesmal zwey Auflösungen, einen einzigen Fall ausgenommen, in welchem die beyden Auflösungen in eine einzige zusammenfallen.

§. 297. Erklärung.

Einen (Ziffern-) Ausdruck nenne ich reel, wenn er der Null oder einer positiven oder einer negativen Zahl gleich ist; dagegen imaginär, wenn er keinem der genannten Zahlzeichen gleich ist.

§. 298. Zusatz.

Die Wurzel

$$\sqrt{a}$$

ist daher reel, wenn a Null oder einer positiven Zahl gleich ist, dagegen ist dieselbe Wurzel imaginär, wenn a negativ ist.

Anmerkung. Statt der Worte reel und imaginär, gebraucht man zuweilen auch beziehlich diese andern, nehmlich möglich und unmöglich.

§. 299. Erklärung.

Einen der beyden Werthe der imaginären Wurzel

$$\sqrt{-1}$$

bezeichne ich von nun an immer durch den Buchstaben

i*)

des kleinen lateinischen Alphabets, so daß

$+ i$ der eine und

$- i$ der andere der beyden Werthe der imaginären Wurzel $\sqrt{-1}$ ist.

§. 300. Zusatz.

Es folgt sogleich:

$$i^1 = i, \quad i^2 = -1, \quad i^3 = -i, \quad i^4 = 1$$

$$i^5 = i, \quad i^6 = -1, \quad i^7 = -i, \quad i^8 = 1$$

u. s. w. und allgemein

$$i^{4n+1} = i, \quad i^{4n+2} = -1, \quad i^{4n+3} = -i, \quad i^{4n+4} = 1$$

so wie auch $i^0 = 1$ und $i^{4n} = 1$, unter der Voraussetzung, daß statt n Null oder jede beliebige absolute ganze Zahl gesetzt wird.

Anmerkung. Auch ist $i\,i = -1$, aber nicht unbedingt $\sqrt{-1} \,.\, \sqrt{-1} = -1$. Denn statt $i\,i$ muß man der Definition (§. 43.) gemäß, unbedingt i^2 setzen; und daß $i^2 = -1$ ist, folgt aus der Definition dieser i. — Dagegen kann man nicht unbedingt $(\sqrt{-1})^2$ statt $\sqrt{-1} \,.\, \sqrt{-1}$ setzen, weil dieses, derselben Definition der ganzen Potenz (§. 43. §. 121.) gemäß, voraussetzt, daß beyde Faktoren einander gleich seyen, also hier, daß beyde auch dieselbe Bedeutung haben, was nicht gerade nothwendig ist. Denn es kann das erste $\sqrt{-1}$ den Werth i, das andere dagegen gerade den andern Werth $- i$ repräsentiren, so daß das Pro-

*) Diese Bezeichnung hat schon Gauss gebraucht, und nach ihm Kramp, nur mit dem Unterschied, daß jene durch i die Wurzel $\sqrt{-1}$, also das zweydeutige Zeichen zu bezeichnen scheinen, während i hier jedesmal, so oft es vorkommt, nur einen und denselben der beyden Werthe von $\sqrt{-1}$ repräsentirt.

dukt $\sqrt{-1} \cdot \sqrt{-1}$ eigentlich steht statt i (— i); diese ist aber dann.

$$= - i \cdot i = - i^2 = -(-1) = +1 = 1$$

Dagegen ist z. B. allemal

$$\sqrt{-1} \cdot \sqrt{-1} = \sqrt{1} \quad (\S.\ 292.\ n.\ 3.)$$

d. h. ein Werth von $\sqrt{-1}$, multiplizirt mit irgend einem Werth derselben Wurzel $\sqrt{-1}$, giebt allemal zum Produkt einen Werth von $\sqrt{1}$, welchen aber, bleibt hieraus völlig unbestimmt, so daß $\sqrt{-1}$ $\sqrt{-1}$ in einem Fall den Werth — 1, in einem andern Fall dagegen wohl auch den Werth + 1 haben kann.

§. 301. Zusatz.

Aus (§. 292. n. 3.) folgt auch noch:

$$i\,[\sqrt{a}] = \sqrt{(-a)}$$

dahero auch

$$i\sqrt{a} = \sqrt{(-a)} \quad \text{und}$$

$$-i\sqrt{a} = \sqrt{(-a)}$$

so daß $i\sqrt{a}$ und $-i\sqrt{a}$ die beyden Werthe von der Wurzel $\sqrt{(-a)}$ vorstellen, wenn nur $\sqrt{a}$ in diesen beyden Ausdrücken zwar einen beliebigen aber jedesmal denselben ihrer beyden Werthe vorstellt.

Ist daher a eine absolute Zahl und $\sqrt{a}$ ihre absolute Wurzel, so sind

$i \cdot \sqrt{a}$ und $-i\sqrt{a}$ die beyden Werthe der imaginären Wurzel $\sqrt{-a}$.

§. 302. Lehrsatz.

Bezeichnen m, n, p, q, beliebig reele Zahlen (d. h Null oder positive oder negative) und ist

$$m + ni = p + qi$$

so muß auch

$$m = p \text{ und } n = q \text{ seyn.}$$

Beweis.

Beweis. Denn wäre nicht $n = q$, so erhielte man nothwendig

$$i = \frac{m-p}{q-n}$$

also i reel, welches nicht der Fall ist. Folglich ist $n = q$ und dann auch $m = p$.

§. 303. Zusatz.

Ist daher

$$m + ni = o$$

so muß $m = o$ und auch $n = o$ seyn.

§. 304. Bemerkung.

Der Ausdruck

$$p + qi$$

in welchem man sich p und q nach Belieben reel denkt, stellt sowohl einen reelen als auch einen imaginären Ausdruck vor. Soll nehmlich der Ausdruck $p + qi$ einem gegebenen reelen Ausdruck m gleich werden, so denkt man sich $q = o$ und $p = m$. Soll derselbe Ausdruck aber einem gegebenen imaginären Ausdruck $m + ni$ gleich seyn (wo m und n reele Zahlen sind, und n nicht Null seyn kann) so hat man sich nur $q = n$ (also nicht Null) und $p = m$ zu denken.

§. 305. Lehrsatz.

In jeder quadratischen Gleichung

$$ax^2 + bx + c = o$$

in welcher die Koeffizienten a, b, c, beliebig reele Zahlzeichen sind, wenn nur a nicht Null ist, (weil dann die Gleichung keine quadratische wäre), repräsentirt der Unbekannte x allemal einen Ausdruck von der Form $p + qi$, wo p u. q reel sind.

Beweis. Löst man die gegebene quadratische Gleichung auf, so erhält man für x die Auflösungen

1) $x = -\frac{b}{2a} + \sqrt{\left(\frac{b^2 - 4ac}{4a^2}\right)}$ und 2) $x = -\frac{b}{2a} - \sqrt{\left(\frac{b^2 - 4ac}{4a^2}\right)}$

Nun ist der Radikand dieser Wurzel

$$\frac{b^2 - 4ac}{4a^2}$$

oder, was auf Eins hinauskommt, der Dividend hievon, nehmlich $b^2 - 4ac$ entweder positiv oder Null oder negativ.

Ist $b^2 - 4ac$ positiv, so sind beyde Auflösungen rel, und man darf nur in

$$p + qi,\ q = 0 \text{ und } p = -\frac{b}{2a} \pm \sqrt{\left(\frac{b^2 - 4ac}{4a^2}\right)}$$

setzen, so repräsentirt in diesem Falle und für diese Werthe von p und q der Unbekannte x den Ausdruck $p + qi$. Ist $b^2 - 4ac = 0$, so hat die gegebene Gleichung nur eine einzige Auflösung, nehmlich $x = -\frac{b}{2a}$; und damit diese unter der Form $p + qi$ enthalten sey, darf man nur $q = 0$ und $p = -\frac{b}{2a}$ setzen.

Ist endlich $b^2 - 4ac$ negativ, so hat man

$$\frac{b^2 - 4ac}{4a^2} = -\frac{4ac - b^2}{4a^2}$$

wo $4ac - b^2$ positiv (oder absolut) ist; und statt der imaginären Wurzel

$$\sqrt{\frac{b^2 - 4ac}{4a^2}}$$

kann man nun setzen das Produkt

$$i \cdot \left[\sqrt{\left(\frac{4ac - b^2}{4a^2}\right)}\right]$$

und die beyden Auflösungen der gegebenen quadratischen Gleichungen

$$ax^2 + bx + c = 0$$

sind nun:

1) $x = -\frac{b}{2a} + i\sqrt{\left(\frac{4ac-b^2}{4a^2}\right)}$ u. 2) $x = -\frac{b}{2a} - i\sqrt{\left(\frac{4ac-b^2}{4a^2}\right)}$

und haben daher die Form $p + qi$, indem man $p = -\frac{b}{2a}$ und $q = \pm\sqrt{\left(\frac{4ac-b^2}{4a^2}\right)}$ setzt, wo nothwendig p und q reele Zahlen vorstellen.

Anmerkung. Wenn in der Folge von Zahlzeichen die Rede seyn wird, welche die Form $p + qi$ haben sollen, so setze man, in so fern nicht ausdrücklich das Gegentheil bemerkt ist, immer voraus, daß p u. q beliebig reel, also auch p u. q beliebig Null seyn können, so daß das Zeichen $p + qi$ sowohl eine reele als auch eine imaginäre Zahl vorstellen wird.

§. 306. Lehrsatz.

Jeder aus zwey Zahlzeichen von der Form $p+qi$ durch die 4 ersten Operationen zusammengesetzte Ausdruck, wenn nur kein Divisor vorkommt der = Null ist, ist allemal einem Ausdruck von derselben Form gleich.

Beweis. Es ist:

1) $(m+ni) \pm (p+qi) = (m \pm p) + (n \pm q)i$

2) $(m+ni)(p+qi) = mp + mqi + npi + nqii$

oder $= (mp - nq) + (mq + np)i$ (§. 300.)

3) $\frac{m+ni}{p+qi}$ wird, wenn man Zähler und Nenner mit $p - qi$ multiplizirt,

$$= \frac{(mp+nq)+(np-mq)i}{p^2+q^2} = \frac{mp+nq}{p^2+q^2} + \frac{np-mq}{p^2+q^2}i$$

welcher Ausdruck von derselben Form ist, wenn nicht

$p^2 + q^2 = 0$, in welchem Falle aber nothwendig $p = 0$ und auch $q = 0$ seyn müßte.

Anmerkung. Dieser letzte Ausdruck in (n. 3.) hätte auch dadurch gefunden werden können; daß man sogleich $\frac{m + ni}{p + q} = \alpha + \beta i$ gesetzt, und nun α u. β dieser Gleichung gemäß bestimmt hätte. Es folgt aber aus dieser Gleichung zunächst

$$m + ni = (\alpha p - \beta q) + (\alpha q + \beta p) i$$

und hieraus

$$m = \alpha p - \beta q \text{ und } n = \alpha q + \beta p.$$

Löst man nun diese beyden Gleichungen nach α u. β auf, so findet man

$$a = \frac{mp + nq}{p^2 + q^2} \text{ und } \beta = \frac{np - mq}{p^2 + q^2}$$

und es giebt also für α u. β reele Werthe, so daß der Gleichung

$$\frac{m + ni}{p + qi} = \alpha + \beta i$$

Genüge geleistet wird.

§. 307. Zusatz.

Daher ist auch jeder beliebige aus beliebig viel Ausdrücken von der Form $p + qi$ durch die 4 ersten Operationen zusammengesetzte Ausdruck (also auch wenn er noch Differenz-Potenzen enthält) einem Ausdruck von derselben Form gleich, wenn nur kein Divisor vorkommt, der = Null ist.

§. 308. Lehrsatz.

Auch jeder der beyden Werthe der Wurzel

$$\sqrt{p + qi}$$

ist einem Ausdruck von derselben Form $p' + q'i$ gleich.

Beweis. Denn es sey erstlich $q = 0$, so ist

$$\sqrt{(p + qi)} = \sqrt{p}$$

Ist nun p positiv, so ist $\sqrt{p}$ reel, also $= m + ni$, indem $m = \sqrt{p}$ und $n = 0$. Ist aber $p = 0$; so ist $\sqrt{p} = 0$, und also $= m + ni$, wo $m = 0$ und auch $n = 0$. Ist endlich p negativ, und $= -p'$, so ist $\sqrt{p} = i\sqrt{p'}$, wo $\sqrt{p'}$ reel; und es ist also dann $\sqrt{p} = m + ni$ indem man $m = 0$ und $n = \sqrt{p'}$ setzt.

So oft also $q = 0$, so oft sind die beyden Werthe der Wurzel $\sqrt{p + qi}$ Ausdrücken von derselben Form $m + ni$ gleich. Ist aber q nicht Null; so setze man in diesem Falle

$$\sqrt{p + qi} = x + zi$$

und sehe nun nach, ob es möglich ist, für x und z reele Werthe zu finden, welche dieser Gleichung Genüge leisten.

Soll aber $x + zi$ einen Werth der Wurzel $\sqrt{p + qi}$ vorstellen so muß $x + zi$ mit 2 potenzirt, $p + qi$ geben; daher muß seyn

$$p + qi = (x^2 - z^2) + 2xz \cdot i$$

also (nach §. 302.)

$$1)\ p = x^2 - z^2 \quad \text{und} \quad 2)\ q = 2xz.$$

Giebt es also reele Werthe, welche für x und z gesetzt, diesen beyden Gleichungen genügen, so ist der Lehrsatz erwiesen. Will man nun untersuchen, ob es solche reele Werthe für x und für z giebt, so muß man alle Werthe aufsuchen, welche statt x und z gesetzt, diesen beyden Gleichungen Genüge leisten, und dann nachsehen, ob unter allen diesen Werthen auch reele sich vorfinden werden.

Um aber die beyden gegebenen Gleichungen aufzulösen, eliminire man zuerst z dadurch, daß man ihren Werth x aus (n. 2.) findet und diesen statt z in (n. 1.) setzt.

Dies giebt aber:

$$z = \frac{q}{2x}, \quad p = x^2 - \frac{q^2}{4x^2}$$

$$4px^2 = 4x^4 - q^2; \; 4x^4 - 4px^2 - q^2 = 0$$

welche Gleichung nach x vom vierten, dagegen nach $2x^2$ vom zweyten Grade ist, indemman sie so schreibt

$$(2x^2)^2 - 2p\,(2x^2) - q = 0.$$

Löst man daher diese nach $2x^2$ auf, so erhält man: $2x^2 = p + \sqrt{(p^2 + q^2)}$ und $2x^2 = p - \sqrt{(p^2 + q^2)}$ wo $\sqrt{(p^2 + q^2)}$ ihren absoluten Werth vorstellt.

Weil aber x reel, also x^2 entweder Null oder positiv seyn soll, so kann die zweyte Auflösung, welche $2x^2$ (also auch x^2) negativ giebt, auf keinen Fall die reelen Werthe von x liefern, weshalb wir solche sogleich übergehen.

Nimmt man aber die erste

$$2x^2 = p + \sqrt{(p^2 + q^2)}$$

so erhält man:

$$x = \pm \sqrt{(\tfrac{1}{2}p + \tfrac{1}{2}\sqrt{p^2 + q^2})}$$

wo alle Wurzeln ihre absoluten Werthe vorstellen, und wo also x wirklich zwey reele Werthe hat, von denen der erste mit dem (+) Zeichen positiv, der andere dagegen, mit dem (—) Zeichen, negativ. Setzt man diesen Werth für x in obige Gleichung

$$z = \frac{q}{2x}, \text{ so erhält man}$$

$$z = \frac{q}{\pm 2\sqrt{\tfrac{1}{2}p + \tfrac{1}{2}\sqrt{p^2 + q^2}}}$$

Man findet also für x zwey reele Werthe und zu jedem dieser Werthe von x auch einen reelen Werth von z, und diese Werthe sind so, daß sie der Gleichung

$$\sqrt{p + qi} = x + zi$$

ein Genüge leisten. W. Z. E. W.

Anmerkung. Der für z gefundene Ausdruck läßt sich auch noch bequemer darstellen.

Statt

$$z = \frac{q}{2x} \text{ nehme man nehmlich lieber}$$

$$z^2 = \frac{q^2}{4x^2} = \frac{\frac{1}{2}q^2}{2x^2} = \frac{\frac{1}{2}q^2}{p + \sqrt{p^2 + q^2}}$$

Multiplizirt man nun hier Zähler und Nenner mit

$-p + \sqrt{p^2 + q^2}$, so erhält man

$$z^2 = \frac{\frac{1}{2}q^2 \cdot (-p + \sqrt{p^2 + q^2})}{q^2}, \text{ oder}$$

$$z^2 = -\tfrac{1}{2}p + \tfrac{1}{2}\sqrt{p^2 + q^2}, \text{ woraus}$$

$$z = \pm\sqrt{(-\tfrac{1}{2}p + \tfrac{1}{2}\sqrt{p^2 + q^2})}$$

Dieser Ausdruck ist viel bequemer, und da die Wurzeln alle ihre absoluten Werthe vorstellen, so ist z positiv wenn man das obere (+) Zeichen nimmt, und negativ, wenn das untere (−) Zeichen genommen wird.

Allein es bleibt hier noch unausgemacht, welcher der beyden Werthe von z zu einem der Werthe von x gehört. Um dies zu entscheiden muß man immer wieder zu den ersten Gleichungen zurückkehren nehmlich zu

$$p = x^2 - z^2 \quad \text{und} \quad q = 2xz$$

denen doch eigentlich genügt werden soll. Die zweyte dieser Gleichungen lehret aber:

1) wenn q positiv ist, daß x und z zugleich positiv, oder zugleich negativ seyn müssen.

2) Wenn q negativ ist, daß zu dem positiven Werthe von x allemal der negative von z, und dann zu dem negativen Werth von x nothwendig der positive Werth von z genommen werden müsse.

Ist also q positiv, so sind die beyden Werthe von der Wurzel $\sqrt{p+qi}$ ausgedrückt in der Formel

$$\pm\left(\sqrt{\tfrac{1}{2}p+\tfrac{1}{2}\sqrt{p^2+q^2}}+i\sqrt{-\tfrac{1}{2}p+\tfrac{1}{2}\sqrt{p^2+q^2}}\right)$$

Dagegen sind dieselben beyden Werthe, im Falle q einer negativen Zahl gleich ist, beziehlich

$$\sqrt{\tfrac{1}{2}p+\tfrac{1}{2}\sqrt{(p^2+q^2)}}-i\sqrt{-\tfrac{1}{2}p+\tfrac{1}{2}\sqrt{p^2+q^2}}$$

und $-\sqrt{\tfrac{1}{2}p+\tfrac{1}{2}\sqrt{(p^2+q^2)}}+i\sqrt{-\tfrac{1}{2}p+\tfrac{1}{2}\sqrt{p^2+q^2}}$

immer unter der Voraussetzung, daß alle vorkommenden Wurzeln ihre absoluten Werthe repräsentiren.

§. 309. Zusatz.

Es sind also nicht nur die durch quadratische Gleichungen, deren Koeffizienten **reel** sind, bestimmten Ausdrücke, nothwendig von der Form $p+qi$, sondern es sind auch allgemein die Ausdrücke von **derselben** Form, die durch quadratische Gleichungen bestimmt werden, deren Koeffizienten dieselbe Form $p+qi$ haben, also eben so gut **reel** als auch **imaginär** seyn können.

Jeder durch einfache oder quadratische Gleichungen gegebene Ausdruck, die Koeffizienten dieser Gleichungen mögen selber wieder durch solche einfache oder quadratische Gleichungen bestimmt seyn, in's unendliche fort, wenn nur zuletzt, jeder beliebig entstandene Ausdruck, durch so vielfache Zusammensetzung er auch entstanden seyn mag, sein erstes Entstehen, den wirklichen Zahlzeichen (absoluten ganzen Zahlen) verdanket; also jedes solche bis jetzt möglicher Weise aus den Zahlen der Zahlenreihe direkt zusammengesetzte, oder auch durch einfache oder quadratische Gleichungen gegebene formelle oder wirkliche Zahlzeichen ist daher nothwendig von der Form

$p + qi$, wo p und q reele Zahlzeichen sind, d. h. solche, die der Null oder positiven oder negativen Zahlen gleich sind.

Ein solcher Ausdruck von der Form $p + qi$ ist aber reel (d. h. der Null oder einer positiven oder negativen Zahl gleich), wenn $q = 0$; oder imaginär (d. h. weder der Null, noch einer positiven noch einer negativen Zahl gleich), wenn q nicht Null ist.

Schlußanmerkung.

Es ist eine dem Karakter unsrer bisherigen Ansicht der Mathematik angemessene Eigenheit, daß jeder Ausdruck, mit dem operirt wird, wo möglich reel seyn soll. — Nach der hiesigen Ansicht ist bloß die absolute ganze Zahl dasjenige Zeichen, welches unmittelbar in's Leben tritt, und welches in der Anwendung realisirt werden kann. Der Bruch ist schon ein bloßes Zeichen ohne solche Realität; eben so sind negative Zahlen solche Zeichen ohne Realität, und zwar negative ganze Zahlen wie -3, wo nur die subtraktive Form vorkommt, eben so gut, wie negative gebrochene Zahlen $-\frac{2}{3}$ oder $\frac{-2}{3}$, wo subtraktive und divisive Formen in Verbindung vorkommen. Auf dieselbe Weise sind aber dann $\sqrt{\frac{4}{9}}$, so wie $\sqrt{-\frac{4}{9}}$ ebenfalls Zeichen ohne obige Realität, und zwar $\sqrt{\frac{4}{9}}$, wo radikative Form mit der divisiven allein in Verbindung tritt, eben so gut, als $\sqrt{-\frac{4}{9}}$, wo die radikative Form und die subtraktive zugleich mit der divisiven Form in Verbindung kommen. Wollte man also reel nennen jedes Zeichen, welches sich in der Anwendung realisiren läßt, so würden nothwendigerweise die negativen Zahlen -2 und $-\frac{2}{3}$, die absolut und positiv gebrochenen $\frac{3}{4}$ und $+\frac{3}{4}$, die Wurzeln aus beliebigen Radikanden, z. B. $\sqrt{5}$, $\sqrt{\frac{2}{3}}$, $\sqrt[6]{\frac{8}{27}}$, $\sqrt{-4}$ $\sqrt{-\frac{3}{5}}$, $\sqrt{-\frac{4}{9}}$

u. s. w. f. alle ohne Unterschied, so lange sie nicht absoluten ganzen Zahlen (Zahlen der Zahlenreihe) gleich sind, nicht reell seyn, also imaginär genannt werden können.

Es kommt aber, meiner Meinung nach, bey Aufstellung eines Systems des Kalkuls gar nicht darauf an, ob und in wie ferne sich seine Resultate irgendwo in der Anwendung realisiren lassen oder nicht. Der Kalkul muß für sich stehen, so wie jede Wissenschaft zunächst nur sie selbst zum Zwecke hat. Alles was zu thun ist, besteht daher nur darin: jede Sorgfalt anzuwenden, daß er wirklich in sich zusammen halte und durchgehends streng consequent sey. Dies ist's aber, was hier versucht wird.

Nach der hiesigen Ansicht kann aber der Kalkul ganz beliebige Zeichen einführen, solche die sich unmittelbar realisiren lassen (in der Anwendung), und solche bey denen dies nicht der Fall ist, wenn nur allenthalben völlig anschaulich klar und mit Nothwendigkeit hervorgeht, wie die Endresultate desselben, da wo eine Realisirung (in der Anwendung) statt findet, jedesmal unumstößlich richtig und gültig seyn müssen. — Wie nun mit diesen unmittelbar (in der Anwendung) nicht zu realisirendeu Zeichen, nehmlich den Brüchen, den negativen ganzen oder gebrochenen Zahlen, den Wurzeln (Quadrat-Wurzeln aus positiven oder negativen Zahlen) zu arbeiten sey, um jedesmal da wo die allgemeinen Gleichungen, in wirkliche übergehen, mit Nothwendigkeit auch richtige Gleichungen zu haben, das ist's was bisher mit der möglichsten Strenge durchzuführen unternommen wurde. —

Wollte man aber verlangen, daß jeder neue allgemeine Ausdruck, der eingeführt wird, in jedem besondern Fall, daß z. B. $\sqrt{-4}$, auch jedesmal der Null oder einer positiven oder einer negativen Zahl gleich seyn müsse, so könnte man der hiesigen Ansicht zu Folge, eben so gut verlangen, daß jede negative Zahl auch jedesmal einer gebrochenen Zahl gleich seyn müsse. Im Gegentheil: so wie man sich auf dem erlaubten Wege durch Abstraktion von dem besondern Begriff zu dem allgemeinen erhebt, sobald man also z. B. ein besonderes Zahlzeichen durch Abstraktion zu einem allgemeinen erhebt, hat man ja eben dadurch die Sphäre dieses Begriffes dergestalt erweitert, daß der allgemeinere Begriff, sowohl denjenigen besondern in sich enthält, von dem man ausgegangen, als auch noch alle diejenigen besondern Begriffe, welche sich von dem erstern bloß durch eine Verschiedenheit des abstrahirten Merkmals unterscheiden. So wie man sich also z. B. von dem Begriff der absoluten Quadratwurzel $\sqrt{a}$, welche voraussetzt, daß a eine absolute Zahl sey, zu dem allgemeinern Begriff der allgemeinen Quadratwurzel

$$\sqrt{a}$$

erhebt, so enthält dieser allgemeinere Begriff ohnstreitig den vorigen (wo a eine absolute Zahl war), aber auch noch alle die übrigen besondern Begriffe, wo a ein anderes (aber nicht mehr allgemeines) Zahlzeichen ist, als besondere Fälle in sich. Die allgemeine Quadratwurzel muß daher in einem besondern Fall das besondere Merkmal der absoluten Quadratwurzel von welchem man gerade abstrahirte, nehmlich: „eine absolute Zahl zu bezeichnen", enthalten; in einem andern besondern Fall hat sie statt dieses besondern Merkmals das andere: „eine negative Zahl zu bezeichnen"; und in einem dritten besondern Fall braucht sie weder das erste noch das andere der oben genannten Merkmale zu enthalten; so daß sie weder einer positiven noch einer negativen Zahl gleich zu seyn braucht, sondern ein für sich stehendes eigenthümliches Zahlzeichen ist, welchem alle Eigenschaften des allgemeinen zu kommen, und noch das besondere Merkmal, wodurch sich diese besondere Quadratwurzel, von der allgemeinen unterscheidet.

Wollte man daher, nach der hiesigen Ansicht, solchen Zeichen wie $\sqrt{-4}$, in ihrem Gebrauche, das Elementare, Klare, Anschauliche und Strenge absprechen, so müßte man allen den übrigen Zeichen wie z. B. $\frac{3}{4}$, -2 u. s. w. dieselben Eigenschaften ebenfalls absprechen; und würde man diese Eigenschaften einem der genannten Zeichen zugestehen, so müßten sie nothwendig auch allen zugestanden werden, denn alle diese Zeichen z. B.

$$-2, -\frac{2}{3}, \frac{3}{4}, +\frac{2}{3}, \sqrt{-4}, \sqrt{-\frac{5}{6}} \text{ u. s. w.}$$ sind

alle gleichmäßig elementar, gewähren alle gleiche Strenge und gleiche Nothwendigkeit der Resultate, so wie sie auch alle gleichmäßig leicht und gleichmäßig bestimmt behandelt werden können. — Spricht man daher einem derselben die Realität ab, so muß sie allen übrigen gleichfalls abgesprochen werden, so wie sie allen zugestanden werden muß, wenn sie irgend einem (der formellen) Zahlzeichen zugestanden wird.

Daß übrigens diese Zeichen an sich noch verschieden sind, lehrt die bloße Ansicht, und um, was aus ihrer Verschiedenheit hervorgeht, klar herausheben zu können, habe ich sie einstweilen abgetheilt in reele und imaginäre, nicht weil ich diese Namen (die jedesmal willkührlich sind), für passend gefunden, sondern weil ich mich in den Ausdrücken, so wenig, wie nur immer möglich, von den gewöhnlichen entfernen will, so daß jeder Leser den Ausdrücken nur jedesmal meine und die gewöhnliche Bedeutung unterlegen darf, um durch das erste mich gehörig zu verstehen, mittelst des letzten aber, den gewöhnlichen Vortrag mit dem meinigen desto leichter vergleichen zu können.

Zahlenlehre.

Vierzehntes Kapitel.
Von dem Auflösen der Gleichungen durch Substitution, aus andern zugleich mit ihren Auflösungen gegebenen Gleichungen.

§. 310. Lehrsatz.

Hat man zwey Gleichungen z. B.

$$\text{I.} \quad ax + b - \frac{cx}{d} = m$$

und $$\text{II.} \quad ax + q - \frac{4x}{3} = 8$$

so daß die zweyte aus der ersten entsteht, wenn in der ersten statt gewisser Buchstaben, gewisse andere allgemeine oder Ziffern-Ausdrücke gesetzt werden; wie hier z. B., wenn man setzt statt $\underline{b, \; c, \; d, \; m,}$
beziehlich $q, \; 4, \; 3, \; 8$
so giebt jede algebraisch abgeleitete der Gleichung (I.), nothwendig eine abgeleitete der Gleichung (II.), wenn man in letzt gegebener dieselben Substitutionen vornimmt. — Ist also z. B.

$$1) \quad x = \frac{dm - bd}{ad - c}$$

eine abgeleitete Gleichung der Gleichung (I.), so ist auch

$$x = \frac{3.8 - q.3}{a.3 - c} \quad \text{oder}$$

$$2) \quad x = \frac{24 - 3.q}{3a - c}$$

nothwendig eine aus der Gleichung (II.) algebraisch abgeleitete.

Beweis fällt unmittelbar in die Augen, weil man sich nur vorstellen darf, daß während der Ableitung der (1) aus der (I.) die bemerkten Buchstaben schon die Werthe, die für sie gesetzt werden, repräsentiren. Denn unter dieser Voraussetzung ist die Gleichung (I.) schon die (II.), daher auch die abgeleitete (1) schon eine aus der zweyten (II.) abgeleitete, folglich um so mehr, wenn dann statt der Buchstaben die Werthe wirklich gesetzt werden, die sie, der Annahme nach, repräsentiren; d. h. wenn man die (2) aus ihr macht.

Beyspiel. 1. Hat man die Gleichungen

$$\text{I.} \quad ax + b - \frac{cx}{d} = m$$

$$\text{und II.} \quad ax + b + \frac{cx}{d} = m$$

so erhellet, daß die zweyte aus der ersten entsteht, wenn man in der ersten entweder — c statt c, oder — d statt d schreibt.

Setzt man daher in der aus (I.) abgeleiteten Gleichung

$$1) \quad x = \frac{dm - bd}{ad - c}$$

entweder ebenfalls — c statt c, oder — d statt d, so sind die dann entstehenden

$$\alpha) \quad x = \frac{dm - bd}{ad - (-c)} \text{ oder}$$

$$\beta) \quad x = \frac{(-d)\,m - b\,(-d)}{a\,(-d) - c}$$

nothwendig aus der Gleichung (II.) algebraisch abgeleitete. Die beyden Gleichungen α und β fallen aber in die einzige

$$2) \quad x = \frac{dm - bd}{ad + c} \text{ zusammen, welche}$$

daher eine aus (II.) algebraisch abgeleitete ist.

Beyspiel. 2. Ist gegeben die Gleichung

$$\text{I.} \quad ax^2 + bx = c$$

und eine aus ihr abgeleitete

$$1) \quad x = \frac{-b \pm \sqrt{(4ac + b^2)}}{2a}$$

Hat man ferner auch die Gleichung

$$\text{II.} \quad 6x - 4x^2 = -5$$

so sieht man leicht, daß diese (II.) aus der (I.) erhalten wird, wenn man

statt	a, b, c
beziehlich	— 4, 6, — 5

schreibt. Macht man daher dieselben Substitutionen in (1), so erhält man

$$x = \frac{-6 \pm \sqrt{(4.(-4).(-5) + 6^2)}}{2.(-4)} \text{ oder}$$

$$2) \quad x = \frac{6 \mp \sqrt{116}}{8}$$

und dieses ist nothwendig eine aus der (II.) algebraisch abgeleitete Gleichung.

Man erhält aber auch die (II.) aus der (I.) wenn man setzt

statt	x, a, b, c
beziehlich	$-x, -4, -6, -5,$

Macht man daher in (1) dieselben Substitutionen so erhält man:

$$-x = \frac{-(-6) \pm \sqrt{(4 \cdot (-4)(-5) + (-6)^2)}}{2 \cdot (-4)}$$

oder:

$$2) \quad x = \frac{6 \pm \sqrt{116}}{8}$$

welches wiederum eine aus (II.) algebraisch abgeleitete seyn muß.

Anmerkung. Wenn man die Gleichung (II.) aus der Gleichung (I.) durch verschiedene Substitutionen ableiten kann, so werden zwar nach dem Lehrsatz, wenn man dieselben Substitutionen nach einander in (1) vornimmt, alle entstehenden Gleichungen nothwendig aus (II.) algebraisch abgeleitete seyn; daß sie aber alle gerade dieselben sind, behauptet der Lehrsatz nicht, kann daher auch nicht unbedingt angenommen werden.

§. 311. Zusatz.

Ist die aus (I.) abgeleitete Gleichung die Auflösung derselben (I.) nach einem Buchstaben z. B. nach x, und kann die zweyte (II.) aus der (I.) abgeleitet werden, indem man außer anderen Substitutionen, statt des Unbekannten x in der (I.), gerade den Unbekannten in (II.) setzt, so ist die aus (1) entstehende Gleichung, wenn man dieselben Substitutionen in ihr vornimmt, ohnfehlbar sogleich die Auflösung von der Gleichung (II.).

Auch würde man noch durch diese Substitution die Auflösung der Gleichung (II.) aus der Auflösung der (I.) ohne Mühe ableiten, und meist mit großem Vortheil, wenn auch statt x nicht gerade der Unbekannte Buchstabe von (II.) selber, sondern ein aus ihm einfach zusammengesetzter Ausdruck substituirt werden müßte.

Beyspiel. Man habe

I. $4x^2 - 6x = 5$ und ihre Auflösung

1. $x = \frac{6 \pm \sqrt{116}}{8}$, so wie auch

II. $4x^2 + 6x = 5$; und

man sieht leicht, daß die (II.) aus der (I.) entsteht, wenn $-x$ statt x gesetzt wird. Nimmt man daher dieselbe Substitution in (1) vor, so erhält man:

$$-x = \frac{6 \pm \sqrt{116}}{8} \text{ oder}$$

$$2) \quad x = \frac{-6 \mp \sqrt{116}}{8}$$

welches die Auflösung der Gleichung (II.) seyn muß (weil sie nothwendig eine aus (II.) abgeleitete Gleichung ist).

Anmerkung. Diese Auflösung durch Substitution ist besonders vortheilhaft bey solchen quadratischen Gleichungen. Man nimmt eine allgemeine dieser Gattung z. B.

$$x^2 + px + q = 0,$$

löst sie auf, und erhält

$$x = \frac{-p \pm \sqrt{(p^2 - 4q)}}{2}$$

und indem man nun jeder andern gegebenen quadratischen Gleichung dieselbe Form giebt, erhält man augenblicklich die Auflösung derselben durch Substitution aus der hier ein für allemal entwickelten.

§. 312. Zusatz.

Man kann sich auch zuweilen desselben Mittels bedienen, um aus einer gegebenen Auflösung einer gegebenen Gleichung nach einem Buchstaben, die Auflösung derselben Gleichung nach einem andern ihrer Buchstaben abzuleiten.

Sey z. B. gegeben

I. $x^2 + px + p^2 = q$ und die Auflösung

$$1)\ x = \frac{-p \pm \sqrt{(4q - 3p^2)}}{2}$$

Soll nun dieselbe Gleichung nach p aufgelößt werden, so hat man

$$\text{II. } x^2 + px + p^2 = q$$

welche aus der (I) entsteht, wenn

statt $\frac{x,\ p}{p,\ x}$ beziehlich

gesetzt wird. Dieselbe Substitution in (1) vorgenommen giebt aber sogleich:

$$2)\ p = \frac{-x \pm \sqrt{4q - 3x^2}}{2}$$

§. 313. Lehrsatz.

Hat man zwey oder mehr unabhängige Gleichungen z. B.

$$\text{I}\ \begin{Bmatrix} ax + by = c \\ mx + py = q \end{Bmatrix}$$

und eben so viele andere derselben Art

$$\text{II}\ \begin{Bmatrix} az - by = c \\ -3mz + ny = 2h \end{Bmatrix}$$

und gehen die ersten in die andern über, dadurch daß man statt gewisser Buchstaben, gewisse andere Ausdrücke setzt, so geht auch jede aus den ersten abgeleitete Gleichung in eine aus den zweyten Gleichungen abgeleitete über, wenn man in ihr dieselben Substitutionen vornimmt.

Setzt man nehmlich in (I)

$$\text{statt} \quad \frac{x, \quad b, \quad m, \; p, \; q}{z, -b, -3m, \; n, \; 2h}$$

so erhält man wirklich die Gleichungen (II). Ist nun

1) $x = \frac{cp - bq}{ap - bm}$ eine aus den Gleichungen (I) abgeleitete, so erhält man aus ihr durch dieselben Substitutionen

$$2) \quad z = \frac{cn + 2bh}{an - 3bm}$$

welches eine aus den Gleichungen (II) algebraisch abgeleitete seyn muß.

Beweis wie der von (§. 310).

§. 314. Zusatz.

Auch dieses Satzes bedient man sich, um aus den gegebenen Auflösungen gegebener Gleichungen die Auflösungen anderer Gleichungen, durch bloße Substitution abzuleiten.

Man löst z. B. die beyden Gleichungen

$$\text{I} \begin{cases} ax + by = c \\ mx + py = q \end{cases}$$

ein für allemal nach x und y auf, und erhält

$$1) \quad x = \frac{cp - bq}{ap - bm} \text{ und } y = \frac{aq - cm}{ap - bm}$$

Seyen nun gegeben die beyden Eliminationsgleichungen (§. 273. II. 1)

$$\text{II}\ \begin{cases}(ah - cf)\,x + (bh - cg)\,y = dh - ck\\(ap - cm)\,x + (bq - cn)\,y = dp - cq\end{cases}$$

so entstehen diese aus (I) indem man setzt

statt	a,	b,	c,	m,	p,	q
beziehlich	ah - cf,	bh - cg,	dh - ck,	ap - cm,	bp - cn,	dp - cq

und man erhält durch dieselben Substitutionen aus (1):

$$2)\ \begin{cases}x = \dfrac{(dh - ck)(bp - cn) - (bh - cg)(dp - cq)}{(ah - cf)(bp - cn) - (bh - cg)(ap - cm)}\\[2ex] y = \dfrac{(ah - cf)(dp - cq) - (dh - ck)(ap - cm)}{(ah - cf)(bp - cn) - (bh - cg)(ap - cm)}\end{cases}$$

welches die Auflösungen von (II) sind.

§. 315. Zusatz.

Man kann sich aber auch oft desselben Mittels bedienen, um aus einer einzigen Auflösung nach einem Unbekannten, die Auflösungen nach den übrigen Unbekannten derselben gegebenen von einander unabhängigen Gleichungen abzuleiten.

Sey z. B. aus den Gleichungen

$$\text{I.}\ \begin{cases}ax + by + cz = d\\fx + gy + hz = k\\mx + ny + pz = q\end{cases}$$

gefunden die Auflösung

$$1)\quad x = \frac{cnk + bhq + dgp - bkp - dhn - cgq}{cfn + bhm + agp - bfp - ahn - cgm}$$

und will man hieraus die Auflösung nach y finden, so sind hier dieselben Gleichungen gegeben

$$\text{II.}\ \begin{cases}ax + by + cz = d\\fx + gy + hz = k\\mx + ny + pz = q\end{cases}$$

und man muß suchen, welche Substitutionen in (I.) vorgenommen werden müssen, um, während y statt x gesetzt wird, dieselben Gleichungen wieder zu erhalten. Es ist aber sehr leicht zu sehen, daß dies geschieht wenn statt $\underline{x, y, a, b, f, g, m, n}$

beziehlich y, x, b, a, g, f, n, m

gesetzt wird. Durch dieselben Substitutionen erhält man dann aus (1):

$$2)\quad y = \frac{cmk + ahq + dfp - akp - dhm - cfq}{cgm + ahn + bfp - agp - bhm - cfn}$$

und dies ist ebenfalls eine aus denselben 3 Gleichungen abgeleitete, folglich die Auflösung derselben nach y.

Setzt man in (I.)

statt $\underline{x, z, a, c, f, h, m, p,}$

beziehlich z, x, c, a, h, f, p, m

so kehren dieselben Gleichungen wieder; macht man daher in (1) dieselben Substitutionen, so erhält man

$$3)\quad z = \frac{ank + bfq + dgm - bkm - dfn - agq}{ahn + bfp + cgm - bhm - cfn - agp}$$

welches eine Auflösung nach z von denselben Gleichungen ist.

Die Auflösung (1) hat man aber in (§. 314.) ebenfalls schon durch Substitution gefunden.

§. 316. Zusatz.

Wir wollen noch die vollständige Auflösung der Aufgabe (§. 278.) hier statt finden lassen.

Es ist aber dort gefunden:

$$A)\quad x = \frac{p + p'\alpha + p''\beta + p'''\gamma}{a + a'\alpha + a''\beta + a'''\gamma}$$

wo α, β, und γ bestimmt sind durch die Gleichungen

$$\text{B.}\quad \begin{Bmatrix} b + b'\alpha + b''\beta + b'''\gamma = 0 \\ c + c'\alpha + c''\beta + c'''\gamma = 0 \\ d + d'\alpha + d''\beta + d'''\gamma = 0 \end{Bmatrix}$$

Die Auflösung dieser 3 Gleichungen entnehme man nun aus den (§. 273. II.) gefundenen Auflösungen der dortigen 3 Gleichungen durch Substitution; und setzt man dort:

statt	$x,\ y,\ z,\ a,\ b,\ c,\ d,\ f,\ g,\ h,\ k,\ m,\ n,\ p,\ q$
hier	$\alpha,\ \beta,\ \gamma,\ b',\ b'',\ b''',\ -b,\ c',\ c'',\ c''',\ -c,\ d'',\ d'',\ d''',\ -d$

so erhält man die hiesigen Gleichungen; daher durch dieselben Substitutionen aus der dortigen Auflösung für x, hier:

$$1)\ \alpha = \frac{-b'''cd'' - b''c'''d - bc''d''' + b''cd''' + bc'''d'' + b'''c''d}{b'''c'd'' + b''c'''d' + b'c''d''' - b''c'd''' - b'c'''d'' - b'''c''d'}$$

Setzt man in den hiesigen Gleichungen (B)

statt	$\alpha,\ \beta,\ b',\ b'',\ c',\ c'',\ d',\ d''$
beziehlich	$\beta,\ \alpha,\ b'',\ b',\ c'',\ c',\ d'',\ d'$

so erhält man dieselben Gleichungen (B) wieder, folglich durch dieselben Substitutionen aus (1)

$$2)\ \beta = \frac{-b'''cd' - b'c'''d - bc'd''' + b'cd''' + bc'''d' + b'''c'd}{b'''c''d' + b'c'''d'' + b''c'd''' - b'c''d''' - b''c'''d' - b'''c'd''}$$

Setzt man ferner in den hiesigen Gleichungen (B)

statt	$\alpha,\ \gamma,\ b',\ b''',\ c',\ c''',\ d',\ d'''$
beziehlich	$\gamma,\ \alpha,\ b''',\ b',\ c''',\ c',\ d''',\ d'$

so erhält man dieselben Gleichungen (B) wieder; daher durch dieselben Substitutionen aus (1)

$$3)\ \gamma = \frac{-b'cd'' - b''c'd - bc''d' + b''cd' + bc'd'' + b'c''d}{b'c'''d'' + b''c'd''' + b'''c''d' - b''c'''d' - b'''c'd'' - b'c''d'''}$$

und weil diese 3 Gleichungen (1, 2, 3,) abgeleitete aus den 3 Gleichungen (B) seyn müssen, so sind sie, wie man sieht, die Auflösungen derselben Gleichungen (B) nach α, β, und γ.

Der größern Bequemlichkeit wegen, müssen aber jetzt in dem ersten für α gefundenen Ausdruck, alle Glieder der algebraischen Summen im Dividenden und im Divisor mit dem entgegengesetzten Zeichen versehen werden (der dadurch entstehende Quotient ist dann dem gegebenen gleich, weil der Dividend und der Divisor nur mit (—1) multiplizirt werden darf, um denselben letztern Quotienten hervorzubringen), damit die 3 für α, β und γ gefundenen Werthe einerlei Divisor haben, welchen Divisor ich hier der Kürze wegen mit

N bezeichnen will.

Die Gleichung A giebt aber dann:

$$C)\quad x = \frac{p \cdot N + p' \cdot \alpha N + p'' \cdot \beta N + p''' \cdot \gamma N}{a \cdot N + a' \cdot \alpha N + a'' \cdot \beta N + a''' \cdot \gamma N}$$

indem man Dividend und Divisor mit N multiplizirt. Bemerkt man nun daß αN und βN und γN beziehlich die Dividenden von α, β, γ sind, so erhält man leicht statt $aN + a' \cdot \alpha N + a'' \cdot \beta N + a''' \cdot \gamma N$, jetzt:

$$(D)\quad \begin{array}{l} ab'''c''d' + ab'c'''d'' + ab''c'd''' - ab'c''d''' - ab''c'''d' - ab'''c'd'' \\ + a'b'''cd'' + a'b''c'''d + a'bc''d''' - a'b''cd''' - a'bc'''d'' - a'b'''c''d \\ - a''b'''cd' - a''b'c'''d - a''bc'd''' + a''b'cd''' + a''bc'''d' + a''b'''c'd \\ - a'''b'cd'' - a'''b''c'd - a'''bc''d' + a'''b''cd' + a'''bc'd'' + a'''b'c''d; \end{array}$$

welches der Divisor von x ist. Betrachtet man aber den Ausdruck in (C), so ist leicht zu sehen, daß man im Divisor dieses Ausdrucks nur

$$\begin{array}{rc} \text{statt} & a,\ a',\ a'',\ a''' \\ \hline \text{beziehlich} & p,\ p',\ p'',\ p''' \end{array}$$

setzen darf, um den Dividenden von x zu haben.

Macht man daher dieselben Substitutionen in (D) so erhält man:

den Dividenden von x in (C) =

$$\left.\begin{array}{l} b'''c''d'p + b'c'''d''p + b''c'd'''p - b'c''d'''p - b''c'''d'p - b'''c'd''p \\ + b'''cd''p' + b''c'''dp' + bc''d'''p' - b''cd'''p' - bc'''d''p' - b'''c''dp' \\ - b'''cd'p'' - b'c'''dp'' - bc'd'''p'' + b'cd'''p'' + bc'''d'p'' + b'''c'dp'' \\ - b'cd''p''' - b''c'dp''' - bc''d'p''' + b''cd'p''' + bc'd''p''' + b'c''dp''' \end{array}\right\} (E)$$

Dieser Dividend (E) dividirt durch den Divisor (D) giebt nun den Werth von x.

Aus diesem Werth von x erhält man aber den Werth von y, wenn man setzt

statt $\underline{x, y, a, a', b, b', c, c', d, d'}$

beziehlich $y, x, a', a, b', b, c', c, d', d,$

so wie auch den Werth von z, wenn

statt $\underline{x, z, a, a'', b, b'', c, c'', d, d''}$

beziehlich $z, x, a'', a, b'', b, c'', c, d'', d$

gesetzt wird. Zuletzt erhält man aus demselben Werth von x oder $\frac{(E)}{(D)}$ auch noch den Werth von v, wenn man setzt

statt $\underline{x, v, a, a''', b, b''', c, c''', d, d''}$

beziehlich $v, x, a''', a, b''', b, c''', c, d''', d$

Diese für x, y, z, und v gefundenen Werthe sind aber nun die vollständigen Auflösungen der (§. 218) gegebenen vier einfachen von einander unabhängigen Gleichungen.

Diese Werthe von x, y, z und v, welche vielleicht nicht genau einerlei Divisor haben, werden auch leicht in solche verwandelt, die einerlei Divisor haben, indem man nur in einem oder dem andern derselben, alle Glieder des Dividenden und des Divisors mit dem entgegengesetzten Zeichen versieht.

Zahlenlehre.

Funfzehntes Kapitel.

Von den arithmetischen und den geometrischen Progressionen.

§. 317. Erklärung.

Eine Reihe von Zahlen von der Form

$$a, a+d, a+2d, a+3d, a+4d, \text{etc. etc.}$$

wo a und d beliebige Zahl-Zeichen sind, nennt man eine arithmetische Reihe (oder arithmetische Progression); die Zahlen selber die Glieder derselben, und zwar der Reihe nach, das erste, zweyte, dritte u. s. w. Glied; die Zahl d heißt der Unterschied der Glieder, und die Reihe selbst heißt steigend, wenn d positiv, fallend dagegen wenn d negativ ist. — Uebrigens kann d nicht nur eine positive oder negative Zahl seyn, sondern selbst Null oder imaginär.

§. 318. Zusatz.

Ist d negativ und d' das Glied dieser negativen

Zahl (also $d = - d'$), so hat die arithmetische Reihe diese Form:

$$a,\ a - d',\ a - 2d',\ a - 3d',\ a - 4d',$$

wo d' eine absolute Zahl bedeutet.

§. 319. Lehrsatz.

Ist das n^{te} Glied durch u bezeichnet, die Summe aller n Glieder aber durch s (wo denn das n^{te} Glied u auch das letzte Glied genannt wird), so hat man allemal:

$$\text{I.}\quad u = a + (n - 1)\, d$$

$$\text{II.}\quad s = (a + u)\,\frac{n}{2}$$

Beweis. Die Formel I. fällt in die Augen.

Die Gleichung II. dagegen kann auf folgende Art erwiesen werden. Es ist nehmlich

$$s = a + (a+d) + (a+2d) + \ldots + (u-2d) + (u-d) + u$$

und $s = u + (u-d) + (u-2d) + \ldots + (a+2d) + (a+d) + a$

folglich, wenn man addirt:

$$2s = (a+u) + (a+u) + (a+u) + \ldots + (a+u) + (a+u) + (a+u)$$

oder $2s = (a+u)\, n$

also auch $s = \frac{(a+u)\,n}{2} = (a+u)\,\frac{n}{2}$.

§. 320. Zusatz.

Sind von den 4 in jeder dieser Gleichungen vorkommenden Buchstaben dreie gegeben, so giebt die Gleichung jedesmal den Werth des vierten.

§. 321. Zusatz.

Es kommen aber in beyden Gleichungen (I) und (II), 5 verschiedene Buchstaben a, n, d, u, u. s, vor, von denen 3 gemeinschaftlich sind, nehmlich a, n u. u.

Eliminirt man daher jeden dieser 3 Buchstaben, einen nach den andern, so erhält man wiederum folgende Gleichungen:

$$\text{III.}\quad s = (2u - (n-1)d) \cdot \frac{n}{2}$$

$$\text{IV.}\quad s = \frac{(u-a+d)(u+a)}{2d}$$

$$\text{V.}\quad s = (2a + (n-1)d) \cdot \frac{n}{2}$$

Diese 5 Gleichungen sind deshalb alle von einander verschieden, weil jede nur 4 der 5 Buchstaben, also den 5ten nicht enthält, dieser 5te aber in jeder Gleichung ein anderer ist.

§. 322. Zusatz.

Löst man jede der 5 Gleichungen in Bezug auf jeden der 4 Buchstaben, die sie enthält, auf, so hat man nachstehende 20 Gleichungen:

1) $u = a + (n-1)d$

2) $u = \frac{2s - na}{n}$

3) $u = \frac{-d \pm \sqrt{(2a-d)^2 + 8ds}}{2}$

4) $u = \frac{2s + n(n-1)d}{2n}$

5) $a = u - (n-1)d$

6) $a = \frac{2s - nu}{n}$

7) $a = \frac{d \pm \sqrt{(2u+d)^2 - 8ds}}{2}$

8) $a = \frac{2s - n(n-1)d}{2n}$

9) $d = \frac{2(s - an)}{n(n-1)}$

$$10)\ d = \frac{(u + a)(u - a)}{2s - (u + a)}$$

$$11)\ d = \frac{2(nu - s)}{n(n - 1)}$$

$$12)\ d = \frac{u - a}{n - 1}$$

$$13)\ n = \frac{u - a + d}{d}$$

$$14)\ n = \frac{2s}{a + u}$$

$$15)\ n = \frac{-(2a - d) \pm \sqrt{(2a - d)^2 + 8ds}}{2}$$

$$16)\ n = \frac{(2u + d) \pm \sqrt{(2u + d)^2 - 8ds}}{2d}$$

$$17)\ s = [2a + (n - 1)d] \cdot \frac{n}{2}$$

$$18)\ s = \frac{(a + u) \cdot n}{2}$$

$$19)\ s = [2u - (n - 1)d] \cdot \frac{n}{2}$$

$$20)\ s = \frac{(u - a + d)(u - a)}{2d}$$

Diese Formeln enthalten je zwey der 5 Buchstaben a, n, d, u und s durch die 3 übrigen ausgedrückt.

Anmerkung 1. Alle bis hierher entwickelten Gleichungen sind solche, die aus den Gleichungen (I.) und (II.) abgeleitet sind. Da nun diese beyden Gleichungen selber wieder hervorgehen, wenn man in ihnen:

$$\text{statt}\ \frac{u,\ a,\ d}{a,\ u,\ -d}\ \text{beziehlich}$$

setzt, so kann man durch dieselben Substitutionen die vorliegenden Gleichungen zum Theil auch aus einander ableiten.

Anmerkung 2. Die Gleichungen (3. 7. 15. und 16.) sind quadratische, und geben daher zwey Auflösungen. Welcher aber von beyden Werthen jedesmal der brauchbare ist, muß immer erst durch die besondern Bedingungen der Aufgabe entschieden werden, die zu dieser quadratischen Gleichung führt, wie wir ähnliches schon (§. 308.) zu bemerken, Gelegenheit gehabt haben.

§. 323. Erklärung.

Eine Reihe von Zahlen von der Form

$$a,\ ad,\ ad^2,\ ad^3,\ \ldots$$

wo a und d beliebige Zahlzeichen sind, nennt man eine geometrische Reihe (oder geometrische Progression); die Zahlen selber die Glieder der Reihe. — Die Zahl d heißt der Exponent der Reihe.

§. 324. Zusatz.

Auch

$$\frac{1}{a},\ \frac{1}{ad},\ \frac{1}{ad^2},\ \frac{1}{ad^3}\ \text{u. s. w.}$$

ist eine geometrische Reihe, in welcher $\frac{1}{d}$ als der Exponent der Reihe angesehen wird.

§. 325. Lehrsatz.

Ist das n^{te} Glied durch u bezeichnet, die Summe aller n Glieder aber durch s (wo dann das n^{te} Glied auch das letzte genannt wird) so ist allemal

$$\text{I.}\quad u = ad^{n-1}$$

$$\text{II.}\quad s = \frac{du - a}{d - 1}$$

Beweis. Die Formel (I.) fällt von selbst in die Augen.

Die Gleichung (II.) dagegen ergiebt sich aus folgender Betrachtung: Es ist nehmlich

$$s = a + ad + ad^2 + ad^3 + \ldots + ad^{n-2} + u$$

Multiplizirt man diese Gleichung mit d, so wird
$$ds = ad + ad^2 + ad^3 + .. + ad^{n-2} + u + du,$$
folglich, wenn die obere Gleichung von der untern subtrahirt wird
$$ds - s = du - a$$
folglich $s = \frac{du - a}{d - 1}$

§. 326. Zusatz.

Eliminirt man aus den beyden Gleichungen

I. $u = a . d^{n-1}$ und II. $s = \frac{du - a}{d - 1}$

zuerst a, dann u und zuletzt d, dadurch, daß man die zweyte Gleichung nach jedem dieser Buchstaben auflößt, und den Werth desselben in die erste substituirt (§. 250.); so erhält man:

III. $u = (du + s - ds)\, d^{n-1}$

IV. $\frac{(d-1)\, s + a}{d} = a\, d^{n-1}$

V. $u = a \left(\frac{s - a}{s - u}\right)^{n-1}$

§. 327. Zusatz.

Man kann nun versuchen, jede dieser Gleichungen (I. — V.) nach jedem ihrer Buchstaben aufzulösen. Die Gleichung (I) aber ist zwar in Bezug auf u und auf a und auf d eine algebraische, dagegen in Bezug auf n eine transcendente. Sie giebt
$$a = \frac{u}{d^{n-1}}$$
dann $$d = \sqrt[n-1]{\left(\frac{u}{a}\right)}$$
unter der Voraussetzung, daß die Wurzel eine abso-

lute ist. — Die in Bezug auf n transcendente Gleichung löse man aber auf folgende Art auf.

Man multiplizire zuerst die Gleichung (I) mit d und dividire nachher durch a: so erhält man

$$d^n = \frac{du}{a}$$

Wäre nun d eine absolute ganze Zahl, wie auch n, so könnte man auf beyden Seiten durch d logarithmiren, d. h. den Logarithmen für die Basis d nehmen, und erhielte (§. 59. n. 2.)

$$d^n ? d = \frac{du}{a} ? d$$

oder $$n = \frac{du}{a} ? d \qquad (§. 62. LXII.)$$

oder $$n = \frac{\log \frac{du}{a}}{\log. d} \qquad (§. 62. LXX.)$$

Diese Auflösungen der Gleichung (I) nach d und nach n, können also bis jetzt nicht allgemein statt finden; und ist eine allgemeine Auflösung derselben möglich, so kann sie nur dadurch erzielt werden, daß wir später die Begriffe der Wurzel $\sqrt[n]{a}$ und des Logarithmen a?b auf eine schickliche und erlaubte Weise verallgemeinern, wie dies früher, für die übrigen Zahlzeichen geschehen ist.

Die Gleichung (II) ist in Bezug auf jeden der 4 Buchstaben, als Unbekannten, eine algebraische und einfache Gleichung, weswegen ihrer Auflösung, nach jedem ihrer Buchstaben kein Hinderniß vorliegt.

Die Gleichung (III) ist in Bezug auf s, u und d eine algebraische, und zwar in Bezug auf s und u eine einfache, in Bezug auf d dagegen eine höhere Gleichung vom unbestimmten n^{ten} Grade, wenn nicht $n = 1$; sie wird nehmlich:

$$(s - u)\, d^n - s \,.\, d^{n-1} + u = 0,$$

wo n immer eine absolute ganze Zahl seyn muß. Wie und ob solche höhere Gleichungen allgemein aufgelößt werden können, muß ebenfalls einer spätern Untersuchung überlassen bleiben.

In Bezug auf n dagegen ist die Gleichung III. transcendent, und ihre Auflösung kann auf nachstehendem Wege versucht werden: Sie giebt nehmlich

$$\frac{ds - du - s}{d}\, d^n = -u \quad \text{oder}$$

$$d^n = \frac{du}{s + du - ds} \quad \text{oder}$$

$$d^n ?\, d = \frac{du}{s + du - ds} ?\, d \quad \text{oder}$$

$$n = \frac{du}{s + du - ds} ?\, d$$

aber nur unter der Voraussetzung, daß d eine ganze Zahl, so wie n. — Die allgemeine Auflösung muß daher auch erst, wenn sie möglich ist, aus einer oben schon erwähnten Verallgemeinerung der Begriffe hervorgehen.

Die Gleichung (IV) ist wieder nach n transcendent, nach den übrigen Buchstaben als Unbekannten algebraisch und zwar nach d eine höhere, wenn n nicht $= 1$; dagegen nach a und s eine einfache. Die höhere nach d kann folgende Gestalt bekommen:

$$a \,.\, d^n - s \,.\, d + (s - a) = 0.$$

In

In Bezug auf n erhält man

$$n = \frac{sd - s + a}{a} ? d$$

unter der Voraussetzung aber, daß d so wie n, eine ganze Zahl ist, in so ferne die **allgemeine** Auflösung, wenn sie auch möglich seyn sollte, doch noch Vorbereitung erfordert.

Die Gleichung (V.) endlich ist in Bezug auf n transcendent, in Bezug auf s, a und u dagegen algebraisch, aber jedesmal eine höhere Gleichung, so lange n nicht 1 ist. Sie giebt

$$\sqrt[n-1]{\frac{u}{a}} = \frac{s-a}{s-u}$$

aber wieder nur in dem besondern Falle, wo $\sqrt[n-1]{\frac{u}{a}}$ wirklich eine Bedeutung hat. Für n hat man:

$$\frac{u \cdot (s-a)}{a \cdot (s-u)} = \left(\frac{s-a}{s-u}\right)^n$$

folglich

$$n = \frac{u \cdot (s-a)}{a \cdot (s-u)} ? \left(\frac{s-a}{s-u}\right);$$

doch nur gültig für den Fall, daß Logarithmand und Basis, so wie n, absolute ganze Zahlen sind.

§. 328. Zusatz.

Vereinigt man alles bisher gesagte, so findet man leicht 20 denen in (§. 322.) für arithmetische Progressionen aufgestellten ähnliche Formeln, nehmlich:

1) $u = a \cdot d^{n-1}$

2) $u\,(s-u)^{n-1} = a\,.\,(s-a)^{n-1}$

3) $u = \frac{ds - s + a}{d}$

4) $u = \frac{d^{n-1}\,.\,(d-1)\,s}{d^{n}-1}$

5) $a = \frac{u}{d^{n-1}}$

6) wie in 2 zur Bestimmung von u, hier von a;

7) $a = du + s - ds$

8) $a = \frac{(d-1)\,s}{d^{n}-1}$

9) $a\,.\,d^{n} - s\,.\,d + (s-a) = 0$

zur Bestimmung von d;

10) $d = \frac{s-a}{s-u}$

11) $(s-u)\,d^{n} - s\,.\,d^{n-1} + u = 0$

zur Bestimmung von d;

12) $d = \sqrt[n-1]{\left(\frac{u}{a}\right)}$

13) $n = \frac{\log. u - \log. a + \log. d}{\log. d}$

14) $n = \frac{\log. u - \log. a}{\log. (s-a) - \log. (s-u)} + 1$

15) $n = \frac{\log. (ds - s + a) - \log. a}{\log. d}$

16) $n = \frac{\log. u - \log. (ds - s + u)}{\log. d}$

$$17)\quad s = \frac{(d^n - 1)\,a}{d - 1}$$

$$18)\quad s = \frac{p\sqrt[n-1]{u} - q\sqrt[n-1]{a}}{\sqrt[n-1]{u} - \sqrt[n-1]{a}}$$

$$19)\quad s = \frac{(d^n - 1)\,u}{d^{n-1}(d-1)}$$

$$20)\quad s = \frac{du - a}{d - 1}$$

wobey man aber ja nicht übersehen darf

α) daß die Gleichungen (n. 12. u. n. 18.), so lange nicht der Begriff der Wurzel erweitert ist, nur für absolute oder auch für Quadrat-Wurzeln gelten können, für jeden andern Fall aber zur Zeit noch nicht angewandt werden dürfen;

β) daß die Gleichungen (n. n. 13 — 16.) nur unter der Voraussetzung gelten, daß alle Logarithmen, der Definition (§. 56.) gemäß, wirklich absolute ganze Zahlen bezeichnen; daß daher diese Formeln zur Zeit noch gar nicht allgemein angewandt werden können, und dürfen.

Anmerkung. Weil die beyden ersten Gleichungen (§. 225. I. u. II.) selbst wieder hervorgehen, wenn man

statt $\underline{u,\ a,\ d}$

beziehlich $a,\ u,\ \frac{1}{d}$

setzt, so kann man mittelst derselben Substitutionen die vorliegenden Gleichungen zum Theil auch aus einander ableiten.

Nachricht.

Die Fortsetzung der Zahlenlehre, unabhängig von der Größenlehre, wird in den folgenden Theilen geliefert.

Allgemeine Größenlehre.

An den Leser.

Wir glauben hier noch bemerken zu müssen, daß die in der allgemeinen Größenlehre zur Erläuterung angeführten Beyspiele, zum Texte nicht gehören, und von demjenigen Leser, welcher die Strenge und die vollkommene Consequenz zu berücksichtigen Willens ist, als nicht vorhanden anzusehen sind.

Wenn Sätze der Zahlenlehre citirt werden, so geschieht dies immer dadurch, daß dem citirten Paragraphen noch ein (Z) vorgesetzt wird.

Allgemeine Größenlehre.

Erstes Kapitel.

Von den Maaßen der Größen, und dem Messen derselben überhaupt.

§. 1. Erklärung.

Ein Ding A nenne ich ein Vielfaches eines andern Dinges B, wenn B mehreremal genommen, A hervorbringt. Das Ding B nennt man dann den vielten Theil von A; auch einen Theiler von A. —

Das m fache des Dinges B, werde durch m B bezeichnet,*) und dieses Zeichen m B eine benannte Zahl genannt.

Anmerk. Statt zu sagen, daß B der zweyte Theil sey von A, sagt man auch lieber, B sey die Hälfte von A.

§. 2. Erklärung.

Jedes Ding, welches keine Zahl ist und welches man sich als ein Vielfaches eines andern Dinges denkt

*) Das Zeichen mB kann mit dem Produkt (Z. §. 27.) nie verwechselt werden, so lange B keine Zahl ist.

oder denken kann, heißt eine **Größe**; das Ding dessen Vielfaches die Größe ist, heiße die **Einheit** oder das **Gemäß**; die (absolute ganze) Zahl aber, die anzeigt, wie vielmal das Gemäß oder die Einheit genommen werden müsse um die Größe hervorzubringen, heiße das **Maas** dieser Größe, **für diese Einheit**, oder **auf diese Einheit (Gemäß) bezogen**.

Ist A die Größe, B die Einheit (Gemäß), so bezeichne ich das Maas durch das Zeichen

A : : B.

Beyspiele. Größen sind demnach: 17 Rthlr., 8 Menschen, 11 Pfund, eine **Linie**, weil man sich solche als ein Vielfaches einer andern Linie denken muß; eine **Fläche**, ein **Körper**, ein **Gewicht**, eine **Kraft** überhaupt, eine **Zeit** rc. rc. rc.

§. 3. Zusatz.

Man kann den Begriff der Größe auch auf die Einheit (Gemäß) ausdehnen, so daß man darunter die Größe versteht, deren Maas = 1 ist, wenn solches auf sich selbst als Einheit (oder Gemäß) bezogen wird.

Anmerkung. In so ferne: 6 **Punkte** eine Größe ist, muß dieser erweiterten Definition gemäß, auch 1 Punkt eine Größe seyn, so gut wie 6 **Begriffe** und 1 **Begriff** Größen seyn müssen. — Ob aber der Punkt eine **Raumgröße** ist, muß in der **erst folgenden** Raumgrößenlehre, wo der besondere Begriff der **Raumgrößen** aufzustellen ist, untersucht werden. —

§. 4. Zusatz.

Das Maas einer Größe ist nothwendig eine absolute ganze Zahl.

§. 5. Erklärung.

Eine Grösse A durch eine andere Grösse B messen, heißt nichts weiter als das Maas der Grösse A bestimmen, für die Grösse B als Einheit (oder Gemäß).

§. 6. Zusatz.

Nicht jede Grösse A kann durch jede beliebige Grösse B gemessen werden. Das Messen ist nur dann möglich, wenn A ein Vielfaches von B ist.

§. 7. Erklärung.

Zwey Grössen nenne ich gleichartig, wenn sie eine gemeinschaftliche Einheit (Gemäß) haben, oder doch als ein gemeinschaftliches Gemäß habend, gedacht werden oder gedacht werden müssen. Im entgegengesetzten Falle heißen sie ungleichartig.

Beyspiele. Gleichartig sind: 5 Engländer und 9 Engländer; zwey Linien, in so ferne in der Raumgrössenlehre erwiesen werden muß, wie solche immer, als ein gemeinschaftliches Gemäß habend, gedacht werden müssen; zwei Flächen, aus demselben Grunde, u. s. w.

Ungleichartig dagegen: 5 Aepfel und 9 Pflaumen, desgleichen eine Linie und eine Fläche; denn das Gemäß einer Linie ist immer wieder eine Linie, und das Gemäß einer Fläche immer wieder eine Fläche, und da eine Linie nie zugleich eine Fläche seyn kann, so können die Gemäße hier nie dieselben seyn; u. s. w. f.

§. 8. Lehrsatz.

Ist A ein Vielfaches von B und B ein Vielfaches von C, so ist allemal

$$A :: C = (A :: B) . (B :: C)^{*)}$$

*) Man übersehe nicht, daß die Zeichen

$$A::C,\ B::C,\ A::B$$

Zahlzeichen sind, d. h. Zahlen bezeichnen und nicht Grössen.

Beweis.

Sey C in B, q mal enthalten und B in A, p mal; so ist C in jedem B, q mal enthalten, folglich in allen B, die zusammen A ausmachen, und deren Anzahl p ist, q + q + q + q + ... mal (wo die Anzahl der Summanden p ist), folglich (Z. §. 27.) q p mal enthalten; also steckt C in A qp mal. W. Z. E. W.

Beyspiele. 1) Seyen 6 Rthlr. in Groschen ausgedrückt, so ist hier A, 6 Rthlr., B ist 1 Rthlr., C dagegen 1 Gr., und man hat

$$A::C = (A::B) \, . \, (B::C) = 6 \, . \, 24 = 144$$

d. h. 6 Rthlr. machen 144 Gr.

2) Sey A eine Linie, B ein Schuh, und C ein Zoll, so hat man A::C = (A::B) . (B::C); d. h. die Zahl der Zolle, welche eine Linie A hat, d. h. A::C, findet man, wenn man die Zahl der Fuße, d. h. A::B, mit der Zahl der Zolle, welche ein Fuß hat, d. h. B::C, multiplizirt.

3) Bezeichnet A die Dachziegeln auf einem Dache, B eine Reihe dieser Ziegeln, C einen Dachziegel, so ist

$$A::C = (A::B) \, . \, (B::C);$$

d. h. man findet die Zahl aller Dachziegeln A::C, wenn man die Zahl der Reihen A::B, mit der Zahl der Ziegel in einer Reihe, B::C, multiplizirt.

Anmerkung. Die Anwendung dieses Lehrsatzes nennt man gewöhnlich das Reduciren der höhern Einheiten auf niedrigere.

§. 9. Zusatz.

Ist von den Größen A, B, C, D, jede vorhergehende ein Vielfaches der folgenden, so ist allemal:

$$A::D = (A::B) \, . \, (B::C) \, . \, (C::D).$$

Desgleichen läßt sich ein analoger Satz für 5 und mehr Größen aufstellen.

§. 10. Zusätze.

Ferner ist unter derselben Voraussetzung (§. 8.):

1) $A :: B = \frac{A :: C}{B :: C}$
2) $B :: C = \frac{A :: C}{A :: B}$

wo die Quotienten vermöge der Voraussetzung, absolute ganze Zahlen sind.

Beyspiel zu n. 1. Sey A eine Linie, B ein Fuß, C ein Zoll, so ist $A :: B = (A :: C) : (B :: C)$; d. h. man findet die Zahl der Fuße, welche die Linie A hat, oder $A :: B$, wenn man die Zahl der Zolle, welche die Linie A enthält, d. h. $A :: C$, durch die Zahl der Zolle, welche ein Fuß hat, nehmlich $B :: C$, dividirt.

Beyspiel zu n. 2. Bezeichnen A, B, C noch dasselbe, so ist auch $B :: C = (A :: C) : (A :: B)$; d. h. man findet die Zahl der Zolle, welche ein Fuß hat, wenn man die Zahl der Zolle, welche eine Line A hat, durch die Zahl der Fuße derselben Linie A, dividirt.

Anmerkung. Die Anwendung des Satzes (n. 1.) nennt man gewöhnlich das Reduciren der niedern Einheiten auf höhere.

§. 11. Zusatz.

Auch ist allemal, unter der Voraussetzung daß A und B Vielfache von M und auch Vielfache von N sind, und daß M gleichartig mit N ist:

$$\frac{A :: M}{B :: M} = \frac{A :: N}{B :: N}$$

Denn es sey P die gemeinschaftliche Einheit (Gemäß) von M und N, so hat man:

$$\frac{A :: M}{B :: M} = \frac{(A :: M)\,(M :: P)}{(B :: M)\,(M :: P)} = \frac{A :: P}{B :: P}$$

$$\frac{A :: N}{B :: N} = \frac{(A :: N)\,(N :: P)}{(B :: N)\,(N :: P)} = \frac{A :: P}{B :: P};$$

folglich $\frac{A :: M}{B :: M} = \frac{A :: N}{B :: N}$.

Beyspiel. Man hat zwey Summen Geldes A und B in guten Groschen ausgedrückt; A = 144 Gr.; B = 216 Gr.; dieselben Summen A und B sind nun auch in Silbergroschen ausgedrückt, nehmlich A = 180 Silbergr. und B = 270 Silbergr., so müssen die Quotienten der Maaße gleich seyn, d. h. es muß $\frac{144}{216} = \frac{180}{270}$ seyn. (Daß der gute Groschen und der Silbergroschen eine gemeinschaftliche Einheit (Gemäß) haben, erhellet daraus, daß der 120ste Theil des Thalers diese Einheit wirklich ist; sie ist in dem guten Groschen 5mal und in dem Silbergroschen 4mal enthalten)

Anmerkung. Bis hieher haben wir immer vorausgesetzt, daß die Maaße absolute ganze Zahlen sind. Um daher die Größenlehre allgemeiner behandeln zu können, müssen wir vor allem die Begriffe des Maaßes, des Gemäßes und des Messens auf eine schickliche Weise erweitern.

§. 12. Erklärung.

Man erweitere den Begriff des Maaßes einer Größe A und des Gemäßes derselben B, und nenne von nun an allgemeines Maaß einer Größe A für ein Gemäß B, den Quotienten $\frac{A::M}{B::M}$, wo M ein gemeinschaftlicher Theiler von A und B ist (§. 1). Die Größe B heiße dann auch das allgemeine Gemäß (Einheit); und A durch B allgemein messen, heiße dann nichts weiter als das allgemeine Maaß $\frac{A::M}{B::M}$ bestimmen, (d. h. diesen Quotienten angeben).

Was früher Maaß, Gemäß und Messen hieß, mag jetzt wirkliches Maaß, wirkliches Gemäß und wirkliches Messen genannt werden. Das Maaß, das Gemäß und das Messen, welches kein wirkliches ist, mag dann ein formelles heißen.

Anmerkung. Wegen (§. 11.) ist dieser erweiterte Begriff des Maaßes ꝛc. ein völlig bestimmter, und wegen (§. 10. n. 1.) der frühere Begriff, in diesem als ein besonderer Fall enthalten; weswegen diese Erweiterung erlaubt ist.

§. 13. Zusatz.

Man kann daher auch das allgemeine Maaß von A für das allgemeine Gemäß B, es mag solches ein wirkliches oder ein formelles seyn, durch

A::B bezeichnen, wodurch bloß der Begriff des Zeichens (::) erweitert ist.

Die Größe, die durch B gemessen, das Maaß m giebt, es mag m eine ganze oder gebrochene Zahl $\left(\frac{p}{q}\right)$ seyn, werde ich auch noch bezeichnen durch

$$mB \text{ oder } \frac{p}{q} B \quad (\S.\ 1.)$$

und dieses Zeichen noch eine benannte Zahl nennen.

Man hat sogleich

$$mB :: B = m$$

Anmerkung. Die durch die benannte Zahl (mB oder $\frac{p}{q}B$) ausgedrückte Größe hat also die Eigenschaft, daß wenn man sie durch die andere Größe B (allgemein) mißt, [d. h. wenn man für mB und B einen gemeinschaftlichen Theiler M (§. 1.) sucht, dann mB und B durch M wirklich mißt (§. 12.), und die Maaße (die wirklichen) (mB)::M und B::M durch einander dividirt] das gefundene Maaß $\frac{mB::M}{B::M}$ der Zahl m $\left(\text{oder } \frac{p}{q}\right)$ gleich seyn müsse.

§. 14. Zusatz.

Das Maaß*) einer Größe A für eine gleichartige

*) Von nun an wird unter Maaß, Gemäß und Messen, wenn nicht ausdrücklich das Gegentheil gesagt wird, jedesmal das allgemeine Maaß, Gemäß und Messen verstanden.

Größe B als Gemäß (oder Einheit) ist nothwendig eine absolute ganze oder gebrochene Zahl.

§. 15. Zusatz.

Die von (§. 8 bis zu §. 11 inclus.) aufgestellten Sätze von wirklichen Maaßen, gelten nun auch ohne weiters für die hiesigen allgemeinen Maaße. Sind nehmlich A, B, C, D u. s. w. beliebige gleichartige Größen, so ist allemal:

$$\text{I.}\quad A::C = (A::B)\,(B::C)$$

$$\text{II.}\quad A::D = (A::B)\,(B::C)\,(C::D)$$

$$\text{III.}\quad A::B = \frac{A::C}{B::C}$$

$$\text{IV.}\quad B::C = \frac{A::C}{A::B}$$

$$\text{V.}\quad \frac{A::C}{B::C} = \frac{A::D}{B::D},$$

wo die hier vorkommenden Quotienten, nicht mehr wie in (§. 10.) bloß absolute ganze Zahlen, sondern auch absoluten gebrochenen Zahlen gleich, seyn können.

Man kann sich von der Richtigkeit dieser Behauptung überzeugen, wenn man M als den, allen Größen gemeinschaftlichen Theiler (§. 1.) annimmt, und dann statt A::C, A::B, B::C, beziehlich die Quotienten $\frac{A::M}{C::M}$, $\frac{A::M}{B::M}$, $\frac{B::M}{C::M}$ setzt, welche der Definition (§. 12.) gemäß, durch jene Zeichen bezeichnet werden. Daß (I.) richtig ist, erhellet dann unmittelbar. Die übrigen Formeln folgern aber aus der (I.) oder aus einander, ohne alle Mühe.

Anmerkung. Um daher das Maaß A::B zu finden, ist gerade nicht nöthig, daß man (§. 13. Beysp.) A und B durch

M wirklich mißt, sondern es ist hinreichend, wenn M ein allgemeines Gemäß ist und man auf irgend eine Weise die allgemeinen Maaße A::M und B::M zu erhalten im Stande ist; der Quotient

$$\frac{A::M}{B::M}$$

giebt dann nach (§. 15. III) doch das gesuchte allgem. Maaß A::B.

§. 16. Lehrsatz.

Sind A, B, C, D gleichartig und dabey

$$A::C = B::C$$

so ist auch $$A::D = B::D$$

Beweis ergiebt sich unmittelbar aus (§. 15. I.) wenn man die gegebene Gleichung mit C::D multiplizirt.

§. 17. Lehrsatz.

Sind A, B, C, D, gleichartige Größen und dabey

$$A::C > B::C$$

so ist auch $$A::D > B::D$$

Beweis ergiebt sich, wie der des vorhergehenden Satzes.

§. 18. Lehrsatz.

Sind A, B, C, D u. E gleichartige Größen, und ist dabey:

$$A::D = B::D \pm C::D$$

so ist auch $$A::E = B::E \pm C::E$$

Beweis ergiebt sich unmittelbar aus (§. 15. I.), wenn man die als Bedingung gegebene Gleichung mit D::E multiplizirt.

§. 19. Zusatz.

Sind A, B, C, D, E, F gleichartige Größen und dabey

$$\frac{A::E = B::E + C::E + D::E,}{A::F = B::F + C::F + D::F} \quad \text{so ist auch;}$$

Eben so läßt sich derselbe Satz auf eine beliebige Anzahl von Größen ausdehnen.

§. 20. Erklärung.

Zwey Größen A und B nenne man gleiche Größen wenn sie beyde für einerlei Gemäß (Einheit) auch einerlei Maaß haben. Die Gleichheit der Größen bezeichne ich durch das Zeichen

$$A = B.$$

Dagegen sage ich die Größe A ist größer als B, oder B ist kleiner als A, wenn das Maas von A grösser ist (§. 173.), als das Maas von B, beyde auf einerlei Einheit (Gemäß) bezogen. Diese Ungleichheit der Größen A und B bezeichne ich durch die Zeichen

$$A > B \text{ oder } B < A.$$

Anmerkung 1. Wegen der Lehrsätze (§. 16.) und (§. 17.) sind die hier aufgestellten Begriffe der Gleichheit und der Ungleichheit völlig bestimmte Begriffe.

Anmerkung 2. Die Zeichen (=) und (> oder <) haben also hier eine ganz andere Bedeutung als in der Zahlenlehre. Es ist aber hieraus keine nachtheilige Verwechslung zu befürchten, da man doch immer weiß, ob die Zeichen links und rechts, Größen bezeichnen, oder ob sie Zahlzeichen sind, dadurch aber die jedesmalige Bedeutung der Zeichen (=, > und <) selber außer Zweifel gesetzt ist.

§. 21. Erklärung.

Eine Größe A nenne man die Summe zweyer andern Größen B und C, und diese dann die Summanden der Summe, wenn, nachdem alle 3 Größen durch eine beliebige aber gemeinschaftliche Einheit (Gemäß) gemessen worden, das Maaß von A gleich ist,

der

der Summe der Maaße von B und von C. — Zwei Grössen B und C addiren oder zusammennehmen heißt: eine Größe finden, welche der Summe der beyden gegebenen Grössen B und C gleich ist. Die Summe selber bezeichne man durch das Zeichen

$$B + C.$$

Dieselbe Erklärung kann leicht auf 3 und mehr Grössen ausgedehnt werden.

§. 22. Zusatz.

Ist A die Summe von B und C, so hat man

$$A = B + C$$

Eben so hat man $A = B + C + D$, wenn A die Summe der 3 Grössen B, C und D ist.

§. 23. Erklärung.

Eine Grösse A heiße die Differenz (der Unterschied, Rest) zweyer andern B und C, wenn nachdem alle drei Grössen durch eine gemeinschaftliche Einheit gemessen worden sind, das Maaß der ersten gleich ist, der Differenz der Maaße der beyden andern. Die grössere der Grössen, nehmlich B, nenne mandann den Minuenden, C aber den Subtrahenden der Differenz. Die Differenz selber werde durch das Zeichen

$B - C$ bezeichnet.

Anmerkung 1. Wegen (§. 18.) sind diese Begriffe der Summe (§. 21.) und der Differenz (§. 23) zweyer Grössen, völlig bestimmte Begriffe.

Anmerkung 2. Die Zeichen (+) und (—) haben also hier ebenfalls eine von derjenigen in der Zahlenlehre, ganz verschiedene Bedeutung (M. s. Anmerk. 2 §. 20.)

§. 24. Zusatz.

Ist $A = B + C$ so ist auch

$B = A - C$ und

$C = A - B$.

§. 25. Sieben Lehrsätze.

1) Zwey Größen A und B sind einander gleich, wenn sie Summen sind von beziehlich gleichen Summanden.

2) Eine Größe A ist größer als eine andere Größe B, wenn beyde Summen sind, die einen gleichen Summanden haben, in welchen aber der zweyte Summand von A größer ist, als der zweyte Summand von B.

3) Eine Größe A ist größer als eine andere Größe B, wenn beyde Summen sind, die Summanden von A aber beziehlich größer sind, als die Summanden von B.

4) Zwey Größen A und B sind einander gleich, wenn sie beyde Differenzen sind, von gleichen Minuenden und gleichen Subtrahenden.

5) Eine Größe A ist größer als eine andere Größe B, wenn beyde Größen Differenzen sind, in denen die Subtrahenden gleich sind, der Minuend von A aber größer ist als der Minuend von B.

6) Eine Größe A ist größer als eine andere B, wenn beyde Größen Differenzen sind, die gleiche Minuenden haben, und in denen der Subtrahend von A kleiner ist, als der Subtrahend von B.

7) Eine Größe A ist größer als eine Größe B, wenn beyde Größen Differenzen sind, und dabey der

Minuend von A größer ist, als der Minuend von B, der Subtrahend von A aber kleiner ist, als der Subtrahend von B.

Beweise dieser 7 Sätze ergeben sich aus den Definitionen (§. 20.) und aus den Sätzen (§. 175. und §. 179. der Zahlenlehre) unmittelbar.

§. 26. Zusatz.

Diese Hauptsätze der Summen und Differenzen finden in einer unzählichen Menge von Fällen ihre Anwendung. Ohne dergleichen Sätze anzuführen, begnüge ich mich hier bloß mit der Erwähnung derselben, in so ferne diese zur Vollständigkeit des ganzen Systems erforderlich ist.

§. 27. Erklärung.

Seyen L und M zwey Größen, so daß M der μte Theil von L ist, d. h. daß $L = \mu M$ oder $L :: M = \mu$ ist. Findet man nun, daß L in einer Größe S erst a mal enthalten, und daß dann ein Rest bleibt, kleiner als L, in welchem dann M noch b mal enthalten ist, so hat man:

$$S = aL + bM.$$

Dieses Zeichen

$$aL + bM$$

nenne man eine zusammengesetzte benannte Zahl; die beyden Zahlen a und b dagegen das zusammengesetzte Maas der Größe S, für das zusammengesetzte Gemäß, L, M. Dabey mag L der Grundtheil, und M der erste Theil des zusammengesetzten Gemäßes heißen; die Zahl μ aber, die Verhältnißzahl des Gemäßes.

Eine Größe S durch ein **zusammengesetztes Gemäß** L, M, **messen**, heißt nichts weiter als das **zusammengesetzte Maaß** dieser Größe, oder die der Größe S gleiche zusammengesetzte benannte Zahl finden.

Was vorher Maaß und Gemäß und benannte Zahl hieß, kann nun auch **einfaches Maas** und **einfaches Gemäß** und **einfache benannte Zahl** heißen.

Beyspiel. So bildet z. B. der Fuß (L) und der Zoll (M) ein zusammengesetztes Gemäß; so auch das Pfund (L) und das Loth (M); eben so der Thaler (L) und der gute Groschen (M). — Hat man nun eine Summe Geldes S und findet man, daß sie den Thaler 19 mal enthält, und daß dann noch ein Rest bleibt, in welchem der Groschen noch 11 mal enthalten ist, so hat man S = 19 Rthlr. + 11 Gr. oder = 19 Rthlr. 11 Gr., indem man sich das (+) Zeichen dazu denkt. Die Zahlen 19 und 11 beziehlich auf Rthlr. und Gr. bezogen, bilden nun das zusammengesetzte Maaß der Summe S.

§. 28. Lehrsatz.

Ist gegeben $S = aL + bM$

so hat man auch $S :: M = a\mu + b$ und

$$S :: L = \frac{a\mu + b}{\mu} = a + \frac{b}{\mu}.$$

Beweis ergiebt sich aus (§. 15. und §. 21.).

§. 29. Zusatz.

Dieser Lehrsatz lehrt uns: 1) wie man ein gegebenes zusammengesetztes Maas in ein einfaches verwandeln kann, und zwar für jeden Theil des zusammengesetzten Gemäßes als Einheit genommen; oder, was dasselbe ist, wie man eine zusammengesetzte benannte Zahl in eine einfache benannte Zahl verwandelt. Man kann sich aber auch dessen bedienen um 2) ein gegebenes einfaches Maas, für irgend ein einfaches Gemäß, in ein zusammengesetztes Maas, oder was dasselbe ist, eine einfache benannte Zahl in eine zusammengesetzte, zu verwandeln. Ist nehmlich S::M gegeben z. B. = s, so dividire man s durch die Verhältnißzahl μ, bestimme den nächstkleinsten Quotienten und den Rest. Ist ersterer a und letzterer b, so hat man

$$S = aL + bM.$$

Wäre aber S::L gegeben, (etwa = der ächt gebrochenen Zahl $\frac{p}{q}$ oder) = einer gemischten Zahl $a + \frac{p}{q}$, so multiplizire man den Bruch $\frac{p}{q}$ mit der Verhältnißzahl μ, und ist b die Zahl $= \frac{p}{q} \cdot \mu$, so hat man

$$S = aL + bM.$$

Beyspiele. Sey 1) gegeben S = 9 Fuß 8 Zoll, so ist S = (9 . 12 + 8) Zoll = 116 Zoll; eben so

$$S = \tfrac{116}{12} \text{ Fuß} = 9\tfrac{8}{12} \text{ Fuß} = 9\tfrac{2}{3} \text{ Fuß}.$$

Sey 2) gegeben S = 513 Gr., so erhält man 513 durch 24 dividirend, den nächstkleinsten Quotienten 21 und 9 zum Rest, daher

S = 21 Rthlr. + 9 Gr. oder = 21 Rthlr. 9 Gr.

Wäre 3) gegeben S = $21\frac{3}{8}$ Rthlr., so erhielte man, indem $\frac{3}{8}$ mit 24 multiplizirt wird, die Zahl 9, also

S = 21 Rthlr. 9 Gr.

§. 30. Erklärung.

Seyen L, M, N, drei Größen und M der μte Theil von L und N der νte Theil von M, d. h. $L = \mu M$ und $M = \nu N$. Findet man nun, daß L in einer gegebenen Größe S erst a mal enthalten ist; daß dann noch ein Rest bleibt, kleiner als L, in welchem M noch b mal enthalten, daß endlich auch hier noch ein Rest bleibt kleiner als M, in welchem N noch c mal enthalten ist, so hat man

$$S = aL + bM + cN.$$

Dies Zeichen

$$aL + bM + cN$$

mag noch eine zusammengesetzte benannte Zahl genannt werden, so wie die Zahlen a, b, c welche sich auf die Einheiten L, M, N beziehen, das zusammengesetzte Maas von S für das zusammengesetzte Gemäß L, M, N heißen mögen. Dabey nenne man L den Grundtheil, M den ersten, und N den zweyten Theil des zusammengesetzten Gemäßes. Die Zahlen μ und ν heißen beziehlich die erste und die zweyte der Verhältnißzahlen.

Diesem erweiterteten Begriff des zusammengesetzten Maaßes zu Folge, mag auch der Begriff des zusammengesetzten Messens, erweitert seyn.

§. 31. Lehrsatz.

Ist $S = aL + bM + cN$

so ist auch $S :: N = a\mu\nu + b\nu + c = (a\mu + b)\nu + c$

und $S :: M = \frac{a\mu\nu + b\nu + c}{\nu} = a\mu + b + \frac{c}{\nu}$

und $S :: L = \frac{a\mu\nu + b\nu + c}{\mu\nu} = a + \frac{b\nu + c}{\mu\nu}$.

Beweis folgt aus (§. 15. und §. 21.)

§. 32. Zusatz.

Auch dieses Lehrsatzes kann man sich bedienen 1) um aus einem gegebenen zusammengesetzten Maaße, für das zusammengesetzte Gemäß L, M, N, die einfachen Maaße derselben Größe in Bezug auf die Einheit N, so wie auch für die Einheit M, und für die Einheit L zu finden. — Man kann aber auch 2) umgekehrt, aus einem dieser letztern Maaße, das zusammengesetzte Maaß ohne weiters ableiten.

§. 33. Zusatz.

Man kann nun auch, wie leicht einzusehen ist, den Begriff des zusammengesetzten Maaßes und Gemäßes, so wie der zusammengesetzten benannten Zahl erweitern, für vier und für beliebig viel Größen L, M, N, P, Q, etc., die so angenommen sind, daß jede folgende ein vielter Theil der nächst vorhergehenden ist. Diesem erweiterten Begriff zu Folge, können dann auch die Benennungen und alles andere davon abhängige auf die gehörige Weise erweitert werden.

§. 34. Zusatz.

Desgleichen erhellet auch hinlänglich aus dem vorhergehenden, wie man jedesmal für ein gegebenes zusammengesetztes Gemäß verfahren müsse um folgende zwey Aufgaben zu lösen:

I. Aus jedem gegebenen zusammengesetzten Maaße, die einfachen Maaße derselben Größe, in Bezug auf jeden Theil des Gemäßes als Einheit (einfaches Gemäß) zu finden, oder, was dasselbe ist, jede zusammengesetzte benannte Zahl, in eine einfache benannte mit beliebiger Einheit zu verwandeln.

II. Umgekehrt: aus einem der gegebenen einfachen Maaße einer Größe, das zusammengesetzte Maaß derselben Größe zu finden, oder was dasselbe ist, jede einfache benannte Zahl in eine zusammengesetzte benannte zu verwandeln.

Anmerkung. Es sind aber diese beyden Aufgaben von vorzüglichem Nutzen. In den meisten Fällen, wo Maaße in Rechnung gebracht werden, kann man bloß die einfachen Maaße gebrauchen, während mehrentheils die zusammengesetzten Maaße gegeben sind. Umgekehrt findet man in der Rechnung meist nur das einfache Maaß, und da im Leben (der größern Bequemlichkeit wegen) immer oder meistens doch die zusammengesetzten Maaße verlangt werden, so muß man jedesmal sogleich das eine in das andere zu verwandeln im Stande seyn.

§. 35. Erklärung.

Einfache oder zusammengesetzte benannte Zahlen zu einander addiren oder von einander subtrahiren, heißt nichts weiter, als wiederum eine einfache oder zusammengesetzte benannte Zahl finden, welche der Summe oder der Differenz (§. 21. §. 23.) der beyden gegebenen gleich ist.

§. 36. Zusatz.

Wie man solche benannte Zahlen addirt oder subtrahirt, erhellet aus dem vorhergehenden, und wir brauchen uns daher mit Auseinandersetzung des Verfahrens keinen Auffenthalt zu verursachen.

§. 37. Lehrsatz.

Ist $A::=B\frac{p}{q}$ oder $A=\frac{p}{q}B$, wo $\frac{p}{q}$ eine gebrochene Zahl, und p und q ganze Zahlen sind, so ist A das pfache von dem q^{ten} Theile von B.

Beweis.

Denn es bezeichne M den q^{ten} Theil von B, d. h. es sey $B=qM$ oder $B::M=q$; so hat man

$A::B = \frac{p}{q}$. $B::M = q$ folglich (§. 15. I.)

$A::M = \frac{p}{q} . q = p$ oder $A = pM$.

Es ist also A das pfache von M, aber M ist der qte Theil von B, folglich A das pfache von dem qten Theil von B. W. Z. E. W.

Anmerkung. Daher spricht man die gebrochene Zahl $\frac{3}{4}$ ꝛc. gewöhnlich Drei Vier-Theil u. s. w. aus. Daher auch die gewöhnliche Vorstellungsart der Brüche, die, wie man sieht, durch eine Vermengung der Zahlenlehre mit der Größenlehre entstanden ist.

§. 38. Zusatz.

Ist $A::B = \frac{p}{q}$, so kann man auch sagen, A ist der qte Theil von dem pfachen von B. Denn es sey M das pfache von B, also $M = pB$ oder $M::B = p$; so ist (§. 15. II.) $A::M = \frac{p}{q} : p = \frac{1}{q}$ oder $A = \frac{1}{q} M$; d. h. A ist der qte Theil von M, oder der qte Theil von dem pfachen von B.

§. 39. Zusatz.

Eine Größe A, deren Maaß kleiner ist, als $\frac{1}{10^n}$ d. h. kleiner als $\frac{1}{10000000000 \ldots}$ (wo im Nenner n Nullen folgen), ist daher auch kleiner als der 10^nte Theil des Gemäßes (der Einheit). Findet man daher statt des gesuchten Maaßes einer Größe, bloß einen Näherungs Werth desselben, welcher von dem wahren, um weniger als $\frac{1}{10^n}$ verschieden ist, so ist auch die

Größe, welche dieser Nährungswerth giebt, von der wahren gesuchten Größe um weniger verschieden als um den $10^{n\text{ten}}$ Theil der Einheit (oder des Gemäßes):

Anmerkung. In so ferne in allen Fällen der Anwendung der Größenlehre immer eine Zahl n so gedacht werden kann, daß zwey Größen A und B, welche sich nur um den $10^{n\text{ten}}$ Theil der Einheit (des Gemäßes) von einander unterscheiden, in diesem besondern Fall, ohne dem Zweck dieser Untersuchung Abbruch zu thun, als nicht unterschieden angenommen werden können, so daß eine für die andere, in diesem besondern Fall, genommen werden kann, so sind in allen Fällen der Anwendung, Näherungswerthe, die dem wahren Werth so nahe kommen können, daß ihr Unterschied kleiner wird als jede gegebene, übrigens noch so kleine absolute Zahl, als die wahren Werthe völlig ersetzend, anzusehen.

Allgemeine Größenlehre.

Zweytes Kapitel.

Von den Verhältnissen und Proportionen der Größen.

§. 40. Erklärung.*)

Unter Verhältniß einer Größe A zu einer andern B, verstehe ich den Quotienten der Maaße dieser Größen A und B, für eine gemeinschaftliche Einheit (Gemäß).

Beyspiel. Gesetzt eine Linie A habe 8 Fuße, eine andere B aber 6 Fuße, so sind die Maaße der Linien A und B für die Einheit Fuß, 8 und 6, und der Quotient $\frac{8}{6}$ oder $\frac{4}{3}$ ist das, was ich das Verhältniß der Größe A zur Größe B nenne.

Wären A und B Gewichte, und zwar A 2 Pfund 12 Loth, B aber 3 Pfund 8 Loth; so ist A $=$ $2\frac{3}{8}$ Pfund $=$ 76 Loth, B dagegen $=$ $3\frac{1}{4}$ Pfund $=$ 104 Loth; und das Verhältniß von A zu

*) Wenn in Zukunft von Maaßen die Rede ist, ohne daß nicht ausdrücklich das Gegentheil gesagt wird, so sind immer einfache Maaße und einfache Gemäße (Einheiten) zu verstehen.

B ist $= \frac{2\frac{3}{8}}{3\frac{1}{4}}$ oder $= \frac{19}{26}$. — Dasselbe würde man für das Verhältniß erhalten haben, wenn man den Quotienten der Maaße, für das Loth als Einheit, genommen hätte. Das Verhältniß von A zu B, wird dann $= \frac{76}{104} = \frac{76:4}{104:4} = \frac{19}{26}$ (§. 11.).

§. 41. Zusatz.

Das Verhältniß einer Größe A zu einer andern B ist daher nichts weiter, als das Maaß von A für das Gemäß (Einheit) B (§. 12. u. §. 15. III.); und kann also auch durch

$$A::B$$

bezeichnet werden.

Anmerkung. Aus dem Verhältniß $\frac{p}{q}$ zweyer Größen A und B kann, wenn die eine der Größen gegeben ist, die andere jedesmal bestimmt werden. Ist nehmlich $A::B = \frac{p}{q}$, so ist auch $B::A = \frac{q}{p}$, und dann ist (nach §. 37.) A das pfache von dem qten Theil von B; und auch B das qfache von dem pten Theile von A; also A aus B und auch B aus A zu bestimmen.

Beyspiel. So erhält man im Beyspiel zu (§. 40.) die Linie A, wenn man die Linie B in 3 gleiche Theile theilt und dann 4 solcher Theile nimmt. Da aber auch $B::A = \frac{3}{4}$ ist, so findet man auch die Linie B, wenn man die Linie A in 4 Theile theilt und 3 solcher Theile nimmt.

§. 42. Erklärungen.

Wenn gesagt wird: zwey Größen A und B verhalten sich zu einander wie zwey gegebene Zahlen, m und n, so verstehe man darunter, daß das Verhältniß von A zu B dem Quotienten $\frac{m}{n}$ gleich ist; d. h. daß

$$A::B = \frac{m}{n}, \quad \text{folglich auch}$$

$$B::A = \frac{n}{m} \text{ und } A = \frac{m}{n} B, \text{ so wie}$$

$$B = \frac{n}{m} A \text{ ist.}$$

Wenn dagegen gesagt wird: 4 Größen A, B, C, D stehen in Proportion, so verstehe man darunter, daß das Verhältniß der beyden ersten Größen gleich ist dem Verhältniß (§. 40.) der beyden andern. Man bezeichnet daher auch die Proportionalität der Größen A, B, C, D durch die Gleichung

$$A::B = C::D$$

und nennt diese so geschriebene Gleichung*) eine Proportion. Dabey heißen A und C die Vorderglieder, B und D die Hinterglieder, A und D die äußern Glieder, B und C die mittlern. — Sind die mittlern Glieder in einer Proportion einander gleich, so heißt diese eine stetige Proportion.

§. 43. Zusatz.

Die beyden Glieder eines Verhältnisses müssen immer gleichartig seyn; dagegen können die Glieder einer Proportion paarweise (d. h. die beyden Vorderglieder, und die beyden Hinterglieder) ungleichartig seyn.

In einer stetigen Proportion sind nothwendig alle 4 Glieder gleichartig.

§. 44. Lehrsätze.

Stehen 4 Größen A, B, C, D in Proportion, d. h. hat man

$$A::B = C::D$$

*) Man darf nur nicht übersehen, daß A::B und C::D Zahlzeichen sind, die ganze oder gebrochene Zahlen vorstellen

so finden auch noch folgende Proportionen statt:

$$\text{I.}\quad B::A = D::C$$

$$\text{II.}\quad A+B::B = C+D::D$$

$$\text{III.}\quad A+B::A = C+D::C$$

$$\left.\begin{array}{l}\text{IV.}\quad A-B::B = C-D::D \\ \text{V.}\quad A-B::A = C-D::C\end{array}\right\}\text{ wenn } A > B \text{ ist.}$$

$$\left.\begin{array}{l}\text{VI.}\quad B-A::B = D-C::D \\ \text{VII.}\quad B-A::A = D-C::C\end{array}\right\}\text{ wenn } A < B \text{ ist.}$$

Beweise gehen unmittelbar aus (§. 41. §. 21. §. 22. §. 23. u. §. 15.) hervor.

§. 45. Zusatz.

In vorstehenden Lehrsätzen können die Grössen C und D mit A und B ungleichartig seyn. Nicht so in folgendem Lehrsatz.

§. 46. Lehrsatz.

Sind A, B, C, D, 4 gleichartige Grössen, und hat man

$$A::B = C::D$$

so ist auch $\quad A::C = B::D.$

Beweis. Denn man multiplizire die erste Gleichung mit B::C so erhält man:

$$(A::B).(B::C) = (B::C).(C::D)$$

folglich $\quad A::C = B::D \quad$ (nach §. 15. I.).

§. 47. Zusatz.

Auf diese letzte Proportion kann man wieder die Sätze (§. 44.) anwenden und erhält so eine Menge neuer Proportionen, aus denen dann wiederum durch Anwendung derselben Sätze mehr und mehr Proportionen, bis in's unendliche fort abgeleitet werden können. — Unter allen wollen wir uns nur folgende noch merken:

Ist nehmlich $A::B = C::D$
so ist auch $(A+C)::(B+D) = A::B.$

§. 48. Zusatz.

Hieraus folgt auch noch, daß wenn

$$A::B = C::D = E::F = G::H \text{ etc.}$$

ist, und dabey alle Größen gleichartig sind, dann auch seyn müsse:

$$(A+C+E+G+\text{etc.})::(B+D+F+H+) \text{ etc.} = A::B = \text{etc.}$$

§. 49. Lehrsatz.

Statt jeder zwischen 4 Größen A, B, C, D, gegebenen Proportion

$$A::B = C::D$$

kann man schreiben die Gleichung

$$A:B = C:D \text{ oder } \frac{A}{B} = \frac{C}{D},$$

wenn man sich vorstellt, daß A und B im Dividenden und Divisor des Quotienten A:B oder $\frac{A}{B}$ nicht mehr die Größen A und B selbst, sondern die Maaße dieser Größen bezeichnen, nachdem beyde durch ein gemeinschaftliches übrigens beliebiges Gemäß gemessen worden sind, und wenn man sich dasselbe auch bey dem Quotienten C:D oder $\frac{C}{D}$ denkt. —

Umgekehrt: Sind a, b, c, d Zahlzeichen, und hat man die Gleichung zwischen zwey Quotienten

$$a:b = c:d \text{ oder } \frac{a}{b} = \frac{c}{d},$$

so kann man statt selbiger sogleich die Proportion schreiben

$$a::b = c::d$$

wenn man sich vorstellt, daß in dieser Proportion a und b nicht mehr Zahlen, sondern die Größen bezeichnen, deren Maaße jene Zahlen sind, nachdem man sie durch ein gemeinschaftliches Gemäß gemessen hat, oder, welches dasselbe ist, wenn man sich unter a und b die Größen denkt, welche entstehen, indem man die Zahlen a und b als Maaße auf ein beliebiges Gemäß (Einheit) bezieht; und wenn man sich auch dieselbe Vorstellung macht in Bezug auf c und d; oder mit andern Worten, wenn man sich a und b als einfache benannte Zahlen (§. 13.) denkt, die sich beyde auf dieselbe Einheit beziehen, und wenn dasselbe bey c und d gedacht wird.

Beweis folgt unmittelbar aus (§. 15. III. §. 11).

§. 50. Zusatz.

Aus der Gleichung

$$a:b = c:d \text{ oder } \frac{a}{b} = \frac{c}{d}$$

leitet man, mittelst der Theorie der Gleichungen, indem man zuerst die Brüche wegschafft, dann diese neue Gleichung abwechselnd durch ab, ac, bd, cd dividirt, indem man ferner zu dieser neuen Gleichung noch ab oder ac oder bd oder cd addirt, und von ihr dieselben Produkte subtrahirt, noch folgende Gleichungen ab:

1) $ad = bc$

2) $d:b = c:a$

3) $d:c = b:a$

4) $a:c = b:d$

5) $a(d \pm b) = b(c \pm a)$ oder $(c \pm a):(d \pm b) = a:b$

6) $a(d \pm c) = (b \pm a)c$ oder $(b \pm a):(d \pm c) = a:c$
7) $(a \pm b)d = b(c + d)$ oder $(a \pm b):(c \pm d) = b:d$
8) $(a \pm c)d = (b \pm d)c$ oder $(a \pm c):(b \pm d) = c:d$
u. s. w. f.

Wären nun a, b, c, d, 4 Größen die in Proportion stehen, so daß also $a::b = c::d$ wäre, so würde man sogleich schreiben können

$$a:b = c:d$$

wo a, b, c, d, die Maaße der Größen bedeuten, je zwey der Größen durch eine gemeinschaftliche Einheit gemessen. Aus dieser Gleichung folgt nun aber sogleich die Gleichung zwischen den Produkten der Maaße der äußern Glieder und derer der mittlern Glieder, nehmlich

$$a.d = b.c \quad \text{(nach 1.)}$$

und aus dieser wieder alle vorstehenden Gleichungen; welche Gleichungen alle dann auch wieder, in so ferne die Dividenden und Divisoren eines jeden der vorkommenden Quotienten auf eine gemeinschaftliche Einheit bezogen werden, sogleich in eben so viele Proportionen zwischen den so entstehenden Größen übergehen.

Anmerkung. Mit Rücksicht auf gewisse Modifikationen hätte man daher die Lehrsätze der Proportionen (§. 44. seqq.) alle unmittelbar aus der Theorie der Gleichungen ableiten können, ein Verfahren welches sich übrigens von der in den (§. 44. seqq) selbst gebrauchten Ableitung, nicht so sehr unterscheidet, als dies anfänglich scheinen dürfte, in so ferne nehmlich dort auch bloß Zahlengleichungen behandelt werden, nur mit dem Unterschiede, daß die dort vorkommenden Quotienten nicht unmittelbar als solche in die Augen fallen, sondern durch die Verhältnißzeichen bezeichnet sind.

§. 51. Zusatz.

Da aus der Proportion

$$A::B = C::D$$

unmittelbar die Gleichung

$$A:B = C:D$$

und aus dieser wiederum die Gleichungen

$$A.D = B.C, \text{ und}$$

$$A = \frac{B.C}{D}; \; B = \frac{A.D}{C}; \; C = \frac{A.D}{B}, \text{ und } D = \frac{B.C}{A}$$

hervorgehen, so erhellet, daß man in einer Proportion das Maaß eines jeden äußern Gliedes erhält, wenn man die Maaße der mittlern Glieder mit einander multiplizirt, und das Produkt durch das Maaß des andern äußern Gliedes dividirt; — daß man ferner das Maaß eines mittlern Gliedes findet, wenn man die Maaße der äußern Glieder mit einander multiplizirt und das Produkt durch das Maaß des andern mittlern Gliedes dividirt.

§. 52. Zusatz.

Ferner folgt hieraus noch, daß wenn zwey Proportionen gegeben sind

$$A::B = C::D \text{ und}$$

$$M::N = P::Q$$

und in diesen Proportionen 3 Glieder beziehlich einander gleich sind, z. B. $A = M$, $B = N$, $D = Q$ ist, dann auch die übrigen beyden Glieder einander gleich seyn müssen; d. h. es muß dann auch $C = P$ seyn.

Anmerkung. Aus dem bisher Vorgetragenen geht also klar hervor:

1) Alles Messen der Größen kommt zuletzt auf das wirkliche Messen, mit wirklichen Gemäßen zurück.

2) Jedes Maaß ist anfänglich nur eine absolute ganze Zahl; nach dem erweiterten Begriff aber nothwendig eine absolute ganze oder absolute gebrochene Zahl.

3) Die Vergleichung der Größen reducirt sich auf die Vergleichung ihrer Maaße, und da diese letztere nichts anders seyn kann, als Zahlenlehre, so folgt, daß die Größenlehre nur eine leichte und einfache Anwendung der Zahlenlehre ist.

4) Umgekehrt, da aus dem Maaße der Größe für ein bestimmtes Gemäß, es mag dieses Maaß ein wirkliches (absolute ganze Zahl) oder ein allgemeines (absolute ganze oder gebrochene Zahl) seyn, die Größe sogleich bestimmt werden kann, entweder durch Vervielfältigen des Gemäßes (im ersten Fall), oder doch durch ein Vervielfältigen irgend eines vielten Theils des Gemäßes, so gewähren solche Zahlenresultate sogleich auch Resultate der Größenlehre.

5) Proportionen zwischen Größen kann man jedesmal sogleich als Gleichungen zwischen Quotienten ansehen und auch schreiben, in so ferne man sich statt der Größen ihre Maaße gesetzt denkt, die sich auf dieselbe Einheit beziehen (paarweise).

6) Von Multiplication und Division der Größen mit oder durch einander, kann nie die Rede seyn, sondern höchstens von der Multiplikation oder Division ihrer Maaße (die immer absolute ganze oder gebrochene Zahlen seyn müssen.).

7) Der Kürze des Ausdruckes wegen kann man aber immer sagen, daß die Größe A durch die Größe B dividirt, oder daß beyde Größen A und B mit einander multiplizirt werden sollen, in so ferne man nur jedesmal bestimmt weiß, was eigentlich damit verlangt ist, so daß nie eine Unbestimmtheit oder Zweydeutigkeit der Begriffe möglich werden kann.

Allgemeine Größenlehre.

Drittes Kapitel.

Von den Bedingungs-Gleichungen der Abhängigkeit der Größen.

§. 53. Erklärung.

Hängt eine Größe A oder hängen einige Größen A, B, C etc. etc. von einer andern Größe M oder von mehreren andern Größen M, N, P etc. auf eine gegebene Weise ab, so hängen nothwendig auch die Maaße dieser Größen, auf bestimmte und gegebene Einheiten (Gemäße) bezogen, von einander ab, und zwar muß diese Abhängigkeit der Maaße durch die gegebene Abhängigkeit der Größen bedingt seyn. Da aber die Maaße der Größen nothwendig immer absolute ganze oder gebrochene Zahlen sind, so wird die Abhängigkeit der Maaße durch Gleichungen, die zwischen ihnen statt finden müssen, bestimmt werden können, und es folgt daher:

So oft Grössen von einander auf eine bestimmte Weise abhängig sind, so oft müssen zwischen ihren Maaßen Gleichungen statt finden, deren Form durch die Abhängigkeit der Grössen selber bedingt ist. Diese Gleichungen zwischen den Maaßen der Grössen nenne ich nun **Bedingungsgleichungen der Abhängigkeit der Grössen.**

§. 54. Zusatz.

Da aus n Gleichungen im Allgemeinen n der vorkommenden Buchstaben durch die übrigen ausgedrückt, gefunden werden können, so kann man aus den gegebenen Maaßen der Grössen, wenn die Bedingungsgleichungen der Abhängigkeit ebenfalls bekannt oder gegeben sind, immer so viel **unbekannte** Maaße der Grössen, folglich so viele Grössen selbst finden, als Bedingungsgleichungen der Abhängigkeit gegeben sind. (Im Allgemeinen nehmlich. In besondern Fällen können die Bedingungsgleichungen vielleicht nicht alle von einander unabhängig seyn, daher in einander übergehen, und dann werden bloß so viel der unbekannten Maaße durch die übrigen bestimmt werden können, als noch von einander unabhängige Bedingungsgleichungen übrig bleiben, die zugleich zur Bestimmung der als unbekannt angenommenen Buchstaben geschickt sind.)

§. 55. Aufgabe.

Aus gegebenen Grössen andere Grössen zu finden, welche auf eine gegebene Weise von den gegebenen Grössen abhängen.

Auflösung und Beweis.

1) Man nimmt für alle vorkommenden Größen bestimmte und auf irgend eine Weise gegebene Größen derselben Art zum Gemäß an.

2) Man bestimme die Maaße der gegebenen Größen für das angenommene Gemäß, oder bezeichne sie durch Buchstaben oder andere Zeichen, welche man dann als bekannt und gegeben ansieht.

3) Man bezeichne die unbekannten Maaße der gesuchten Größen durch Buchstaben oder durch beliebige andere, von einander unabhängige oder doch, in so ferne diese unbekannten Größen von einander abhängig wären, durch, dieser Abhängigkeit der Größen entsprechende Zeichen.

4) Aus der Natur der Abhängigkeit der Größen stelle man die Bedingungsgleichungen der Abhängigkeit her, so viel als deren, der Natur der Aufgabe gemäß, statt finden müssen. Enthält die Aufgabe noch Bedingungen, die man ihrer Einfachheit wegen nicht in Gleichung stellen will, so muß man solche noch besonders anmerken, um sie nicht aus der Acht zu lassen.

5) Diese Bedingungsgleichungen betrachtet man als Bestimmungsgleichungen, in welchen die Zeichen der gesuchten Maaße, die Unbekannten sind, und löse sie dann in Bezug auf diese Unbekannten auf; so bekommt man Werthe für diese Unbekannnten, welche den Bedingungsgleichungen entsprechen.

6) Leisten nun diese Werthe der Unbekannten auch

noch jeder andern (nicht in Gleichung gestellten) Bedingung der Aufgabe ein Genüge, so sind sie diejenigen Zahlen welche als Maaße der gesuchten Größen, allen Bedingungen der Aufgabe Genüge leisten.

7) Nachdem aber die Maaße dieser Größen für gegebene oder angenommene bestimmte Gemäße (Einheiten) bekannt sind, so sind die Größen selber bekannt, folglich die Aufgabe gelößt.

Anmerkung 1. In Bezug auf (n. 4.) muß bemerkt werden, daß, wenn die Art, wie die Größen von einander abhängen, nicht schon in der Aufgabe bestimmt ausgesprochen ist, so daß die Abhängigkeit der Maaße erst aus der Natur der fraglichen Größen abgeleitet werden muß, dann eine genaue Kenntniß der Natur und der Beschaffenheit der Größen vorausgesetzt wird, mit denen man es in der Aufgabe zu thun hat. Kommen z. B. in der Aufgabe Raumgrößen vor, so muß man, um sie lösen zu können, genau wissen, wie Raumgrößen von einander abhängen. Eben so muß man wissen, wie Kraftgrößen, Zeitgrößen rc. von einander abhängen, wenn solche Größen in einer Aufgabe vorkommen und die Abhängigkeit nicht schon in der Aufgabe selbst bestimmt ausgesprochen ist.

Anmerkung 2. In Bezug auf (n. 6.) muß bemerkt werden, daß die Bedingungsgleichungen der Abhängigkeit statt finden, unter der Voraussetzung, daß die Größen gerade diese Abhängigkeit haben, wie sie in der Bedingungsgleichung ausgesprochen ist Giebt es daher wirklich eine Größe, welche der Aufgabe genügt, so muß ihr Maaß nothwendig der Bedingungsgleichung genügen. Es wäre aber gegen die Principien der Logik gesündigt, wenn man dieses Urtheil so umkehren und sagen wollte, daß jeder Werth, welcher statt der Unbekannten gesetzt, den Bedingungsgleichungen Genüge leistet, auch nothwendig der Aufgabe Genüge leisten müsse. Die Bedingungsgleichungen drücken bloß ein Merkmal oder einige Merkmale der gesuchten Größe, oder vielmehr des gesuchten Maaßes der Größe aus (diese Größe als Begriff gedacht). Die Werthe der Unbekannten also, welche die Bedingungsgleichungen erfüllen, haben diese Eigenschaft der gesuchten Maaße; damit sie aber die Maaße selbst sind, müssen sie nicht eine oder nicht nur einige, sondern alle Merkmale haben, welche dem gesuchten Maaße zukommen sollen; sie müssen daher nicht allein den Bedingungsgleichungen, sondern auch den andern Bedingungen ein Genüge leisten, welche nicht in Gleichung gestellt sind, welche aber entweder durch die Aufgabe insbesondere gegeben, oder von dem Begriff des Maaßes unzertrennlich sind.

§. 56. Zusatz.

Da zwar jedes Maaß, welches der Aufgabe zwischen den Größen Genüge leistet, auch den Bedingungsgleichungen Genüge leisten muß, aber nicht umgekehrt, jeder Werth der Unbekannten, welcher den Bedingungsgleichungen Genüge leistet, auch die Aufgabe löset; in so ferne er nicht bloß den Bedingungsgleichungen der Abhängigkeit genügen muß, sondern auch den andern nicht in Gleichung gestellten Eigenschaften des gesuchten Maaßes, so folgen sogleich noch folgende Sätze:

1) Die Werthe der Unbekannten, welche den Bedingungsgleichungen entsprechen, aber nicht zugleich absolute ganze oder gebrochene Zahlen sind, können die gegebene Aufgabe nie lösen, weil jedes gesuchte Maaß einer Größe nothwendig eine ganze oder gebrochene absolute Zahl seyn muß. Solche Werthe die nicht absolute Zahlen sind, können daher ohne weiters verworfen werden. (Also die negativen Werthe, so gut wie die imaginären und diese wieder so gut wie die Nullenwerthe).

2) Aber auch diejenigen Werthe, welche absolute

Zahlen sind, und sich für die Unbekannten durch Auflösung der Bedingungsgleichungen ergeben, müssen nicht nothwendig die Aufgabe lösen, sondern diese Nothwendigkeit tritt nur dann erst ein, wenn dieselben Zahlen auch noch den übrigen Bedingungen der Aufgabe, die nicht in Gleichung gestellt sind, genügen.

3) Geben daher die Bedingungsgleichungen, in so ferne sie höhere oder gar transcendente Gleichungen sind, mehrere oder gar unendlich viele Werthe; sind ferner unter diesen, mehrere oder alle, absolute ganze oder gebrochene Zahlen, so kann die Aufgabe mehrere Auflösungen, kann aber eben so gut auch gar keine Auflösung haben, in so ferne mehrere, in so ferne aber auch gar keiner der absoluten Werthe der Unbekannten, den übrigen nicht in Gleichung gestellten Bedingungen der Aufgabe entsprechen können.

4) Ist aber keiner der Werthe der Unbekannten, die man durch Auflösung der Bedingungsgleichungen erhält, eine absolute ganze oder gebrochene Zahl, so hat nothwendig die Aufgabe gar keine Auflösung; d. h. es giebt dann keine Größe oder keine Größen, welche den Bedingungen der Aufgabe Genüge leisteten.

5) Mehr Auflösungen einer Aufgabe, als aus den aufgelößten Bedingungsgleichungen hervorgehen, kann die Aufgabe nie haben.

Anmerkung. Man übersehe aber diesen Umstand, daß die Auflösungen der Bedingungsgleichungen nur dann Auflösungen der Aufgabe der Größenlehre geben, wenn solche auch noch den übrigen Bedingungen der Aufgabe entsprechen, ja nicht. — Eben so wenig übersehe man, daß alle Maaße der Größen absolute ganze oder gebrochene Zahlen seyn müssen. Giebt daher die Auflösung einer Bedingungsgleichung für die in ihr enthaltene Unbekannte x einen absoluten Werth, so sehe man erst nach, ob auch alle übrigen in der Aufgabe vorkommenden unbekannten Maaße (es mögen solche durch eigene Buchstaben, oder durch von x oder andern Unbekannten abhängige Ausdrücke bezeichnet seyn) für diesen Werth von x absolute Zahlen werden, und dann erst, wenn man sich überzeugt hat, daß dies wirklich der Fall ist, kann man diese gefundenen Maaße nehmen und untersuchen, ob sie der Aufgabe selbst (d. h. den noch übrigen Bedingungen derselben) entsprechen, worauf sie dann, als die Aufgabe lösend, zugelassen, oder, als unnütz, verworfen werden.

§. 57. Zusatz.

Sind daher in einer Aufgabe die Größen allgemein gegeben (d. h. nicht wirklich gegeben, sondern nur als gegeben gedacht, so daß ihre Maaße durch allgemeine Zeichen (Buchstaben) bezeichnet und als gegebene Zahlen angesehen werden); giebt daher die Auflösung der Bedingungsgleichungen für die Unbekannten, allgemeine Ausdrücke, die aber als Ziffernwerthe gedacht werden, so kann man auf die Möglichkeit dieser Aufgabe gar nichts schließen, weil sie für besondere Werthe der gegebenen allgemeinen Maaße möglich seyn und eine Auflösung wirklich zulassen kann, für andere aber auch wiederum nicht. — Immer lassen sich aber dann für eine solche Aufgabe Bedingungen festsetzen, welche von den besondern Werthen der allgemein gegebenen Maaße erfüllt seyn müssen, damit die Aufgabe möglich seyn kann, und eine Auflösung zulassen muß. — Unter diesen Bedingungen stehen aber immer diejenigen oben an, welche erfüllt seyn müssen, damit alle unbekannten und gesuchten Maaße der Größen absolute ganze oder gebrochene Zahlen werden.

§. 58. Zusatz.

Ist in einer Aufgabe der Größenlehre die Abhängigkeit der Größen nicht bestimmt genug angegeben, so können auch die Bedingungsgleichungen der Abhängigkeit nicht angegeben, und daher die Aufgabe selbst nicht eher gelößt werden, als bis diese Unbestimmtheit (durch irgend eine hinzugefügte Bedingung) gehoben ist.

Indem aber eine solche zu allgemein gegebene Aufgabe nähere Bestimmungen erhalten muß, so zerfällt solche, nach den verschiedenen möglichen neuen Bedingungen durch welche sie in eine völlig bestimmte und deshalb auflösbare Aufgabe übergeht, in verschiedene besondere Aufgaben, welche, wenn nicht eine davon als die gegebene herausgehoben wird, alle einzeln gelößt werden müssen, wenn man eine vollständige und für jeden Fall befriedigende Auflösung der zu allgemein gegebenen Aufgabe haben will.

Beyspiel. Man soll an eine gegebene Kreislinie eine Tangente so ziehen, daß sie zwey andere sich schneidende und gegebene Tangenten dergestalt schneidet, daß das zwischen den Durchschnittspunkten liegende Stück einer gegebenen Linie a gleich ist. — Der Radius der Kreislinie sey r, und die gegebenen (einander gleichen) Tangenten durch b bezeichnet. (Eigentlich a, b, r sollen die Maaße vorstellen der genannten Linien, für irgend eine beliebige Einheit).

In dieser Aufgabe ist unbestimmt gelassen, 1) auf welcher Seite die Tangente gezogen werden soll, und 2) ob der Berührungspunkt zwischen den beyden Durchschnittspunkten, oder ob einer der Durchschnittspunkte zwischen dem andern Durchschnittspunkt und dem Berührungspunkt zu liegen kommen solle.

Will man daher der Aufgabe bloß genügen, so setzt man irgend einen bestimmten dieser Fälle fest, und löset diese dadurch entstehende besondere Aufgabe auf. Giebt sie eine Auflösung, so hat man eine Tangente gefunden, welche die in der gegebenen Aufgabe verlangten Eigenschaften hat. — Giebt aber diese besondere Aufgabe gar keine Auflösung, entweder weil ihre Bedingungsgleichungen nicht lauter absolute Zahlen geben, oder weil, wenn auch solche Zahlen gefunden worden sind, diese nicht den übrigen Bedingungen der Aufgabe entsprechen (also immer, weil diese besondere Aufgabe widersprechende Bedingungen enthält), so muß man einen zweyten Fall festsetzen, diese zweyte besondere Aufgabe auflösen, und findet dann eine, der gegebenen Aufgabe genügende Auflösung, oder nicht. So kann man jeden besondern Fall, den die zu allgemein gegebene Aufgabe zuläßt, einzeln durchgehen, und nur wenn alle einzeln gelößt sind, ist die zu allgemein gegebene Aufgabe als vollständig gelößt anzusehen, so wie umgekehrt, nur wenn man gefunden hat, daß alle besonderen Aufgaben, welche die zu allgemein gegebene Aufgabe zuläßt, widersprechende Bedingungen enthalten, d. h. keine Auflösung zulassen, man behaupten kann, daß die zu allgemein gegebene Aufgabe überhaupt keine Auflösung zulasse.

§. 59. Zusatz.

Soll daher eine solche zu allgemein gegebene Aufgabe der Größenlehre vollständig gelößt werden, so kann dies nicht anders, als auf folgende Art geschehen:

1) Man bilde durch eine genaue logische Eintheilung alle möglichen besondern Aufgaben, welche die zu allgemein gegebene in sich begreift.*)

2) Man entwickle für jede dieser besondern Aufgaben die Bedingungsgleichungen der Abhängigkeit

---

*) Wir sagen hier absichtlich: durch eine logische Eintheilung, weil nur diese, gut durchgeführt, vor der Gefahr schützt, einen oder einige der besondern Fälle zu übergehen, und dadurch in vielen Fällen den Zweck der Auflösung gänzlich zu verfehlen.

besonders, löse die zu jeder der Aufgaben gehörigen Bedingungsgleichungen besonders auf, prüfe für jede der besondern Aufgaben, ob die für ihre Bedingungsgleichungen erhaltenen Werthe der Unbekannten, auch den übrigen Bedingungen dieser besondern Aufgabe entsprechen. Mit einem Worte man löse jede dieser besondern Aufgaben besonders; und alle Auflösungen zusammen bilden dann die vollständige Auflösung der zu allgemein gegebenen Aufgabe.

Anmerkung. Mit einiger Uebung kann man in vielen Fällen, noch vor dem Auflösen, ja öfter noch vor dem Ansetzen der Bedingungsgleichungen, schon sehen, daß die Auflösung einer oder der andern, oder aller, dieser besondern Aufgaben (für gegebene bestimmte Größen) nicht möglich ist, und dadurch die Arbeit bedeutend abkürzen.

§. 60. Zusatz.

Sind in einer solchen zu allgemein gegebenen Aufgabe, die deshalb in mehrere besondere bestimmte Aufgaben zerfällt, die gegebenen Maaße allgemein gegeben (und durch Buchstaben bezeichnet), so werden, wenn man die Benennungen und Bezeichnungen der allgemeinen Aufgabe für jede der besonderen Aufgaben beybehält, die für die einzelnen besondern Aufgaben hervorgehenden Bedingungsgleichungen der Abhängigkeit dasjenige mit einander gemein haben, was auch allen den einzelnen besondern Aufgaben gemeinschaftlich ist (nehmlich die Bedingungen der allgemeinen Aufgabe), und daher durch einfache Substitutionen in einander übergehen können. Dann können aber nach (3. Kap. XIV.) aus der Auflösung der Bedingungsgleichungen einer dieser Aufgaben, sogleich die Auflösungen der Bedingungsgleichungen der übrigen besondern Aufgaben unmittelbar durch dieselben Substitutionen erhalten werden. — Dies gewährt in vielen Fällen eine sehr bedeutende Erleichterung bey dem vollständigen Auflösen zu allgemein gegebener Aufgaben.

Beyspiel. In dem Beyspiel zu (§. 58.) zerfällt die gegebene Aufgabe in 4 besondere Aufgaben. Soll sie also vollständig gelößt werden, so muß man jede dieser 4 besondern Aufgaben auflösen.

Ist nehmlich C der Mittelpunkt der Kreislinie; sind ferner A und B die Berührungspunkte der gegebenen Tangenten (so daß CA = CB = r) und D der Durchschnittspunkt derselben (so daß DA = DB = b). Sey ferner Z der Berührungspunkt der gesuchten Tangente, und X der Durchschnittspunkt derselben mit DA, so wie Y ihr Durchschnittspunkt mit DB, so soll XY = a seyn.

Nun bilden die Punkte D und A auf der (unendlich gedachten) Linie DA drey Regionen, und in jeder derselben kann der Punkt X liegen; eben so bilden die Punkte D und B auf der (als unendlich) gedachten DB ebenfalls 3 Regionen, in deren jeder der Punkt Y liegen kann *). Sey in jeder der Linien DA und DB unter erster Region diejenige verstanden, welche von D aus vom Kreise abwärts in's unendliche fortgeht, während die zweyte Region zwischen D und A oder zwischen D und B seyn soll. Welches denn in jeder der Linien DA und DB die dritte Region seyn werde, ergiebt sich von selbst.

Die möglichen Fälle sind nun folgende:

I. Beyde Punkte X u. Y sind beyde in der dritten Region
II. Beyde Punkte X u. Y sind beyde in der zweyten —
III. Der Punkt X in der ersten und Y in der dritten —
IV. Der Punkt Y in der ersten und X in der dritten —,

---

*) Daß der Punkt X nicht in D oder A selbst, eben so wenig Y in D oder B liegen kann, fällt sogleich in die Augen. — Doch muß man, um keinen Fall entwischen zu lassen, hierauf Rücksicht nehmen.

weswegen die gegebene Aufgabe in diese 4 besondern Aufgaben zerfällt. *)

Sey nun das Maaß von AX bezeichnet durch . . .	x
und das Maaß von BY	y
so ist das Maaß von AX	
in der dritten Region	$b+x$
in der zweyten	$b-x$
in der ersten	$x-b$
und das Maaß von DY	
in der dritten Region bezeichnet durch .	$b+y$
in der zweyten	$b-y$
in der ersten	$x-b$
und das Maaß von XY	
in der Aufgabe I. durch	$x+y$
in der Aufgabe II. durch . . .	$x+y$
in der Aufgabe III. durch . . .	$x-y$
in der Aufgabe IV. durch . . .	$y-x$

zu bezeichnen.

In jeder der besondern Aufgaben ist aber

$$XY^2 = DX^2 + DY^2 - 2DX.DY.\text{Cos.}(XDY).$$

Nun ist im Falle der Aufgaben (I.) und (II.)

$$\text{Cos. } XDY = \frac{b^2 - r^2}{b^2 + r^2}$$

im Falle der Aufgaben (III) und (IV) dagegen

$$\text{Cos. } XDY = -\frac{b^2 - r^2}{b^2 + r^2}$$

folglich die Bedingungsgleichungen der Abhängigkeit, für die Aufgaben

$$\text{I.}\quad x+y=a \text{ und } a^2=(b+x)^2+(b+y)^2-2(b+x)(b+y)\frac{b^2-r^2}{b^2+r^2}$$

$$\text{II.}\quad x+y=a \text{ und } a^2=(b-x)^2+(b-y)^2-2(b-x)(b-y)\frac{b^2-r^2}{b^2+r^2}$$

---

*) Die Lage in den 3 Regionen des Punktes X, in Verbindung mit der des Y, giebt eigentlich 9 mögliche Fälle. Allein die bloße Ansicht lehrt sogleich, daß die übrigen 5 Lagen hier verworfen werden müssen.

$$\text{III. } x-y=a \text{ und } a^2=(x-b)^2+(b+y)^2+2(x-b)(b+y)\,\frac{b^2-r^2}{b^2+r^2}$$

$$\text{IV. } y-x=a \text{ und } a^2=(b+x)^2+(y-b)^2+2(b+x)(y-b)\,\frac{b^2-r^2}{b^2+r^2}$$

Löst man nun die Bedingungsgleichungen für die Aufgabe (I) auf, so erhält man:

$$1\left\{\begin{array}{l} x=\frac{1}{2}a\pm\sqrt{\frac{1}{4}a^2-\frac{a+b}{b}r^2} \quad \text{und} \\ y=\frac{1}{2}a\mp\sqrt{\frac{1}{4}a^2-\frac{a+b}{b}r^2} \end{array}\right.$$

Setzt man aber in (I.)

statt	x,	y,	a,	b,	r	in	I.
beziehlich	$-x$,	$-y$,	$-a$,	b,	r	für	II.
	x,	$-y$,	a,	$-b$,	r	für	III.
	$-x$,	y,	a,	$-b$,	r	für	IV.

so erhält man beziehlich die Gleichungen (II. III. u. IV.), folglich aus den Auflösungen (1) mittelst derselben Substitutionen die Auflösungen

$$2\left\{\begin{array}{l} x=\frac{1}{2}a\mp\sqrt{\frac{1}{4}a^2+\frac{a-b}{b}r^2} \\ y=\frac{1}{2}a\pm\sqrt{\frac{1}{4}a^2+\frac{a-b}{b}r^2} \end{array}\right\} \text{für die Gleichung II.}$$

$$3\left\{\begin{array}{l} x=\frac{1}{2}a\pm\sqrt{\frac{1}{4}a^2+\frac{a-b}{b}r^2} \\ y=-\frac{1}{2}a\pm\sqrt{\frac{1}{4}a^2+\frac{a-b}{b}r^2} \end{array}\right\} \text{für die Gleichung III.}$$

$$4\left\{\begin{array}{l} x=-\frac{1}{2}a\mp\sqrt{\frac{1}{4}a^2+\frac{a-b}{b}r^2} \\ y=\frac{1}{2}a\mp\sqrt{\frac{1}{4}a^2+\frac{a-b}{b}r^2} \end{array}\right\} \text{für die Gleichung IV.}$$

Nun man für jede der 4 besondern Aufgaben die Auflösungen der Bedingungsgleichungen hat, darf man nur untersuchen, ob diese für jede Aufgabe gefundenen Werthe der Unbekannten

auch

auch den übrigen Bedingungen der Aufgabe genügen, also Auflösungen der Aufgaben selbst an die Hand geben.

Betrachten wir aber jede der Auflösungen der 4 verschiedenen Bedingungsgleichungen, so sieht man sogleich, daß jede derselben zwey Auflösungen giebt, nehmlich zwey Systeme von Werthen für x und für y, welche den gegebenen Gleichungen genügen, und welche dadurch erhalten werden, daß man in den obigen Gleichungen für x und für y, beyde obern (+) oder (—) Zeichen zugleich, oder beyde untern zugleich statt finden läßt.

Damit nun die Auflösungen (1) den übrigen Bedingungen der Aufgabe (I) entsprechen, müssen die Werthe von x und von y absoluten Zahlen gleich werden. Es muß also nicht nur jede Wurzel reel werden, welches erfordert, daß

$$\alpha)\quad \tfrac{1}{4} a^2 \geqq \frac{a+b}{b} r^2 \text{ seyn,}$$

sondern es muß auch noch:

$$\beta)\quad \tfrac{1}{2} a > \sqrt{\tfrac{1}{4} a^2 - \frac{a+b}{b} r^2}$$

seyn, wo die Wurzel eine absolute Wurzel ist.

Dann ist aber auch

$$\tfrac{1}{4} a^2 > \tfrac{1}{4} a^2 - \frac{a+b}{b} r^2$$

und weil dies, in so ferne a, b, r absolute Zahlen sind, allemal der Fall seyn muß, so bleibt blos noch die Bedingung (α) übrig, welche von den Werthen von a, b und r erfüllt seyn muß, wenn die Aufgabe (I) eine Auflösung haben soll; und ist diese Bedingung erfüllt, so hat diese Aufgabe (I) auch jedesmal zwey Auflösungen.

Ist aber

$$\tfrac{1}{4} a^2 \geqq \frac{a+b}{b} r^2,$$

so ist auch $\tfrac{1}{4} a^2 - \frac{r^2}{b} a + \frac{r^4}{b^2} \geqq r^2 + \frac{r^4}{b^2}$

oder $\left(\tfrac{1}{2} a - \frac{r^2}{b}\right)^2 \geqq \left(\frac{r}{b} \cdot \sqrt{b^2 + r^2}\right)^2.$

Umgekehrt, ist entweder

$$\tfrac{1}{2} a - \frac{r^2}{b} \geqq \frac{r}{b} \cdot \sqrt{b^2 + r^2}$$

oder $-\frac{1}{2}a + \frac{r^2}{b} \overline{\overline{>}} \frac{r}{b}\sqrt{b^2+r^2}$

so ist auch $\left(\frac{1}{2}a - \frac{r^2}{b}\right)^2 \overline{\overline{>}} \frac{r^2}{b^2}(b^2+r^2)$

und dann auch $\frac{1}{4}a^2 \overline{\overline{>}} \frac{a+b}{b} r^2$.

Die Bedingung der Möglichkeit der Aufgabe (I.) reducirt sich also auf

$$(\gamma) \quad \frac{1}{2}a - \frac{r^2}{b} \overline{\overline{>}} \frac{r}{b}\sqrt{b^2+r^2}$$

$$\text{oder} \quad (\delta) \; -\frac{1}{2}a + \frac{r^2}{b} \overline{\overline{>}} \frac{r}{b}\sqrt{b^2+r^2},$$

wo überall die Wurzel ihren absoluten Werth repräsentirt. — Die Bedingung (δ) würde aber geben

$$\frac{r}{b} \cdot (r - \sqrt{b^2+r^2}) \overline{\overline{>}} \frac{1}{2}a,$$

was nie möglich ist, weil $r - \sqrt{b^2+r^2}$ immer einer negativen Zahl gleich seyn muß; folglich kann die Bedingung (δ) nie erfüllt werden, und es bleibt also ganz allein die Bedingung (γ)

$$\text{oder} \quad \frac{1}{2}a \overline{\overline{>}} \frac{r}{b} \cdot (r + \sqrt{b^2+r^2}),$$

welche jedesmal erfüllt seyn muß, wenn die Aufgabe (I.) Auflösungen zulassen soll.

Man kann auch noch bemerken, daß diese Bedingung (γ) nöthig ist, damit die Wurzeln reell werden. — Sind diese Wurzeln reell, so werden die Werthe von x und von y, in diesem Fall, immer absolute Zahlen.

Dabey hat die Aufgabe (I.), wenn sie eine Auflösung hat, auch jedesmal deren zwey.

Untersuchen wir aber eben so die Gleichungen (2). Auch sie müssen für x und y nicht blos reele, sondern auch absolute Werthe geben. Es muß daher, damit die Aufgabe (II.) möglich seyn soll

$$(\varepsilon) \quad \frac{1}{4}a^2 + \frac{a-b}{b} r^2 \overline{\overline{>}} 0$$

$$\text{und} \quad (\zeta) \quad \frac{1}{2}a > \sqrt{\frac{1}{4}a^2 + \frac{a-b}{b} r^2} \quad \text{seyn.}$$

Die Bedingung (ζ) giebt

$$\frac{1}{4}a^2 > \frac{1}{4}a^2 + \frac{a-b}{b}r^2$$

oder $$0 > \frac{a-b}{b}r^2$$

oder $$b > a \qquad \ldots (\eta)$$

Die Bedingung (ε) dagegen giebt

$$\frac{1}{4}a^2 + \frac{r^2}{b}a + \frac{r^4}{b^2} \overset{=}{>} \frac{r^2}{b^2}(b^2 + r^2)$$

oder $$\frac{1}{2}a + \frac{r^2}{b} \overset{=}{>} \frac{r}{b}\sqrt{b^2 + r^2}$$

oder $$\frac{1}{2}a \overset{=}{>} \frac{r}{b}(-r + \sqrt{b^2 + r^2}) \ldots (\vartheta)$$

Umgekehrt: sind die Bedingungen (η) und (ϑ) erfüllt, so sind auch die Bedingungen (ζ) und (ε), und die Aufgabe (II.) ist dann möglich, und läßt jedesmal sogleich zwey Auflösungen zu.

Dabey kann man bemerken, daß wenn (ϑ) erfüllt ist, die Wurzeln reel werden, und daß (η) die Bedingung der absoluten Werthe ist.

In Bezug auf die Aufgabe (III.) muß, damit sie möglich ist, wiederum die vorige Bedingung (ε) oder (ϑ), dabey aber noch die neue:

$$\frac{1}{2}a < \sqrt{\frac{1}{4}a^2 + \frac{a-b}{b}r}$$

d. h. $$a > b$$

statt haben. Weil aber, wenn $a > b$, auch die Bedingung (ε) nothwendig erfüllt ist, so hat man, damit die Aufgabe (III.) möglich ist, die einzige Bedingung, daß

$$a > b \qquad (\lambda).$$

Zugleich sieht man, daß wenn man in den Auflösungen (3) die untern (+ oder —) Zeichen gebrauchte, der Werth von y nothwendig negativ werden würde, weßhalb diese beyden Auflösungen der Bedingungsgleichungen (III.), auch wenn die Bedingung, daß

$$a > b,$$

erfüllt ist, doch nur eine Auflösung der Aufgabe (III.) geben.

Die Aufgabe (IV.) ist offenbar in demselben Falle möglich, in welchem die (II.) möglich ist. Auch hat sie, selbst wenn sie möglich ist, immer nur eine Auflösung.

Stellt man die Bedingungen der Möglichkeit dieser 4 Aufgaben zusammen, so findet man:

Die Aufgabe:

I. ist möglich, wenn $\frac{1}{2}a \overline{\overline{>}} \frac{r}{b}(r + \sqrt{b^2 + r^2})$ und hat dann immer zwey Auflösungen;

II. ist möglich, wenn

$$\frac{1}{2}a \overline{\overline{>}} \frac{r}{b}(-r + \sqrt{b^2 + r^2})$$

und zugleich $a < b$,

und sie hat dann immer zwey Auflösungen.

Die Aufgaben

III. und IV. dagegen sind allemal möglich, wenn $a > b$, und jede derselben hat dann jedesmal nur eine einzige Auflösung.

Vergleicht man diese Bedingungen, so erhellet noch:

A) Man kann den Buchstaben a, b u. r solche (absolute) Werthe geben, daß die Aufgabe (II.) ganz allein möglich, die (I.) (III.) und (IV.) dagegen unmöglich werden.

B) Man kann den Buchstaben a, b, und r solche Werthe geben, daß (II.) und (I.) zugleich möglich werden; weil, wenn

$$\frac{1}{2}a \overline{\overline{>}} \frac{r}{b}(r + \sqrt{b^2 + r^2}) \text{ ist}$$

auch jedesmal $\frac{1}{2}a \overline{\overline{>}} \frac{r}{b}(-r + \sqrt{b^2 + r^2})$

seyn muß.

C) Die Aufgaben (III.) u. (IV.) sind immer zugleich möglich, und keine derselben mit der Aufgabe (II.) zugleich möglich, daher sind

D) nie alle 4 Aufgaben zu gleicher Zeit möglich, obgleich

E) den Buchstaben a, b u. r auch solche Werthe gegeben werden können, daß (I.) und (III.) und (IV.) zugleich möglich werden.

Die Auflösungen (1) geben nie

$$x = 0 \text{ oder } y = 0.$$

Dagegen werden in (2), (3) und (4) entweder x u. y oder doch x allein, oder y allein der Null gleich, wenn $b = a$, und zeigen daher allemal eine Unmöglichkeit dieser 3 Aufgaben

(II.) (III.) u. (IV) an, in diesem Fall wo $b = a$, wie das auch schon aus den Bedingungen hervorgeht. — Dagegen reducirt sich die Bedingung der Möglichkeit der Aufgabe (I.) für diesen Fall

auf $$\tfrac{1}{8}a^2 \overset{=}{>} r^2$$

oder $$a^2 \overset{=}{>} 8\,r^2.$$

Bemerkung.

Jedes Zahlzeichen welches die Auflösung der Bedingungsgleichungen bis jetzt (d. h. so lange wir die Begriffe der Zahlenlehre nicht weiter ausdehnen, als sie zur Zeit gehen) geben kann, hat nothwendig die Form

$$p + qi \qquad (3.\ \S.\ 309.),$$

wo p und q Null oder positive (absolute) oder negative Zahlen sind, und welches reell ist (wenn $q = 0$) oder imaginair (wenn nicht $q = 0$). — Nur in dem einzigen Falle daß $p + qi$ reell und absolut ist, kann solches ein Maaß einer Größe seyn, folglich möglicherweise eine Aufgabe lösen. — Man könnte sich nun aber fragen, wenn eine Bedingungsgleichung zur Auflösung giebt

$$x = 0 \text{ oder } x = -\alpha$$

wo α eine absolute, $-\alpha$ also eine negative Zahl ist, oder

$$x = p + qi,$$

wo x imaginair, d. h. q nicht Null ist; wird man aus diesen Resultaten nichts auf die Eigenschaften der gegebenen Aufgabe schließen können? — oder müssen solche als absolut unnütz und unbrauchbar verworfen werden?

§. 61. Zusatz.

Giebt eine Bedingungsgleichung (A) die Auflösung

$$x = -\alpha$$

wo α eine absolute, $-\alpha$ daher eine negative Zahl ist, so entspricht der Werth

$$x = \alpha$$

allemal einer andern Bedingungsgleichung (B), welche aus (A) erhalten wird, indem man $-x$ statt x schreibt. — Denn da (B) aus (A) hervorgeht durch diese Substitution,

so geht auch die Auflösung von (B) aus der Auflösung von (A), nehmlich aus

$$x = -\alpha,$$

hervor durch dieselbe Substitution (Z. Kap. XIV.) und (B) giebt daher als Auflösung

$$-x = -\alpha \text{ oder } x = \alpha.$$

Dieser Werth $x = \alpha$ leistet also der zweyten Bedingungsgleichung (B) ein Genüge, und entspricht daher jeder Aufgabe, welche zu dieser Bedingungsgleichung (B) führt, wenn nur derselbe Werth α auch den übrigen Bedingungen einer jeden dieser Aufgaben entspricht.

§. 62. Zusatz.

Giebt eine Bedingungsgleichung (A) für den Unbekannten x mehrere Auflösungen, darunter eine oder mehrere negative, etwa

$$x = -\alpha, x = -\beta, \text{etc.}, x = \gamma, x = \delta,$$

so entsprechen die Auflösungen

$$x = \alpha, x = \beta \text{ etc.}, x = -\gamma, x = -\delta$$

der Bedingungsgleichung (B), welche aus (A) dadurch erhalten wird, daß man in (A) überall $-x$ statt x schreibt. — Die absoluten Werthe α u. β entsprechen daher jeder Aufgabe, welche zu dieser Bedingungsgleichung (B) führt, wenn sie nur sonst noch den übrigen Bedingungen einer jeden dieser Aufgaben entsprechen.

§. 63. Zusatz.

Allgemein: geben mehrere Bedingungsgleichungen, A, B, C, D, etc. welche einer Aufgabe entsprechen für ihre Unbekannten x, y, z, v, etc. ein oder mehrere Systeme von Werthen, darunter z. B. das System

$$x = \alpha,\ y = -\beta,\ z = -\gamma,\ v = \delta, \text{ etc.}$$

so genügt das System

$$x = \alpha,\ y = \beta,\ z = \gamma,\ v = \delta, \text{ etc.}$$

denjenigen Gleichungen, A′, B′, C′, D′ etc., welche aus den erstern A, B, C, D ... durch Substitution von — y statt y, — z statt z etc. x u. v statt x u. y, etc. abgeleitet werden, folglich auch jeder Aufgabe, welche zu diesen neuen Gleichungen A′, B′, C′, D′ etc. als Bedingungsgleichungen führt, wenn nur die absoluten Auflösungen α, β, γ, δ, etc. auch noch den übrigen Bedingungen einer jeden solchen Aufgabe entsprechen.

Nimmt man also statt der negativen Werthe $-\beta$, $-\gamma$, etc. die absoluten Werthe β und γ, so entsprechen diese allen denjenigen Aufgaben, welche mit der gegebenen dergestalt in Verbindung stehen, daß ihre Bedingungsgleichungen A′, B′, C′, D′, etc. aus denen A, B, C, D, etc. der gegebenen Aufgabe, durch bloße Substitution von — y statt y und — z statt z etc. hervorgehen.

Beyspiel. Gehen wir zu der in den Beyspielen zu (§. 58.) und (§. 60.) behandelten Aufgabe zurück. — Die Aufgabe (II.) gab die Bedingungsgleichungen

(A) $x+y=a$, und (B) $a^2=(b-x)^2+(b-y)^2-2(b-x)(b-y)\dfrac{b^2-r^2}{b^2+r^2}$

und diese geben in (2) die beyden Systeme von Werthen

$$\begin{cases} x = \frac{1}{2}a - \sqrt{\frac{1}{4}a^2 + \frac{a-b}{b}r^2} \\ y = \frac{1}{2}a + \sqrt{\frac{1}{4}a^2 + \frac{a-b}{b}r^2} \end{cases}$$ und

$$\begin{cases} x = \frac{1}{2}a + \sqrt{\frac{1}{4}a^2 + \frac{a-b}{b}r^2} \\ y = \frac{1}{2}a - \sqrt{\frac{1}{4}a^2 + \frac{a-b}{b}r^2} \end{cases}$$

Ist nun $\frac{1}{2}a < \sqrt{\frac{1}{4}a^2 + \frac{a-b}{b}r^2}$

oder, was dasselbe ist

$$a > b,$$

so wird im ersten System

$$x = -\alpha \text{ und } y = \beta$$

und im zweyten

$$x = \beta \text{ und } y = -\alpha$$

wo α u. β beziehlich die absoluten Zahlen

$$-\frac{1}{2}a + \sqrt{\frac{1}{4}a^2 + \frac{a-b}{b}r^2} \text{ und } \frac{1}{2}a + \sqrt{\frac{1}{4}a^2 + \frac{a-b}{b}r^2}$$

vorstellen. — Die Auflösung der Aufgabe (II.) ist daher wegen der negativen Werthe welche x im ersten System und y im zweyten, für diesen Fall daß $a > b$, bekommen, nicht möglich, sondern enthält einander widersprechende Bedingungen.

Die Auflösungen

$$x = \alpha \text{ und } y = \beta$$

des ersten Systems entsprechen aber nun den neuen Bedingungsgleichungen

$$(A') \; -x+y = a \text{ und } (B') \; a^2 = (b+x)^2 + (b-y)^2 - 2(b+x)(b-y)\frac{b^2-r^2}{b^2+r^2}$$

die aus (A) u. (B) durch Substitution von $-x$ statt x hervorgehen. Diese Werthe

$$x = \alpha \text{ und } y = \beta$$

entsprechen daher jeder Aufgabe, welche zu diesen neuen Bedingungsgleichungen führt, wenn sie nur sonst den übrigen Bedingungen einer jeden dieser Aufgaben genügen. — Und in so ferne die Aufgabe (IV.) gerade zu diesen Bedingungsgleichungen führet, entsprechen diese Werthe

$$x = \alpha, \; y = \beta$$

auch der Aufgabe (IV.).

Bemerkung.

Diese einfache, klare und strenge Theorie wird wohl, ohne

noch viel darüber sagen zu müssen, hinlänglich seyn, um die bisher so oft wiederholte Behauptung, „das negative Auflösungen „der Bedingungsgleichungen allemal in entgegengesetzter Beziehung genommen werden und dann Auflösungen eines andern „besondern Falles einer allgemeinen Aufgabe geben müssen,“ als unrichtig und deshalb verwerflich, an das Licht treten zu lassen. Diese Behauptung kann in mehreren, ja in vielen Beyspielen bestätigt seyn; wir selbst werden in der (später folgenden) Raumgrößenlehre einen sehr weit umfassenden Fall nachweisen, in welchem sie nothwendig statt finden muß; allein im allgemeinen findet sie nicht statt, und ist daher solche geradezu unrichtig und falsch.

Wir wollen dies noch durch ein Beyspiel nachweisen. Es sey nehmlich wiederum die in den Beyspielen zu (§. §. 58. u. 60.) behandelte Aufgabe gegeben, jedoch außer den übrigen Bedingungen noch die neue hinzugefügt, daß die gesuchte Tangente zwischen ihren Durchschnittspunkten ganz in der Fläche des Winkels liegen soll, welchen die beyden Tangenten AD u. BD mit einander bilden.

Offenbar ist auch diese Aufgabe zu allgemein; und es muß daher solche wieder in alle möglichen besondern Aufgaben zerlegt werden. Geschieht dies, so findet man sogleich, daß diese Aufgabe nur zwey besondere Aufgaben zuläßt und zwar die (I.) und die (II.), während die (III.) und die (IV.) gar nicht berücksichtigt werden dürfen. Seyen nun diese beyden Aufgaben (I.) u. (II.) wie oben gelehrt wurde, aufgelößt. Sey ferner in einem besondern Fall

$$a > b$$

und zugleich:

$$\tfrac{1}{2} a \gtreqless \frac{r}{b}\left(r + \sqrt{b^2 + r^2}\right)$$

so giebt die Aufgabe (II.) als Auflösung ihrer Bedingungsgleichungen, für x u. y die beyden Systeme von Werthen

$$x = -\alpha,\ y = \beta$$

und

$$x = \beta,\ y = -\alpha$$

wo α u. β beziehlich die absoluten Zahlen

$$-\tfrac{1}{2}a + \sqrt{\tfrac{1}{4}a^2 + \frac{a-b}{b}r^2} \text{ und } \tfrac{1}{2}a + \sqrt{\tfrac{1}{4}a^2 + \frac{a-b}{b}r^2}$$

vorstellen.

Die Aufgabe (II.) wo X und Y in den zweyten Regionen liegen, ist daher für diesen Fall nicht möglich, und enthält widersprechende Bedingungen. — Wollte man nun der gewöhnlichen Ansicht folgen, so müßte der Werth α für AX, in die entgegengesetzte Richtung getragen, so daß X statt in die zweyte Region zu kommen, jetzt in die dritte zu liegen käme, während Y, wegen BY oder y positiv, in der ersten oder in der zweyten Region bliebe, eine Auflösung der allgemeinen Aufgabe geben; eben so müßte, nach der gewöhnlichen Meinung, weil das zweyte System

$$x = \beta, \quad y = -\alpha$$

y negativ gab, dieser Werth α für BY oder y, in die entgegengesetzte Richtung getragen, so daß Y in die dritte Region zu liegen käme, während X, wegen AX oder x positiv, noch in der ersten oder zweyten Region bliebe, den andern besondern Fall der allgemeinen Aufgabe, der noch übrig ist, lösen. — Beydes ist aber, wie man sich augenblicklich durch die bloße Ansicht überzeugen kann, nicht der Fall. — Nichtsdestoweniger hat die Aufgabe allgemein wie sie gegeben ist, unter den hier gemachten Voraussetzungen, wirklich eine Auflösung, in so ferne die Aufgabe (I.) gerade für die hier angenommenen Werthe von a, b u. r, möglich ist und zwey Auflösungen zuläßt. — Merkwürdig ist dabey, daß gerade diese Auflösungen der Aufgabe, das AX und das BY in einer, der in (II.) angenommenen entgegengesetzten Richtung, enthalten, in so ferne in (II.) die Punkte X und Y in den zweyten Regionen angenommen sind, während sie in (I.) in den dritten Regionen liegen. Aber die Werthe von AX und BY sind von den vorigen Werthen α und β oder β und α ganz verschieden, wie augenblicklich aus der bloßen Ansicht der aufgelößten Bedingungsgleichungen für (I.) und für (II.) hervorgeht.

Der Werth α aus der Auflösung

$$x = -\alpha$$

in die entgegengesetzte Richtung getragen, giebt also doch nicht den Punkt X, der wirklich in der entgegengesetzten Richtung liegt, und die allgemeine Aufgabe wirklich lößt.

Wir können diese Gelegenheit nicht vorbeygehen lassen, ohne noch eine andere Behauptung zu berichtigen, die ebenfalls sehr häufig gefunden, und ebenfalls nicht in dem Umfange richtig ist, für welchen sie ausgesprochen wird.

Man sagt nehmlich gewöhnlich, daß wenn eine Aufgabe imaginäre Werthe gäbe, so wäre sie unbedingt unmöglich. — Nehmen wir dieselbe Aufgabe, die wir so eben betrachteten, wieder hervor; sey

$$a < b$$

und zugleich $\frac{1}{2} a \overline{\overline{>}} \frac{r}{b}(-r + \sqrt{b^2 + r^2})$,

während $\frac{1}{2} a < \frac{r}{b}(r + \sqrt{b^2 + r^2})$ seyn soll,

so giebt die Aufgabe (I.) für x und für y imaginäre Werthe. Wollte man nun hieraus schließen, daß es überhaupt keine Tangente gäbe, welche mit allen ihren zwischen X und Y liegenden Punkten in der Fläche des Winkels ADB liegt, und sonst den Bedingungen der Aufgabe entspricht, so würde man sich sehr irren; denn während (I.) zu Auflösungen zwey Systeme von imaginären Werthen giebt, ist die Auflösung von (II.) möglich, so daß man dennoch für diesen Fall zwey Tangenten erhält, welche allen Bedingungen der gegebenen Aufgabe entsprechen.

Hätte man daher für solche besondere Werthe von a, b, r, die Aufgabe auf die gewöhnliche Art gelößt, nicht vorher alle besondere Fälle aufgesucht (durch logische Eintheilung), welche diese Aufgabe enthalten kann, die Tangente bey der besondern Auflösung so liegend gedacht, wie dies in (I.) der Fall ist, so hätte man für x und für y zwey Systeme imaginärer Werthe erhalten, daraus geschlossen, daß die Aufgabe überhaupt keine Auflösung zulasse (nach den so häufig gefundenen Beyspielen ähnlicher Art), und sonach wären die beyden Auflösungen, welche diese Aufgabe, in diesem Falle, wirklich hat, geradezu entwischt.

Es ist daher selbst à posteriori nachgewiesen, daß nur obige in den Paragraphen aufgestellte Theorie allein die Irrthümer zu berichtigen und die Fehler zu vermeiden lehrt, welche bisher so häufig, in diesem Theile der Elementar-Mathematik, statt gefunden haben.

§. 64. Zusatz.

Giebt eine Aufgabe als Auflösung ihrer Bedingungsgleichung den Werth

$$x = o,$$

so zeigt das die Grenze, bis wie weit die gegebene Aufgabe möglich wird, und wo ihre Unmöglichkeit anfängt; obgleich dies nicht jedesmal der Fall seyn muß. — Der Werth

$$x = o$$

kann nehmlich nur dadurch entstehen, daß in dem allgemeinen Ausdruck für x eine Differenz $m - n$ vorkommt, welche in diesem besondern Fall $= o$ wird, (d. h. in welcher für diesen besondern Fall $m = n$ wird), und welche dann auch x selber zu Null macht. — Denkt man sich nun die vorkommenden Größen so, daß diese Differenz, folglich auch x, statt o zu werden, von der Form

$$p + qi$$

wird wo aber p und q unendlich klein sind, d. h. kleiner gedacht werden, als jede noch so kleine aber gegebene absolute Zahl, während p u. q nicht zugleich o werden, obschon ein jedes derselben allein der Null gleich gedacht werden kann.

Ist nun erstlich $q = o$, so kann p positiv oder negativ gedacht werden. So lange nun p positiv ist, ist $x = p$ und die Aufgabe kann möglich seyn, obgleich sie nur dann möglich seyn muß, wenn der unendlich kleine Werth für p auch den übrigen Bedingungen der Aufgabe entspricht. Aendert man nun die Größen der Aufgabe um ein weniges, so daß p negativ wird, so ist die Aufgabe unbedingt unmöglich; folglich drückt hier

$$x = 0$$

die Grenze aus, bis zu welcher die Aufgabe, selbst möglich seyn kann, während $x = 0$ selbst schon die Unmöglichkeit der Aufgabe enthält.

Ist aber q nicht 0, so ist diese Aufgabe jedesmal unmöglich, es mag q positiv oder q negativ, dabey p beliebig 0 oder positiv oder negativ gedacht werden. Folglich drückt in diesem Falle die Auflösung

$$x = 0$$

auch nicht die Grenze der Möglichkeit der Aufgabe aus.

Anmerkung. Es wurde hier vorausgesetzt, daß bey sehr geringen Aenderungen der Größen der Werth $x = 0$ übergehen könne in die Form

$$x = p + qi.$$

Dies muß nothwendig der Fall seyn, so lange wir die Zahlenlehre nicht weiter entwickelt denken, als dies bisher geschehen, folglich auch nur die bis jetzt entwickelten Sätze derselben anwenden.

Es wäre aber möglich, daß bey einer größern Erweiterung der Begriffe der Zahlenlehre, wie solche schon dem (XV. Kap.) zu Folge nöthig wird, vorhandene Bedingungsgleichungen, Auflösungen geben könnten, welche gar nicht die Form

$$p + qi$$

haben müssen, und in dieser Hinsicht kann daher das in diesem Paragraphen Gesagte nur unter der Einschränkung statt finden, daß die Gleichung, welche $x = 0$ gab, für andere Werthe der Größen, allemal eine Auflösung von der Form

$$p + qi$$

geben müsse

§. 65. Zusatz.

Giebt die Auflösung einer Bedingungsgleichung (A) für den Unbekannten x einen imaginären Werth von der Form

$$x = p + qi$$

so entspricht der Werth

$$x = p$$

derjenigen Gleichung (B), welche aus der Gleichung (A) dadurch hervorgeht, daß man in (A) $x + qi$ statt x setzt, so wie der Werth

$$x = -p$$

derjenigen Gleichung (C) entspricht, welche aus (A) dadurch hervorgeht, daß man in (A) $-x + qi$ statt x setzt.

Ist daher p positiv, so leistet der absolute Werth p statt x der Gleichung (B) und folglich auch jeder Aufgabe ein Genüge, die zu (B) als Bedingungsgleichung führt, wenn nur dieser Werth p auch noch den übrigen Bedingungen der Aufgabe genügt.

Ist aber p negativ daher $-p$ positiv, so leistet die absolute Zahl $-p$ statt x, der Gleichung (C) und mithin auch jeder Aufgabe ein Genüge, welche zur Gleichung (C) als Bedingungsgleichung führt, wenn sie nur sonst noch den übrigen Bedingungen der Aufgabe entspricht.

Anmerkung. In so ferne es, dem Vorhergehenden gemäß, sehr leicht ist, die in den letztern Paragraphen enthaltenen Sätze beliebig auszudehnen und zu verallgemeinern, halten wir es nicht für nöthig, hiebey länger zu verweilen, sondern wenden uns sogleich zu neuen und sehr wichtigen [illegible] Ohnerachtet nehmlich jede besondere Aufgave zu einer [illegible] dern Bedingungsgleichung führt, daher im Allgemeinen über die Form der Bedingungsgleichungen nichts gesagt werden kann, so giebt es doch einige so weit umfassende Fälle der Abhängigkeit zwischen Größen, die so häufig wiederkehren, daß es sehr zweckmäßig ist, für sie die Bedingungsgleichungen ein für allemal zu entwickeln, um sie in jedem Falle der Wiederkehr sogleich anwenden zu können, ohne sich genöthigt zu sehen, den Weg der Entwicklung aufs neue zu durchwandern.

§. 66. Lehrsatz.

Sind A und C zwei Größen, die dergestalt von einander abhängen, daß wenn A das mfache einer Einheit P ist, dann auch B dasselbe m̄fache einer andern Einheit Q seyn muß. Hängen ferner B und D auf dieselbe Weise von einander ab, so nehmlich, daß wenn B = nP ist, dann auch D = nQ seyn muß, so stehen allemal die 4 Größen A, B, C, D in Proportion, d. h. es ist dann allemal

$$A::B = C::D.$$

Beweis. Denn es ist vermöge der Bedingungen

$$A::B = m:n$$

und $$C::D = m:n$$

folglich $$A::B = C::D.$$

§. 67.

Hängen daher 4 Größen A, B, C, D auf die (in §. 66.) gegebene Art von einander ab, so ist die Bedingungsgleichung der Abhängigkeit

$$A:B = C:D \text{ oder } \frac{A}{B} = \frac{C}{D}$$

oder bequemer

$$AD = BC$$

wo A u. B nicht mehr die Größen selbst, sondern ihre

auf ein beliebiges aber ein und dasselbe Gemäß bezogenen Maaße bedeuten, und wo dasselbe auch bey C und D der Fall ist (§. §. 12. 49.).

§. 68. Zusatz.

Sind daher von den 4 Maaßen A, B, C, u. D dreie gegeben, so kann man sogleich das 4te finden. Man hat nehmlich

$$D = \frac{BC}{A}, \qquad A = \frac{BC}{D},$$

$$B = \frac{AD}{C}, \quad \text{und} \quad C = \frac{AD}{B}.$$

Anmerkung. Die Anwendung des Lehrsatzes (§. 66.) auf die so eben angegebene Art, nennt man gewöhnlich die Regula de tri. — In der Praxis ist es daher, für die Anwendung dieser Regel, wünschenswerth, daß man jedesmal sehr schnell wisse, ob die vorkommenden Größen A, B, C, D, wirklich in Proportion stehen oder nicht. — Zu dem Ende kann man sich folgende praktische Regel bilden, die zwar nicht ganz sicher, dagegen in den meisten Fällen sehr bequem ist: „Vier Größen A, B, C, D „bilden eine Proportion, und es läßt sich dann die 4te aus den „3 übrigen durch die Regel de tri finden, wenn diese Größen „paarweise dergestalt geordnet werden können, daß in jedem „Paar zu dem doppelten der ersten auch das doppelte der „andern gehören müßte."

§. 69. Lehrsatz.

Hängt eine Größe M von zweien andern Größen A und B, desgleichen eine andere Größe N von zweien andern Größen C und D dergestalt ab, daß im Falle

A = C wäre, M : : N = B : : D, und im Falle

B = D wäre, M : : N = A : : C seyn müßte,

so ist das Maaß M : : N gleich dem Produkt der beyden Maaße (A : : C) . (B : : D).

Beweis.

Beweis. Denn man denke sich eine mit M und N gleichartige Größe R welche von A und D gerade so abhängt wie M von A und B

und wie N von C und D

so hat man, vermöge der Bedingungen

$$M::R = B::D$$

und $$R::N = A::C,$$

folglich indem man beyde Gleichungen multiplizirt, nach (§. 15. I).

$$M::N = (A::C)\,(B::D).$$

§. 70. Zusatz.

In diesem Falle (des §. 69.) ist daher die Bedingungsgleichung der Abhängigkeit für diese Grössen

$$\frac{M}{N} = \frac{A}{C} \cdot \frac{B}{D} \quad \text{oder}$$

$$\frac{M}{N} = \frac{AB}{CD} \quad \text{oder bequemer}$$

$$M.C.D = N.A.B,$$

wo wiederum die Buchstaben M, N, A, C und B, D nicht mehr die Grössen selbst, sondern ihre Maaße vorstellen, paarweise auf ein beliebiges aber gemeinschaftliches Gemäß (Einheit) bezogen. (§. 12.)

Sind daher von den 6 Maaßen, fünfe gegeben, so giebt die Gleichung

$$\frac{M}{N} = \frac{AB}{CD} \text{ oder } M.C.D = N.A.B$$

sogleich das sechste.

Anmerkung. Die Anwendung dieses Satzes heißt gewöhnlich die Regel de quinque, und zwar die direkte, wenn M oder N gesucht wird, dagegen die inverse oder umgekehrte, wenn A, B, C, oder D gesucht werden sollte.

§. 71. Zusatz.

Ist M = N, so wird die Gleichung einfacher, nehmlich

$$A . B = C . D$$

so daß, wenn von den 4 Maaßen A, B, C, u. D dreie gegeben sind, in diesem Falle wo M = N, das 4te sogleich gefunden werden kann.

Anmerkung. Die Anwendung dieses Falles heißt gewöhnlich die inverse oder umgekehrte Regel de tri.

§. 72. Lehrsatz.

Hängen die Größen M und N, jede von 3 Größen A, B, C und D, E, F, so ab, daß

wenn A = D u. B = E wäre, M :: N = C :: F, und
wenn A = D u. C = F wäre, M :: N = B :: E, und
wenn B = E u. C = F wäre, M :: N = A :: D

seyn müßte, so ist allemal das Maaß

$$M :: N$$

gleich dem Produkt der Maaße

$$(A :: C) . (B :: E) . (C :: F)$$

d. h. allemal

$$M :: N = (A :: C) . (B :: E) . (C :: F).$$

Beweis. Denn man denke sich zwei mit M und N gleichartige Größen Q u. R, daß:

so wie M von A, B, u. C
eben so Q von A, B, u. F
eben so R von A, E, u. F
so wie auch N von D, E, u. F

abhängt, so hat man vermöge der Bedingungen

$$M :: Q = C :: F$$

und $Q :: R = B :: E$

und $R :: N = A :: D$

folglich, indem man die 3 Gleichungen mit einander multiplizirt, nach (§. 15. II.):

$$M::N = (A::D) . (B::E) . (C::F).$$

§. 73. Zusatz.

In diesem Falle der Abhängigkeit (des §. 73.) ist daher die Bedingungsgleichung der Abhängigkeit

$$\frac{M}{N} = \frac{A}{D} . \frac{B}{E} . \frac{C}{F}$$

oder $$\frac{M}{N} = \frac{A.B.C}{D.E.F}$$

oder $$M.D.E.F = N.A.B.C.$$

so daß, wenn 7 von den 8 Maaßen gegeben sind, das 8te sogleich gefunden werden kann, in so ferne in diesen Gleichungen die Buchstaben M, N, A, D, B, E, C, F, natürlich nicht mehr die Größen selbst, sondern ihre Maaße vorstellen, die paarweise für eine und dieselbe übrigens beliebige Einheit genommen sind.

Anmerkung. Die Anwendung dieses Satzes heißt gewöhnlich die Regel de septem, und zwar die direkte, wenn M oder N, die inverse oder umgekehrte, wenn eine der Größen A, B, C, D, E oder F gesucht wird.

§. 74. Zusatz.

Ist M = N, so wird die Bedingungsgleichung der Abhängigkeit in diesem besondern Fall

$$A.B.C = D.E.F,$$

welche die 6te Größe giebt, wenn die übrigen 5 bekannt sind.

Anmerkung. Die Anwendung dieses Satzes rechnet man auch zur inversen oder umgekehrten Regel de quinque.

§. 75. Lehrsatz.

Ist M von A, B, C, D und

N von E, F, G, H

dergestalt abhängig, daß sich M zu N verhält, wie je das 4te Paar der Größen, unter der Voraussetzung, daß die übrigen 3 Paare beziehlich einander gleich sind, so ist allemal das Maaß M::N gleich dem Produkt der Maaße

(A::E) . (B::F) . (C::G) . (D::H);

d. h. es ist allemal

M::N = (A::E) . (B::F) . (C::G) . (D::H).

Beweis. Denn so wie

M von A, B, C, D abhängt, so mag
P von A, B, C, H, so
Q von A, B, G, H, und eben so
R von A, F, G, H abhängen, und
so auch N von E, F, G, H.

Vermöge der Bedingungen hat man nun:

M::P = D::H
P::Q = C::G
Q::R = B::F
R::N = A::E

folglich, wenn man diese 4 Gleichungen mit einander multiplizirt, nach (§. 15.):

M::N = (A::E) . (B::F) . (C::G) . (D::H).

§. 76. Zusatz.

In diesem Falle der Abhängigkeit (des §. 75.) ist daher die Bedingungsgleichung der Abhängigkeit:

$$\frac{M}{N} = \frac{A}{E} \cdot \frac{B}{F} \cdot \frac{C}{G} \cdot \frac{D}{H}$$

oder

$$\frac{M}{N} = \frac{A \cdot B \cdot C \cdot D}{E \cdot F \cdot G \cdot H}$$

oder bequemer

$$M.E.F.G.H = N.A.B.C.D;$$

welche Gleichung eine der 10 Größen durch die übrigen 9 bestimmt.

Anmerkung. Die Anwendung dieses Satzes heißt die Regel de novem, und zwar die direkte, wenn M oder N gesucht wird, die inverse oder umgekehrte dagegen, wenn eine der übrigen Größen die gesuchte ist.

§. 77. Zusatz.

Ist M = N, so wird für diesen besondern Fall des (§. 75.) allgemein aufgestellten Satzes, die Bedingungsgleichung der Abhängigkeit

$$A.B.C.D = E.F.G.H,$$

und die 8te der Größen durch die 7 übrigen bestimmt.

Anmerkung. Dieser Fall wird gewöhnlich noch zur inversen oder umgekehrten Regel de septem gerechnet.

§. 78. Zusatz.

Es ist aber sehr leicht, die Sätze (§. §. 69. 72. und 75.) für eine ähnliche Abhängigkeit zweyer Größen M u. N von beliebig viel andern Größen zu erweitern, so wie den allgemeinen Satz dadurch zu erweisen daß man die Richtigkeit desselben für die Abhängigkeit von n Größen annimmt, und dann für die von n + 1 Größen beweiset. —

Um dies desto klarer einzusehen, mögen die Sätze (§. 72.) und (§. 75.) noch auf folgende Art hier bewiesen stehen:

Für den Satz (§. 72.) nehme man nehmlich statt zwey Hilfsgrößen Q u. R, nur die einzige R an, so ist nach (§. 69.) sogleich

$$M::R = (B::E).(C::F)$$

dann noch $R::N = A::D$

folglich durch Multiplikation

$$M::N = (A::D).(B::E).(C::F).$$

Für den Satz (§. 75.) nehme man gleichfalls statt der dortigen 3 Hülfsgrößen P, Q, R, nur eine und zwar die dortige R an, so hat man sogleich nach (§. 72.):

$$M::R = (B::F)(C::G)(D::H)$$

und noch $R::N = A::E$,

folglich durch Multiplikation:

$$M::N = (A::E).(B::F).(C::G).(D::H).$$

Auf dieselbe Weise kann aber nun auch der allgemeine Satz erwiesen werden.

Aus diesem allgemeinen Satz erhält man aber auch sogleich die Bedingungsgleichung der Abhängigkeit für diesen allgemeinen Fall, wenn man statt der Maaße $M::N$ etc. die Quotienten der Maaße $\frac{M}{N}$ etc. setzt, nach (§. 15. III.), welche erhalten werden, indem man die beyden Glieder des Maaßes (des Verhältnisses) durch eine dritte Größe mißt.

Anmerkung. 1. Die Anwendung von (§. 69.) (§. 72.) (§. 75.) und des allgemeinen Satzes (§. 78.) heißt gewöhnlich auch die Kettenregel und zwar die direkte, wenn M oder N gesucht wird, die inverse oder umgekehrte dagegen, wenn eine der übrigen Größen die gesuchte ist.

Anmerkung. 2. In andern Fällen der Abhängigkeit der Größen, bleibt die Entwickelung der Bedingungsgleichungen der Abhängigkeit, der besondern Größenlehre vorbehalten.

Anmerkung. 3. Noch kann man bemerken, daß die Anwendung des Satzes (§. 48.) die sogenannte Gesellschafts- oder Alligations-Regel an die Hand giebt.

FSC
www.fsc.org
MIX
Papier | Fördert gute Waldnutzung
FSC® C083411

Kolibri 360 GmbH
Ferdinand-Jühlke-Straße 7
99095 Erfurt, Deutschland
produktsicherheit@kolibri360.de